关怀与支持

2007年2月14日，甘肃省委书记陆浩(前排左3)、省长徐守盛(左4)视察甘肃省人工影响天气办公室

2017年6月27日，甘肃省委书记林铎(左2)视察甘肃省人工影响天气办公室

2011年1月3日，甘肃省省长刘伟平(左2)视察甘肃省人工影响天气办公室

2017年9月19日，甘肃省省长唐仁健(右2)会见中国气象局副局长矫梅燕(左3)，共商甘肃人工影响天气工作

1992年3月15日，甘肃省副省长路明(后排左6)到中川机场看望飞机增雨机组人员

1994年8月10日，甘肃省副省长贠小苏(前排左1)在甘肃省气象局调研人工影响天气工作

2015 年 9 月 25 日，甘肃省副省长王玺玉（前左 2）视察甘肃省人工影响天气办公室

2001 年 5 月 25 日，中国气象局局长秦大河（左 2）、副局长郑国光（右 1）视察甘肃省人工影响天气办公室

2006 年 11 月 2 日，中国气象局局长郑国光（前排左 3）视察甘肃人工影响天气工作

2018 年 10 月 24 日，中国气象局局长刘雅鸣（左 2）视察甘肃人工影响天气工作

2019 年 4 月 13 日，中国气象局原副局长许小峰（左 3）出席西北区域人工影响天气中心主任会议

2005 年 9 月 7 日，中国气象局副局长宇如聪（前排左 2）一行视察甘肃省人工影响天气办公室

2014 年 6 月 18 日，中国气象局副局长沈晓农（左 3）在中川看望飞机增雨机组人员

2017 年 4 月 28 日，“西北区域人工影响天气中心”成立，中国气象局副局长矫梅燕（左 1）出席揭牌仪式

2018 年 8 月 9 日，中国气象局副局长余勇（右 1）调研甘肃人工影响天气工作

2015 年 9 月 11 日，中国气象局人工影响天气中心主任李集明（左 1）调研甘肃人工影响天气工作

合作与交流

1999 年 10 月 9 日，中国科学院院士陶诗言(右 3)和李泽椿(左 1)指导甘肃人工影响天气工作

2015 年 4 月 21 日，中国科学院院士潘垣(右 3)调研甘肃人工影响天气工作

2009 年 11 月 9 日，北京大学教授、博士生导师毛节泰 (右 3)指导甘肃人工影响天气工作

2001 年 5 月 5 日，中国气象局副局长郑国光(右 1)陪同外宾到甘肃省人工影响天气办公室参观交流

2013 年 11 月 14 日，美国宾夕法尼亚大学教授邓爱军(左 1)到甘肃省人工影响天气办公室参观访问

2013 年 8 月 27 日，中国科学院大气物理研究所研究员、LACS 实验室副主任孙继明(中)到甘肃省人工影响天气办公室交流

2019年5月21—24日,国家发改委、财政部、生态环境部和中国气象局调研组调研指导甘肃祁连山人工影响天气工作

2001年7月25日,甘肃省计委领导主持召开甘肃人工影响天气工程科研论证会

2005年7月22日,黄河中上游及黑河流域空中水资源开发利用可行性研究评估论证会在兰州召开

2014年5月29日,陕甘宁蒙青跨省(区)人工增雨作业协调会在兰州召开

2018年9月5日,中国气象局副局长余勇(左3)出席全国人工影响天气60周年科技交流大会期间,到甘肃展区参观指导

2019年4月16日,甘肃大型无人机增雨试验项目组在中航(成都)无人机系统股份有限公司调研

2015 年 9 月 10 日，民航甘肃空管分局领导调研甘肃人工影响天气工作

2019 年 9 月 19 日，甘肃省应急管理厅厅长郭鹤立（右 2）调研甘肃人工影响天气工作

2018 年 6 月 27 日，兰州大学大气科学学院领导到甘肃省人工影响天气办公室洽谈科研合作

2018 年 1 月 30 日，成都信息工程大学领导到甘肃省人工影响天气办公室洽谈科研合作

2013 年 3 月 14 日，俄罗斯水文局局长到甘肃省人工影响天气办公室访问

2018 年 4 月 24 日，意大利电视台“一带一路”纪录片摄制组采访甘肃省人工影响天气办公室

甘肃省气象局局长鲍文中(右 1)调研指导人工影响天气工作

甘肃省气象局副局长张强(右 1)等调研指导人工影响天气工作

甘肃省气象局副局长孙安平(左 1)等调研中川人工影响天气基地

甘肃省气象局副局长陶健红(左 3)等调研人工影响天气工作

甘肃省气象局纪检组长林峰(右 1)等调研人工影响天气工作

甘肃省气象局副局长李照荣(右 1)等调研人工影响天气工作

创业与发展

300 多年前，甘肃民间就开始使用土炮开展人工防雹

1991 年 4 月，甘肃和宁夏联合使用的第一架人工增雨作业飞机

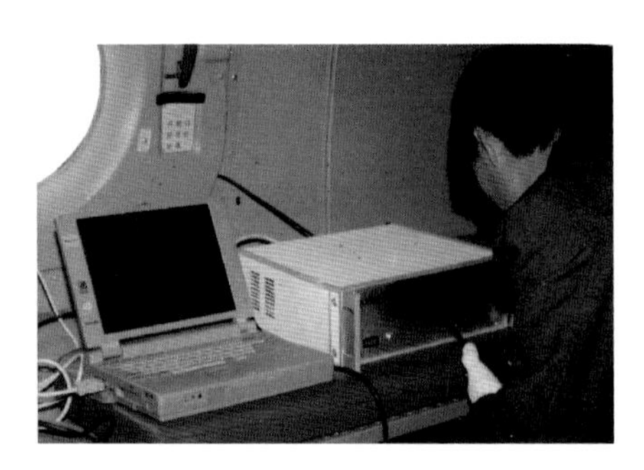

20 世纪 90 年代甘肃使用的增雨飞机空地通信设备

1992 年 3 月 1 日，甘肃飞机人工增雨首飞机组机长孟建武（后排左 5）、飞行员杨守会（后排左 4）等

20 世纪 90 年代，甘肃省恢复飞机人工增雨作业（图为碘化银播撒作业系统）

1998 年，新建成的甘肃省人工影响天气指挥中心

1996 年 2 月 29 日，甘肃省飞机人工增雨工作协调会

1997 年 3 月 20 日，甘肃省政府主持召开全省人工影响天气工作会议

2007 年 5 月 23 日，航天员刘洋(左 4，时任人工增雨机组飞行员)在兰州中川飞机增雨基地执行增雨任务

2015 年 7 月 2 日，飞机人工增雨液氮播撒作业

1992 年 7 月 1 日，甘肃省气象局慰问飞机人工增雨作业机组并赠送锦旗

2014 年 4 月 1 日，西北人工影响天气能力建设可研报告修改会议

2014 年 6 月 9 日，甘肃开展机载人工增雨探测试验

2007 年 8 月 6 日，“祁连山地形云人工增雨试验”课题申报论证会

2014 年，甘肃省人工影响天气办公室在天水建成防霜机试验基地，开展高架防霜机试验

2015 年 9 月 11 日，甘肃省科技厅组织召开干旱地区人工影响天气关键技术成果鉴定会

人工影响天气作业人员进行高炮防雹作业

人工影响天气作业人员进行火箭增雨作业

2016 年 4 月 1 日，甘肃全省人工影响天气业务暨安全管理工作会议

开展人工增雨、防雹火箭（左）和高炮（右）年检，确保人工影响天气作业安全

2014 年 9 月 12 日，“丝绸之路”相关媒体记者参观人工影响天气科技成果

“世界气象日”为中小学学生科普人工影响天气知识

“世界气象日”向社会群众宣传人工影响天气知识

20世纪90年代，兰州中川飞机人工增雨基地

2002年，改建后的兰州中川飞机人工增雨基地

2019年，新修缮的兰州中川飞机人工增雨基地

2019年甘肃省人工影响天气办公室全体人员合影

前排左起：李　霞　王卫东　尹宪志　程　鹏　尹　东

后排左起：张久林　白国强　杨增梓　张丰伟　丁瑞津　罗　汉　庞朝云　黄　山　郑泳宜　李宝梓　王　蓉　王研峰　刘　莹　徐启运　陈　祺　杨瑞鸿

甘肃人工影响天气六十年

鲍文中 等 编著

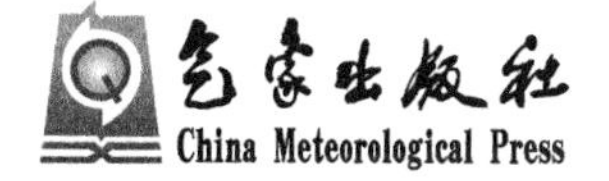

内容简介

本书回顾和记述了甘肃省人工影响天气工作的历史和现状，内容包括甘肃省有关气象科研单位和院校在甘肃省人工影响天气领域的工作和贡献。全书共分为四篇，第一篇记述甘肃省人工影响天气综合业务的发展历程；第二篇介绍甘肃省人工影响天气业务现代化建设情况；第三篇简要记述甘肃省人工影响天气组织管理及人员情况；第四篇记述甘肃省 14 个市（州）及所属县（市、区）人工影响天气工作的发展过程。

本书不仅具有史料价值，而且具有一定的专业性和科普性，可为从事人工影响天气的科研和业务人员、教师以及科普工作者等提供借鉴和参考。

图书在版编目（CIP）数据

甘肃人工影响天气六十年/鲍文中等编著．—北京：气象出版社，2020.11

ISBN 978-7-5029-7308-7

Ⅰ.①甘…　Ⅱ.①鲍…　Ⅲ.①人工影响天气—概况—甘肃　Ⅳ.①P48

中国版本图书馆 CIP 数据核字（2020）第 205110 号

甘肃人工影响天气六十年

GANSU RENGONG YINGXIANG TIANQI LIUSHI NIAN

鲍文中 等　**编著**

出版发行：气象出版社

地　　址：北京市海淀区中关村南大街 46 号　　**邮政编码**：100081

电　　话：010-68407112（总编室）　010-68408042（发行部）

网　　址：http://www.qxcbs.com　　**E-mail**：qxcbs@cma.gov.cn

责任编辑：张　斌　　**终　　审**：吴晓鹏

责任校对：张硕杰　　**责任技编**：赵相宁

封面设计：地大彩印设计中心

印　　刷：北京中石油彩色印刷有限责任公司

开　　本：787 mm×1092 mm　1/16　　**印　　张**：13.75

字　　数：371 千字　　**彩　　插**：6

版　　次：2020 年 11 月第 1 版　　**印　　次**：2020 年 11 月第 1 次印刷

定　　价：88.00 元

《甘肃人工影响天气六十年》

编写委员会

主　任:鲍文中

副主任:张　强　李照荣　尹宪志

成　员:尹　东　徐启运　庞朝云　张丰伟

黄　山　罗　汉　王研峰　丁瑞津

杨珍贵　刘　莹　付双喜

前　　言

甘肃省气象灾害种类繁多，造成的损失约占全部自然灾害损失的88.5%，高出全国平均水平18.5个百分点，尤其受干旱和冰雹的影响最大。呼风唤雨、趋利避害，是人类从古至今所追求的美好愿望。面对甘肃严酷的自然环境，民众和社会对增雨、防雹有着强烈的需求和愿望，300多年前民间就使用土炮人工防雹，一直延续到20世纪70年代初。甘肃也是全国有组织地开展现代人工影响天气工作最早的省份之一，1958年9月，中国科学院地球物理研究所成功在榆中进行干冰催化增雨试验，开启了甘肃现代人工影响天气的序幕，是甘肃人工影响天气史上的重要里程碑。60年来，在中国气象局和甘肃省委、省政府的领导下，甘肃人工影响天气工作始终以服务地方和人民利益为己任，通过几代人工影响天气工作者不懈努力和顽强拼搏，实现了从百姓的百年愿望到常态化、制度化、规模化、现代化人工影响天气的飞跃，在抗旱增雨防雹、森林防火灭火、水力发电、生态环境保护、人工防霜和城市污染治理等方面发挥了越来越重要的作用，取得了显著的经济和社会效益，在人工影响天气史上谱写了一曲光辉的篇章。

20世纪90年代以来，甘肃人工影响天气工作经历了由初期的科研探索阶段过渡到常态化、业务化、正规化、现代化的大发展时期。人工影响天气业务支撑能力建设和应用技术研发方面均取得了明显进展；业务现代化和安全监管体系建设逐步完善；作业装备和人才队伍不断发展壮大。初步建立了现代人工影响天气业务系统；研发了集决策分析、作业指挥、效果评估、空域申请、弹药管理等一体化的甘肃省人工影响天气综合业务平台。14个市(州)的75个县(区、市)开展人工影响天气作业，年增加降水10亿～12亿m^3，作业覆盖面积约23万km^2。人工影响天气安全管理现代化和规范化水平明显提升，建立起以政府为主导的人工影响天气作业安全管理体制。人工影响天气在开展生态修复服务，保障重大活动，改善城市空气质量，助力精准扶贫等方面发挥着越来越重要的作用，防灾、减灾和服务经济社会发展等方面效益显著，受到地方各级政府和社会各界的普遍肯定。地方各级政府的投入与支持力度不断增大，省政府先后批复建设“甘肃省人工增雨防雹作业体系工程”“祁连山人工增雨(雪)体系工程”和“祁连山及旱作农业区人工增雨(雪)体系建设项目”，国家发改委2017年批复建设“西北区域人工影响天气能力建设项目”。党的十八大以来，甘肃省人工影响天气工作在各级政府和军队的大力支持下，广大人工影响天气工作者筚路蓝缕、发奋努力，取得了令人瞩目的成就。

60余年风雨兼程，60余年砥砺奋进。新时代甘肃人工影响天气要继续做好保障经济社会发展、防灾减灾、生态修复、环境治理、精准扶贫、促进军民融合等工作，并通过现代科技力量，提高人工影响天气的质量和效益，发挥甘肃人工影响天气在生态文明、精准扶贫、新一轮西部大开发建设中的作用，实现人工影响天气科学、协调和安全发展，为全面建成小康社会做出新的更大贡献。

追溯历史，以启未来。甘肃人工影响天气工作者承前启后、艰苦奋斗和默默奉献，使甘肃人工影响天气业务技术和科研能力日新月异、硕果累累。今天，在全面建设小康社会的进程中，人工影响天气作为防灾、减灾的有力手段，“耕云播雨”已成为气象公共服务的重要内容，我们要进一步发挥人工影响天气对经济社会发展和人民群众安全福祉的保障作用。为纪念甘肃人工影响天气60年，组织甘肃省气象局、甘肃省人工影响天气办公室等单位的多位专家学者亲自撰稿，编辑出版了《甘肃人工影响天气六十年》。全书共分四篇，分别介绍了甘肃省人工影响天气综合业务发展历程、甘肃人工影响天气业务现代化建设及成果、甘肃省人工影响天气组织管理情况、甘肃省各市(州)人工影响天气取得的主要成就。

该书不仅是研究甘肃人工影响天气最丰富翔实、全面系统的文献资料，也是农业、水利和环境等行业防灾减灾科研参考资料。本书编写过程中，严格遵循实事求是的原则，认真查阅全国及各省气象志以及单位收藏的大量文献资料，反复核对，力求准确，使该书具有较高的史料价值和学术价值。本书还引用了许多学者和专家的文献资料和照片，在编写过程中得到了许多领导的关心和指导，谨此致以诚挚的谢意。

本书内容涉及时间跨度大，由于编写仓促和编者水平所限，难免有不当之处，恳请广大读者指正。

鲍文中

2020年7月22日

目　录

第三篇　甘肃省人工影响天气组织管理及人员情况

第四篇　甘肃省各市(州)人工影响天气工作

第一篇
甘肃省人工影响天气综合业务发展

甘肃省地处西北内陆，属于典型的大陆性干旱半干旱气候地区。年降水量少，变率大，时空分布不均，气候干燥，易发生旱灾，因此有“十年九旱”之说。干旱灾害是甘肃省最主要的自然灾害之一，对农牧业生产和人民群众生活造成严重影响。甘肃的冰雹灾害也十分严重，每年都有生长期的农作物受灾。干旱、冰雹等气象灾害严重制约着甘肃工农业发展。实践证明，以飞机、高炮、火箭为作业工具的人工增雨防雹作业，在抗旱减灾中发挥了十分重要的作用，深受各级政府高度重视和广大人民群众的欢迎。甘肃省的人工影响天气工作有着悠久的历史，相传300多年前甘肃民间就开始使用土炮防雹。有组织的现代人工影响天气工作始于1958年，是我国最早开展人工影响天气工作的省份之一。甘肃省人工影响天气工作受到各级政府和中国气象局的高度重视和大力支持及广大人民群众的欢迎，使甘肃省人工影响天气工作一直没有间断，成为我国坚持人工影响天气工作时间最长的省份之一。经过几十年的发展，甘肃省目前形成了飞机、火箭、高炮、焰弹、焰条等多种作业方式，可针对不同天气条件、不同云系，四季都能开展作业的综合作业体系，形成了空中、地面一体的现代化、规模化、科学化、安全高效的立体作业体系。

第一章　启动和创业阶段(1949—1980年)

第一节　甘肃省开展人工影响天气的必要性和适宜性

甘肃省地处我国大陆腹地，远离海洋，降雨稀少，蒸发量大，是全国降水最少的几个省份之一，大约有70%的面积年降水量不足500 mm，干旱十分严重。甘肃省地形复杂，地理跨度大，东西相差超过16个经度，南北相差超过10个纬度，从东南到西北气候类型包括北亚热带湿润区、高寒区和干旱区等多种气候类型，大部分地区属于半湿润至半干旱、干旱气候类型。以降雨量划分，全省干旱半干旱区面积327841 km^2，占全省面积的72.2%。气候干燥，自然降水量少，使得甘肃省水资源匮乏，并且水资源地区分布极不均匀；自然降水年际变化大，年内分配不均，使得水分供需矛盾突出，易造成旱灾。遇到干旱年份，长时间(两季甚至三季)持续的大气干旱，引发农田土壤干旱，因干旱成灾的农田面积在旱情严重的年份超过1000万亩①，干旱成为威胁甘肃省农业生产的主要自然灾害。人工影响天气工作成为趋利避害和防灾减灾的重要手段之一，伴随经济社会发展而发展。

甘肃省是全国水资源匮乏的省份之一，且具有水资源的地区分布极不均匀、年际变率大、年内分配不均等特点，供需矛盾突出。自产水资源量占全国地表水资源量的1%。人均水资源量1150 m^3，仅为全国平均的1/2，居全国第22位，接近国际公认的人均500～1000 m^3重度缺水界限。农业生产亩均水资源占有量367 m^3，是全国亩均水资源占有量的1/3。通过人工增雨，充分开发利用空中水资源，是增加地表水资源，缓解用水供需矛盾，开源节流的一个有效途径。世界气象组织(WMO)执行委员会2001年6月通过的《关于人工影响天气现状的声明》指出："任何人工影响天气技术的目的都应当是只减少风、风暴潮和降雨灾害，而不减少总降雨量。"在气候变暖变湿背景下，甘肃省人工增雨工作将从应急抗旱，逐步过渡到应急抗旱与常态人工增雨蓄水并重。

自然环境的长期演变，造成甘肃省既是气候变化敏感区，又是生态环境脆弱带。而甘肃省水资源以及土地资源与经济发展不相适应的基本特征又构成了极为脆弱的生态环境基础。针对特定生态修复区域，开展规模化的人工增雨作业，是相对投资少且见效快的增加地表降水的有效措施。气候暖湿化的趋势有利于生态修复，在这种有利的"天时"下，人工增雨将促进"降水增加—植被恢复—有利于降水再增加"这一良性循环的形成。做好人工增雨工作，不仅是为农业抗旱保增产提供保障，也是助力生态环境修复，改善脆弱的生态环境，使人工增雨逐渐成为气象服务生态文明建设的一项重要举措。

冰雹是甘肃省仅次于干旱的农业气象灾害，每年的作物生长季节都可能发生。冰雹日数

① 1亩约等于666.7 m^2。

总的分布特征是高原和山区多，河谷、盆地和沙漠少。甘肃省雹灾严重，每年受灾的农田面积达 13.3 万 hm^2，对农业生产影响很大。在甘肃河东地区雹灾严重的区域，一场严重的雹灾能够将导致农作物颗粒无收，造成惨重损失。为减轻雹灾危害，我国民间自古就有使用土炮防雹的记载，这也是我国古人探索以人工方式减轻冰雹危害的尝试。时至今日，出于对人工防雹的迫切需求，以现代化的雹云探测和冰雹预报、预警技术，高炮、火箭等现代化的防雹作业手段，快速高效的作业指挥平台所组成的防雹作业体系，作为人工影响天气的重要组成部分，在减轻甘肃省冰雹灾害中发挥着重要作用。

广义而言，凡是以人为方式对自然形成的不利气象条件进行人工干预，达到趋利避害的目的，均是人工影响天气的范畴。除去现在国内外普遍开展的人工增雨和人工防雹，人工影响天气还包括人工消雨、人工消雾、人工防霜等。霜冻也是甘肃省主要气象灾害之一，在春、秋季，霜冻易对林果业和种植业造成危害，特别是近些年时有出现的晚霜冻，对甘肃省一些经济价值高、正值花期的林果生长(例如天水一带的大樱桃等)造成比较严重的危害和产量损失。为抵御和减轻霜冻危害，农民群众以往都是以传统的熏烟、灌水、覆盖等方式减缓地表热量散失，保护农作物免受冻害。为探索新的防霜冻措施，甘肃省人工影响天气办公室参照国外先进技术，指导制造和推广安装动力机械式防霜机，防霜机以动力方式搅动和交换上下层空气，破坏逆温层，一定程度上能够升高下层空气温度，达到防霜冻的目的，为甘肃省农业生产防霜冻开辟了新途径。

甘肃省开展增雨和消雹等人工影响天气工作不仅是农业生产的需要，也是经济社会发展和生态环境保护的需要，其必要性不言而喻。经过现代化的科学探测和研究，甘肃省具有适宜开展人工影响天气作业的自然条件，特别是作为国家西部重要生态安全屏障的祁连山山区，全年云量多，地形云特征明显，具有相对丰富的空中水汽资源，适宜开展人工增雨(雪)科研及作业。在全球气候变化的大背景下，近些年甘肃省也出现一些周期性气候变化特征。在分析西北地区气温、降水、冰川和积雪融水资料的基础上，我国著名冰川学家施雅风院士在 20 世纪 80 年代提出了西北气候正由暖干向暖湿转换的推断，20 世纪最初 10 年甘肃省降水量总体呈现出增加趋势进一步印证了这一推断。由于自然降水增加，大范围持续性旱灾减少，甘肃省不仅农业年景好(截至 2018 年，全省粮食生产已实现连续 14 年丰收)，而且植被长势也总体转好，植被覆盖率增大。

虽然近些年甘肃省在气候变化趋势上呈现出暖湿化倾向，但是甘肃省以干旱半干旱为主的气候类型还远没有改变，由于降水时、空分布不均导致旱作农业区区域性、阶段性干旱依然时有出现。因此，作为长期的防灾减灾战略，包括人工增雨在内的防旱抗旱工作仍然不能松懈。

第二节　甘肃历史上的人工影响天气探索及现代化试验启动

一、1949 年以前

呼风唤雨、趋利避害是人类从古至今所追求的美好愿望。为实现这一愿望，人们做出了各种努力，试图将愿望变为现实。现在实际业务应用中的人工增雨和人工防雹等均是基于现代科学基础，以现代化技术手段支撑的人工影响天气业务。实际上以“土办法”进行人工消雹等尝试和探索在我国古代就已经出现。我国是冰雹灾害严重的国家,包括甘肃在内的我国民间使用土炮消雹的历史可以追溯到14世纪后半叶,在一些古文献中屡有降雹及人工消雹的记载。

甘肃静宁县民间百年前使用的防雹土炮

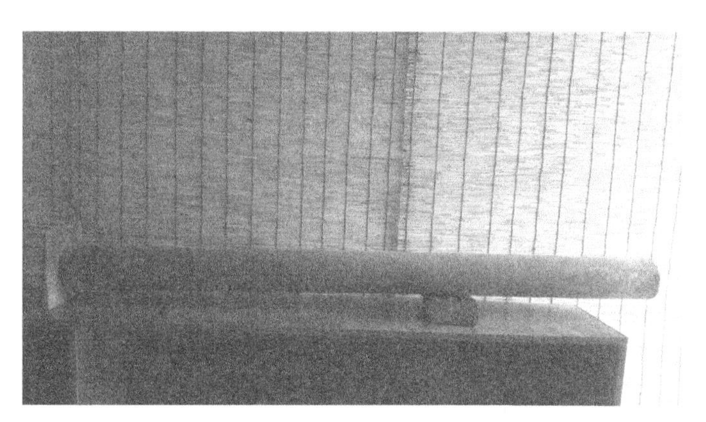

保存在秦安王铺镇张咀村陈列室的防雹土炮“大将军”,长约150 cm

保存在秦安王铺镇张咀村陈列室的防雹土炮“二将军”,长约45 cm

甘肃省是受雹灾严重的省份，特别是农作物生长关键期出现的冰雹对农业生产破坏很大，一次严重的雹灾甚至会使农作物颗粒无收。史料记载中，大的雹灾是与地震、大旱、雨涝洪灾等并列的重大自然灾害。甘肃最早的雹灾记载见于清朝乾隆年间编撰的《甘肃通志》第二十四卷，开篇即有“周孝王十三年大雨雹……”的记载，整卷中的“雨雹”“大雨雹”“雨雹伤禾”等大的冰雹灾害记载有 8 处之多，还有康熙二十六年间“成县冰雹大如鸡子”的记载。进入 20 世纪后，利用现代摄影技术，开始有了冰雹灾害的图像记录。甘肃省立气象测候所第一任所长朱允明（1932—1942 年在任）于 1935 年 5 月 29 日拍摄的发生在甘肃华亭的一场冰雹所砸坏杨树的图片，发表在 1935 年第 4 期《气象学报》上，是气象类杂志上能够见到的最早反映甘肃冰雹危害的照片（朱允明，1935）。从照片上可见，杨树的叶子全被砸落，只剩光秃的枝干，冰雹的毁坏力可见一斑。在朱允明撰写的《甘肃省之气候》中对冰雹灾害有以下描述：“然于农业上为害至巨，以其所降之雹大小不一，小者如蚕豆、黄豆，大者如胡桃、鸡蛋，然尤其大者，如碗（民国二十二年八月二十三日渭源降）。凡雹之来也，必偕烈风暴雨，风雹双方袭击，水洪漫溢，毙人畜，伤禾稼，拔树木，摧房庐洪水横流中洗而空，故其为害也至惨至烈。此为甘肃农业上之一大敌，亦值得研究预防之。”

甘肃华亭遭雹击后的杨树（朱允明，1935）

曾创建青海省第一个气象测候所，之后又担任过兰州气象测候所主任的秦化行（曾用名秦雨民，又名秦毅），在其发表于 1935 年第 5 期《气象学报》上的“近四年来甘肃之雹”一文中曾有“各种灾况中，要以雹灾最惨酷而严烈，甘肃近四年被雹区域，殆遍全省，损失至钜”“甘肃雹灾，无年不有”的记述。在该文中，通过分析 1932—1935 年甘肃各县的降雹次数，探讨了甘肃省冰雹发生的时、空分布及成因：“四年内降雹达 55 县之多，以地域言，参差不齐，轻重不同，占最高位者为靖远、定西、固原（4 年中各 10 次），其次临洮 9 次，皋兰、渭源、陇西各得 8 次以上，诸县平均每年在两次以上。华亭、榆中、清水、康乐、武山各 7 次，礼县、古浪各 6 次，洮沙（1913 年设置县域，1951 年并入临洮县）、岷县、秦安、通渭、隆德各 5 次，临夏、永靖、漳县、天水、西和、静宁、化平（现名泾源）、环县各 4 次，平均每年都在 1 次以上。其他各县或隔年一见，或数年一见，亦有终年数次者，但以平均计之，均在 1 次以下，但河西高台、安西、玉门等县以及陇东之庆阳，陇南之岷县、两当则 4 年中从未一见。以大概而论，皋兰以东最多，以西最少。此种原因按图索骥不难得之，研究其所如此者，皋兰以东六盘山脉横绕蜿蜒，陇山、秦岭并行直贯，山峰突兀，深壑凹陷，因而造成夏日最强盛之对流，雷雨频兴，冰雹迭降。皋兰以西关外各县，因地势关系，罕见降雹。然酒泉密尔祁连山之最高峰，随亦年中而数见。六盘山以东各县惟庆阳一县未罹雹灾，因庆阳位于平原，县境淹有董志源，平畴沃野，一望无际，为陕甘盆地之西隅，居关山东高原之中央，故其降雹之可能最少。固原、华亭、化平、平凉，则均沿大山之麓雹灾特多，至如镇原、泾川等县亦仅余波末流耳。定西、会宁、靖远等循六盘山脉之西麓，临洮、渭源近接岛鼠，漳岷密尔崆峒，隆德、静宁、庄浪、陇西、通渭、武山、秦安、天水、清水等县则均在六盘山脉合抱之中，雹灾故尔频繁。……降雹之时期，始于春末，盛于炎夏，而消灭于秋初。甘肃历年降雹平均以六月为最多，四月为发轫之初，至五月已盛行，七八九各月依次而减衰，然以各年分别考之，其期间先后涨落，殊不一致，如(民国)二十一年七月最多，二十二年八月最多，二十三年五月最多，二十四年六月最多。其消长盛衰之理，当有关乎大气团之变迁运行，诚堪吾人之探索寻味也。然以季节之分配论之，则其最高之点，概在夏季，或在春夏夏秋交替之间，此中原因，甚明显，即因炎夏空气温度最高，对流旺盛，随以造成也。"(秦化行，1935)

由于冰雹对农作物危害严重，因此以人工方法减轻其灾害，是甘肃先民一直探索和追求的目标。使用土炮进行消雹，是试图减轻冰雹危害的一种探索和尝试。甘肃省使用土炮轰击冰雹云进行消雹，最早见于清代《广阳杂记》："子谅言：平凉一带，夏五六月间，常有暴风起，黄云自山来，风亦黄色，必有冰雹，大者如拳，小者如栗，坏人田苗，此妖也。土人见黄云则鸣金，以枪炮向之施放，即散去。"《广阳杂记》的作者刘献廷(1648—1695年)是明清之际的一位杰出思想家，生活的主要年代是康熙年间。还有一本清代的志书——《武进阳湖县志》中记载："许宏声，字闻绣，雍正七年举人，考授中书，迁甘肃平凉府同知，驻固原，……有黑云烈风自西来。吏驰报曰：大雹至矣。一城尽惊。宏声曰：是可力驱也。亟请提督军士排鸟枪齐发，声震天，雹遂却，民庐获全，沿边因得却雹法。"由于明代至清初的平凉府包括东至今甘肃径川、镇原，西至庄浪、静宁，北至今宁夏中宁县的大片区域，固原县也是其所辖的一部分。从上述两段记载可知，我国西北地区历史上的"人工消雹"主要集中在今陇东的平凉、镇原、庆阳一带，兼及陕北延安地区与宁夏固原，这些地方均属于多雹区，而且冰雹日数又多集中于夏季6月，即为《广阳杂记》中所说的"夏五六月间"。人们除了掌握和了解降雹的多发季节以外，通过长期观察，还积累了对冰雹云特征的观测经验，能根据云的颜色(冰雹云多呈黄色与黑色，而且伴随有风)在降雹之前进行"预警"，为人工消雹积累经验。所使用的作业工具和方法，自清初至清末(至迟到17世纪末)，已从鸟枪炮等逐渐发展成为专门的"打雨炮"。关于"打雨炮"，参考20世纪30年代今陇东、陕北一带被记述的情形："群众为了防雹，创造了'打雨炮'，每个'打雨炮'可防御100公里以上的冰雹灾害。炮高1.2尺①，口径1寸②，把火药捣碎，装入炮筒，用药捻子引火，看到冰雹云移动到上空，就开始打炮，可打散带雹的云，使空气发生波动，水滴不转成冰雹。"可见，这一消雹方法在当时就已经有了完整的作业流程和制度(张江华，1992)。

二、1950—1958年

1950年以后，全国范围内还在使用传统的土炮、土枪组织消雹作业，为了增强效果，有的地方还曾组织过大规模的消雹作业。1950年5月25日，山西武乡二区等地组织近千门土炮、土枪轰打冰雹云，持续时间长达6 h，甚为壮观，《山西日报》于7月6日对此事曾

---

① 1尺=33.33 cm。

② 1寸=3.33 cm。

予以报道。直至20世纪60年代，一些民间防雹仍在用土炮，条件好一些的，用无缝钢管制作的土炮。与全国其他地方相同，在这一时期，甘肃省也仍是以土炮作为人工防雹的主要作业工具。

追溯甘肃省有组织的人工增雨历史，先要从我国20世纪50年代开始启动人工影响天气工作的背景说起。在1956年2月的最高国务会议上，从美国回国的著名科学家钱学森在《科学技术新进展报告》中，介绍了人工影响天气在美国的开展情况。在中央气象局局长涂长望汇报《气象科学研究12年(1956—1967年)发展远景规划》时，大家都同意把人工降雨试验列入重点项目，毛泽东主席就此事做出指示："人工造雨是非常重要的，希望气象工作者多努力。"这次会议后，中央气象局、中国科学院立即组织有关气象科学家启动了人工影响天气科学技术的研究、开发与试验。从这一点上讲，我们国家人工影响天气工作启动或开始的时间应为1956年2月召开的最高国务会议国家领导人决策之时。1956年春，中国科学院著名大气物理学家赵九章率先提出"发展人工控制天气"工作。1956年3月，涂长望在全国气象工作会议上报告《气象科学研究12年(1956—1967年)发展远景规划》时，将人工降水、人工消雾、人工消除冰雹列为我国第三个五年计划中气象工作任务的一部分，1956年10月毛泽东主席主持批准的《全国发展规划纲要》列入了此计划。1958年2月，国家科学规划委员会批复成立以赵九章为组长的云雾物理专业组，该组曾计划在国家第二个五年计划期间建立由云物理实验室，以及祁连山、衡山、庐山、黄山等组成的高山云雾观测站，获取云结构及云降水形成物理过程的资料(李大山 等，2002)。这说明，祁连山作为人工增雨研究和试验，尤其是地形云观测和人工增雨试验较为适宜的高山，很早就进入了我国第一代人工影响天气科学工作者的视线范围。

祁连山，原指甘肃河西走廊南部山区最北的一座海拔5547 m的山岭，现在通常指的是位于甘肃省西部与青海省东北部交汇处，由多条西北—东南走向的平行山脉和宽谷组成的山区，谓之祁连山脉。"祁连"是匈奴语"天"的意思，祁连山即"天山"之意。整个祁连山脉东西长800 km，南北宽200～400 km，海拔4000～6000 m，共有冰川3306条，面积约2062 km^2。平均山脉海拔4000～5000 m，最高峰疏勒南山的团结峰海拔5808 m。海拔4000 m以上的山峰山顶终年积雪，冰雪融水和自然降水形成的河西内陆河保障了河西灌溉农业及其他各方面的用水，连接所形成的绿洲，就有了著名的丝绸之路。

山区的特殊地形，形成了山地天气气候的一些基本特征。在山地迎风坡，气流沿山坡抬升，致使水汽凝结成云，也就是"地形云"。在地形云中，云滴的温度、尺度和数浓度及其与冰晶浓度之比，可能形成满足人工催化增雨的最佳条件，具有较大的人工催化增雨潜力。在自然发展的地形云中，所含的冰核不充分，冰核核化作用太慢或核化速率太小，为了截留由地形抬升形成的云中过冷水，不使其流失于山障背风侧，通过播撒人工冰核产生冰晶，再从过冷水滴向冰晶转移水分，使地形云在通过山脊之前产生降雨(雪)。地形云凝结水向冰晶增长转移的水量与供给的凝结水量之比可以用来定量估计地形云的可播性。由于相对固定的地形强迫作用，也有助于简化云和降水形成的动力条件，为相关研究提供了一个固有的、自然发展的适合于研究云系动力学的微物理实验场。国内外近50年来的试验研究和催化作业表明，正是地形云提供了稳定丰富和易于支配的云水资源。祁连山区正是适宜开展地形云观测、试验研究较为理想的地方，如果能够开展针对地形云的人工增加降水播云作业，增加山区降水和积雪覆盖，将会使稳定的积冰初日提前，增加地表径流量，扩大水库进水量和增加地下水补给等(李大山等，2002)。

云雾缭绕的祁连山脉

1958年正处于“鼓足干劲、力争上游、多快好省地建设社会主义”时期，科学技术工作在党的领导下明确了主要从发展生产、服务于社会主义建设出发，用“任务”来带动科学研究的指导思想。为此，“人工控制局部天气”的试验研究工作在气象科学研究规划中提前实施，并且决定先从人工降水野外试验着手，从实际生产出发来发展这门科学。中国科学院为了研究解决西北干旱气候问题，与气象部门和北京大学等单位合作，在甘肃祁连山区等地进行了人工降水试验，了解西北人工降水的可能性和现实性，以便取得经验，为进一步的工作做准备(程纯枢，1959)。

1958年4月，中国科学院著名气象学家，我国人工影响天气科学技术开拓者、奠基人之一的顾震潮先生带领一批科技工作者在甘肃省祁连山筹建地形云催化降水试验及综合考察。由中国科学院地球物理研究所和新成立的兰州高原大气物理研究所，中央气象局、甘肃省气象局、北京大学气象专业的科技工作者，以及空军2733部队机组参加的人工降水工作小组，于1958年8—10月在祁连山及兰州一带进行了地面及飞机增雨试验。其中，8月25—31日在祁连山采用燃烧碘化银烟及气球携带炸药的方法进行试验；9月26—30日在榆中马衔山进行3次地面燃烧碘化银试验；8月31日至9月27日，使用伊尔-12和安-2飞机在兰州及榆中试验12次，催化30处，所使用的催化剂包括干冰、盐粉、盐水。顾震潮、叶笃正等多位科学家赴甘肃进行飞机人工降水试验(李大山 等，2002)。在中国科学院、甘肃省委的领导和支持下，在包括飞行机组和地勤人员，以及嘉峪关机场和玉门矿务局在内的所有参与和涉及试验的单位及人员通力合作、相互帮助下，试验小组克服地形复杂和天气造成的各种困难，团结协作，突击完成了任务(甘肃人工降水工作小组，1959)。

在详细分析了1958年8—10月兰州榆中和祁连山区18次人工降水试验资料后，试验小组曾得出以下结论(甘肃人工降水工作小组，1959)：

(1)西北人工降水是可能的，特别是祁连山人工降水工作有很大的希望。

(2)对于过冷却积状云使用干冰来催化，促使它发展和人工降水是很有效的。即使厚度500 m左右的淡积云也可以在催化后形成降水。

(3)不论对于暖云或是冷云，撒播盐粉或盐水后都会使云很快地消散，而不像干冰对冷云那样能促使云块发展，尤其是盐粉使暖云消散的效果十分显著，有时也有雨幡，但因地面观测的限制是否有降水发生不能肯定。

(4)撒药必须撒在云里,在云顶以上效果要差得多,尤其是撒盐。

这些结论为以后在甘肃省开展大范围人工增雨作业提供了最初的也是很重要的科学依据和科学指导,更是为以后开展祁连山地形云科学探测和人工催化增雨(雪)试验展示了广阔的前景。

祁连山区多雪峰、冰川,冰雪融化后的径流加上降雨所形成的河西内陆河流可直达河西走廊干旱地区。因此,融冰化雪,增加冰雪水径流是发展河西走廊地区农业的有效措施之一。早在清代末期,已有当地群众上山进行化冰融雪活动。1958 年,除了开展人工降水试验外,为直接增加河西内陆河流量,缓解河西走廊绿洲农业区干旱,从 6 月开始,施雅风、朱岗昆、高由禧等赴祁连山开展融冰化雪试验。他们组织工作队携带大量碳黑,越过祁连山雪线(夏季积雪区域的下限,即年降雪量与年消融量相等的动态平衡线),将碳黑撒落在祁连山常年积雪上,利用碳黑大量吸收太阳辐射转化为热能的原理,促使冰融雪化,让祁连山“雪山献水”,灌溉山下良田(中国气象局科技教育司,2002)。

1958 年 11 月 20—27 日,西北气象协作会议在兰州召开,研究的协作内容包括人工降雨问题(中国气象局科技教育司,2002)。

作为综合性大学,兰州大学在 1958 年就成立了气象学教研组,部分教师参与了祁连山融冰化雪工作。根据大气科学学科发展的需求,兰州大学又陆续开设了卫星气象、雷达气象等相关课程,增设了云物理与人工影响天气研究方向,培养人工影响天气方面的专业人才(国家人工影响天气协调会议办公室 等,2018)。

三、1959 年

1959 年,《气象学报》曾出版专集,报道甘肃省人工降水试验等一些开创性工作(中国气象局科技教育司,2002)。1958 年在甘肃进行的全国最早的这一系列人工影响天气科学观测和业务试验,开创了甘肃省在现代科学意义上的人工影响天气工作。这些观测与试验,与同年在吉林、武汉、南京、河北等地开展的飞机人工降水、地面燃烧碘化银人工降水试验等,加快了我国人工影响天气试验研究和外场作业的步伐,开始了我国,也是甘肃省有组织人工影响天气外场试验和飞机人工增雨抗旱作业。尽管以后经历了很多曲折,但是 1958 年开创历史的工作,使“1958 年”成为甘肃省人工影响天气历史上永远值得纪念的年份,顾震潮等一批开创甘肃省人工影响天气历史的著名气象学家也将永载史册。

1958 年 8 月,顾震潮率队与甘肃省气象局合作到祁连山进行人工影响天气试验时合影,右图前排右 3 为顾震潮

1959 年 2 月 15 日,国家科委在《中华人民共和国科学技术委员会关于 1959 年扩大人工降雨的通知》中指出,目前人工降雨受自然条件和物质条件限制,只能在重点地区扩大试验,在灾情特别严重的地区,可临时使用空军力量重点救灾。要继续大力开展科学试验工作,积极准备条件,逐步开展人工降雨工作。地面试验采取发动群众、土洋结合的多种方式进行,并选择了包括甘肃祁连山在内的甘肃、吉林、安徽、河北、内蒙古和武汉等 6 个重点试验地区。

第三节 急国家所需,艰苦创业

一、1960 年

1960 年,甘肃省气象局利用土火箭、气球带药实施空中爆炸,探索新的人工影响天气作业技术方法,并且还将改制后的“82 型”迫击炮用于人工消雹。

1960 年 4 月 21—26 日,甘肃省科委和甘肃省气象局在兰州召开了全省消雹工作会议。参加会议的有各地(市、州)、县科委和农业、气象等部门,以及省级有关单位的代表,共计 158 人。国家科委、中国科学院、中央气象局以及安徽、云南、浙江、山东、河南、河北、青海、新疆、内蒙古、陕西、宁夏等 11 个省(区)的代表参加了会议。

1960 年甘肃遭遇干旱,在科研工作服务于生产一线的思想指导下,出于抗旱需要,中国科学院兰州地球物理研究所夏季除了租用两架运输机在兰州以东地区实施人工降雨以外,还分别在祁连山脉的冷龙岭北麓(东南由张掖地区东大河上游始,西南至武威地区的乌鞘岭,绵延 200 km)、定西地区的华家岭和兰州东南 40 km 的马衔山顶(海拔 3670 m),进行碘化银烧烟和土炮催化降雨试验。限于当时条件,野外作业队的生活条件极其艰苦,这里引述一段当事人的相关记述为证:“且不说长时间住帐篷的风寒,许多点的同志还忍受饥饿。冷龙岭北麓多原始森林,没有路,粮食由汽车运至山林外后,就得靠牦牛驮进山,牦牛进入原始林中就乱跑,押运者管不过来,个别驮夫趁机鞭打牦牛往树上摩撞,好端端的毡口袋撞成洞,粮食漏撒一地或被驮夫趁机偷走些,每人每月 20 kg 的定量待运到野外站就往往不足 15 kg,大家实在饿就在沼泽草地捡地衣皮掺进玉米中一起煮糊吃,地衣皮性寒,吃多了就闹肚子。采集雨量数据等全凭两腿走,大家每天步行数十里路是习以为常的,下山进城镇可不容易,作者之一在 1960 年 9 月初自冷龙岭大东沟回兰州,整整步行 12 h,至皇城水库时才搭上九条岭煤窑往外运煤的大卡车,坐在煤堆上拉至河西堡火车站时,满面污黑,加之野外惯常的衣发不整,在购火车票时就被纠察人员扣下送往当地‘盲流人员收容所’被关了半天,费了很多口舌才被释放,可见当时艰苦条件之一斑。”(杨颂禧 等,1989)

1960 年夏季,中国科学院兰州地球物理研究所在马衔山徒岭子组织过 4 次土炮影响云雾试验,炮点上风方布置 1 个雾滴谱取样点,炮点下风方布置 2 个手提式滴谱仪,在炮击前后按一定的时序取样,共取得 13 对炮击前后的平均雾滴谱。分析发现,炮响后雾滴谱的峰值右移,雾滴平均直径由 7.2 μm 增大到 7.5 μm,由对消散中的雾的 7 次试验得知,平均直径由 27.6 μm 增大到 36.3 μm,最大直径在炮响后,比原来的可增大一倍以上(由 62.6 μm 增至 164 μm)。分析认为,土炮对宽谱的雾滴影响更显著,作用范围在距炮口 100 m 以内。该试验为研究土炮影响云雾开拓了思路,探索了人工影响天气效果检验中的云物理学检验方法(杨颂禧 等,1989)。

二、1961 年

1961 年夏，中国科学院兰州地球物理研究所在马衔山徒岭子继续做了 9 次土炮影响云雾试验，共取得雾滴谱 228 份。根据试验结果进一步分析了土炮影响云雾的显著作用范围以距炮口 100 m 内为限，100～300 m 影响微弱（杨颂禧等，1989）。

中国科学院兰州地球物理研究所科研人员还测得了土炮爆轰时的压力幅值、频率、衰减和波形等，发现直接用石英晶体等测压灵敏度过低，故依靠压电效应把压力跃变为电压脉冲，在土炮膛内和膛外分置 2 个感应元件，它们先后在冲击波作用下破裂产生 2 个脉冲，由脉冲间隔算得波速和压强值。对于长 1.5 m 装药 250 g 的土炮，炮口处最大压强为 30400 hPa，距炮口 1 m 处衰减成 2736 hPa，30 m 增压幅值衰减为 0。声压平均值炮口为 39.5 Pa，距炮口 450 m 处为 1.24 Pa，频率集中在 1000～2000 Hz。对土炮冲击波进行理论估算，从土炮冲击波形成、传播和衰减的物理过程着手，应用火药学、爆震学、内弹道学和流体力学的知识进行冲击波计算，结果显示，土炮产生冲击波的效率很低，计算中将冲击波峰压分为强（峰值压强＞2940～9800 hPa）、中和弱（峰压略大于 980 hPa）3 种，它们分别随离炮口距离（X）而衰减成原来的 $1/X^3$，$1/X^{1.5}$ 和 $1/X^{\beta}$（β 略大于 1），距炮口 10 m 处波阵面的超压值已甚微，显然靠冲击波已不能有效地影响云雾（杨颂禧 等，1989）。

以上这些试验和分析报告细致严谨，资料充分，是当时国内研究土炮对云雾影响的第一手资料，也是甘肃省科研人员使用物理学方法对人工影响天气效果进行检验的早期探索。

1961 年夏，中国科学院兰州地球物理研究所还开展了对祁连山地形云和雨滴谱的观测。在分析了 3 次祁连山区降水过程的连续雨滴谱后指出，山区降水过程中有两种起伏，一种大起伏历时数十分钟，另一种小起伏历时数分钟。起伏周期随云状和所处时段而不同，雨滴谱中多峰很普遍，峰值常位于 300～400 μm，地形云降水中雨滴的直径较小，谱形与降雪融化谱极为相似，推测降水云系上部存在降雪过程。使用双经纬仪和照相机配合观测，测得云顶的纤维化高度、上升速率和云体区域分布等，用来分析祁连山地形积云的宏观特征。分析表明，地形积云生成和发展与背风坡和东南坡的热扰动等因素有关。这是较早的对祁连山地形云的云物理观测分析研究。

三、1962 年

在云物理实验室建设方面，1962 年中国科学院兰州地球物理研究所研制成功我国第一台调温调压冷云云室，由双级氟里昂压缩机致冷，云室内实验空间 0.28 m^3，最低温度－70 ℃，水平和垂直温度梯度分别为 0.04 ℃/cm 和 0.12 ℃/cm，最低气压可到 200 hPa（精度 1 hPa）。

四、1963—1964 年

1962 年底至 1963 年间，中国科学院兰州地球物理研究所还建成了以冷云云室为主体的冷云实验室（王致君 等，1999）。继建成冷云实验室后，继续筹建大气化学实验室、冰雹冷冻风洞实验室和宏观云观测实验室，研制了自动化程度很高的 Bigg 冰核计数器等，并在甘南、永登、平凉等地观测研究雹云和雷雨云的闪电特征差异；研究平凉地区冰雹预报方法；使用雷达研究高炮作业后云体回波的反应；研究防雹作业的雷达回波指标参数；分析防雹效果；对冰雹粒子的尺度谱进行观测分析（中国气象局科技教育司，2002）。

1963年,甘肃省气象局在岷县黄金山的防雹试验点开展了冰雹路径调查、群众看云和土法防雹效果研究,以及在岷县八郎地区组织大剂量低空爆炸和催化防雹方法试验,为人工防雹工作积累经验。中国科学院地球物理研究所1964年深入甘肃岷县多雹区参加防雹试验。

五、1965年

1965年初,中国科学院兰州地球物理研究所确定以祁连山地形云的观测和催化为主攻对象,制定了一个综合观测祁连山地形云的计划,在中国科学院院部支持下,获得实验室投资指标,一些重要的野外和室内实验设备得以提出和逐步充实,如进口了一台日本JMA 3.2 cm波长云雨雷达等。1965年5月云雾组全体进入祁连山托勒地区对地形云进行综合观测和催化试验,项目有卷云体的立体摄影测量、云体环境场探空、大气冰核浓度、固态降水物特征、地面大气电场、由探空气球携带碘化银定高爆燃播撒等。基于宏观观测资料,分析了祁连山区夏季对流云的高度、位置、纤维化高度、降水时间和强度等,指出当地地形云降水过早和持续时间短等特点。分析环境场探空资料时,通过积云发展的前、中、后以及晴天无云的探空资料对比,得知该地具备温度层结不稳定条件,但水汽条件却十分不利,从地面到400 hPa整层的平均相对湿度比我国东部和南部山区要低得多,致使夏季对流云发展不充分,容易产生降水但降水量小。在分析降水物特征时,通过大量雨滴谱、雪花融化谱和软雹谱等,指出地形云降水的雨滴谱谱形窄、雨强小、固态(软雹)降水物多等特点。通过冰核观测资料分析指出,祁连山区的冰核浓度比兰州等城市上空并不低,山区冰核浓度也和气象条件(如风向等)有关,但它的日变化不如城市那样剧烈。对流云降水与地面电场关系研究指出,祁连山区未降水的对流云一般为偶极子结构,降水的对流云一般为负的单极结构,降雨时一般电场为正变幅,最大值为10^2~10^3 V/m,降软雹时对应的电场为负变幅,最大值为10^3~10^4 V/m。以上研究成果构成了1979年全国科学大会得奖项目——“西北地区云雾宏观和微观物理”的主体(杨颂禧 等,1989)。以上对流云降水与电场的关系,以及降水对流云与未降水对流云电荷结构的早期研究结果,对现在正在进行的一些探索性研究仍具有一定的启发意义。

六、1971年

为改善甘肃省人工防雹科学试验条件,增强人工防雹科学基础,甘肃省气象局于1971年在永登防雹试验区设立人工防雹科学试验研究基地。永登防雹试验区位于甘肃省中部,黄土高原的西北边缘,居陇西黄土高原和祁连山地的交界处,海拔大都在1700~4000 m以上,地势西北高东北低。试验区西北部的马雅雪山,藏语称阿尼嘎卓,本地人称白嘎达山。马雅雪山是祁连山脉余脉分支,处在天祝县高寒草原地带,海拔高度在4000 m以上,相对高度约1000 m。山顶由石灰岩覆盖,有水池。主峰白尕达,藏语称伦布什则,意为最高的须弥山,其海拔高度为4447 m。海拔3800 m以上山坡阴湿多水,3800 m以下山坡为灌木草地,水气充沛,有利于雹云生成,是冰雹发生的主要源地之一,是开展防雹试验研究和防雹作业的理想区域。防雹试验基地位于永登县和天祝藏族自治县交界处的石门岘村,海拔2743 m,基地占地760 m^2。1973年启用711测雨雷达,1975年又配备了701测风雷达。基地建立初期,有中国科学院兰州地球物理研究所的科研和技术人员共同参与试验研究工作,1973年以后,中国科学院兰州地球物理研究所“平凉雷电与雹暴试验基地”建成并投入使用,这些科研和技术人员才离开永登前往平凉。永登防雹试验基地工作人员曾有16人之多,其中本科学历2人,大专学历2人,其余人员均为中专学历或短期培训人员;有一部分人员是从部队退役的。试验基地共设有13个地面观测点，各观测点均配有气压、气温、空气湿度、风和雨量等 5 种自记观测仪器，每天进行 5 次定时观测。基地探空站每天 1 次定时施放探空和不定时的入云探空。另外，还开展了地面气象观测、通信、预报、雹灾灾情调查、冰雹切片、雹云录像等各项相关工作以及资料的收集和分析。试验基地每年 5 月下旬进点，9 月底结束工作。报务员每天定时收报，预报员做出当天的天气预报，作为是否加放探空气球的决策依据。如果适宜探测，则在雹云来临时释放探空气球，获取雹云探测资料。711 测雨雷达每天观测天气变化，根据雹云回波强度及其变化，实时指挥相距 8 km 以外的防雹作业点进行作业。基地的防雹作业由高炮部队具体实施，作业指挥由防雹试验基地技术人员负责。永登防雹试验基地自建立起，前后开展了为期 15 年的防雹试验，取得了 1000 多次降雹区域大气环境场的无线电探空资料，100 多次进入雹云和雷雨云的探空资料，150 多次冰雹云过程的接近 1 万张的测雨雷达探测雹暴回波照片和探测数据，700 张冰雹切片的照片资料和 6000 余份地面观测网点资料。为了能够就近生产防雹火箭，由专业技术人员设计，在永登县农机厂建成了防雹火箭生产车间，并对所生产的火箭进行质量检测。生产出来的防雹火箭部分供给开展人工防雹作业的市县使用。由于火箭质量较高，甘肃省外很多技术人员前来参观学习(杨珍贵，1998)。

在永登防雹试验基地建立及运行的同时，武都地区气象局在岷县黄金山开展了防雹试验工作，每年由甘肃省气象局派 1 名专业技术人员参与试验工作。同一时期武威气象局在打柴沟也建立了防雹试验点，每年派 2 名业务技术人员开展防雹试验工作。

1971 年，在中国科学院资助和甘肃省政府建议支持下，中国科学院兰州地球物理研究所在平凉白庙乡贾洼村一队建起雷电与雹暴试验站(简称“平凉白庙雷达站”)，这是中国科学院设立在六盘山东麓，沿黄土高原沟壑梁峁地带的综合科学观测试验研究基准台站，主要从事云和降水物理、雷达气象、强对流雹暴、雷电、大气探测、人工影响天气和防灾减灾的实验观测研究。自成立之日起，培养了大批研究生和专业人才，促进了专业学科和交叉学科的发展，多项研究成果达到国际水平，先后承担国家重大、国家基金、中国科学院、中外合作项目和横向课题百余项，在国内外发表论文 300 余篇，获得国家、省部级奖十多次，与加拿大、美国、日本等国科学家合作到站开展工作和访问，国内学者和专家到站工作交流超百人。该台站率先引进天气雷达进行冰雹云演变和判别的观测研究，开展冰雹结构和爆炸对人工消雹的实验研究，取得了十分显著的效果，并在行业内产生一定的影响，以“平凉防雹基地”著称。20 世纪 80 年代后，全国大范围开展人工影响天气时，该所已取得多方面科研成果，达到国内领先水平。特别是在雷达识别冰雹云、开展人工防雹消雹作业，开发线圆偏振雷达，研发双线偏振天气雷达探测冰雹增长机理和动力结构方面达到国际水平(第二(云和降水物理)研究室，1992)。

1971 年，中国科学院兰州地球物理研究所在平凉市建立以 701 测风雷达、3.2 cm 波长天气雷达和 5 cm 波长天气雷达为主体，配之以地面常规气象观测仪器，大气水平场电场仪，雷电定向探测仪为辅助探测仪器的固定防雹减灾研究基地。该基地试验研究工作延续到 20 世纪 90 年代。研究了雹云和雷雨云的闪电特征、冰雹预报方法、高炮作业后云体回波的反应、防雹作业的雷达回波指标参数、防雹的效果、冰雹粒子谱、冰雹的切片结构特征、线偏振雷达的应用等。研制了 52 型土火箭、TK-64 型低空探测火箭、雷达距离订正装置、雷达标定方法、闪电计数器等。还开展了爆炸对气流和气压影响的实验、人工触发闪电实验等研究工作(中国气象局科技教育司，2002)。

七、1972 年

到 20 世纪 70 年代初，由气象部门组织开展的甘肃省人工消雹工作达到一个高潮，防雹工具也由传统的民间土炮发展到土火箭、空炸炮、高炮等。至1972年形成大范围有组织、有领导、大量投资的群众性人工防雹作业规模。据1972年统计,甘肃省受雹灾危害的56个县共设防雹炮点12800处,有防雹火器近35000件。

1972年,甘肃省气象局开展强对流天气研究工作,卫星云图接收设备也在1973年开始投入业务使用。这些技术上的进步有效地提高了冰雹预报准确率,为及时组织人工防雹作业创造了有利条件。

八、1973年

1973年,甘肃省气象局在岷县二郎山、黄金山开展了单管37 mm高射炮(以下简称"37高炮")防雹试点工作,标志着人工影响天气工作发生了质的变化,进入到科学防雹的新阶段。到20世纪90年代,防雹作业点已全部更换为37高炮,使用很多年的土炮基本退出了防雹历史舞台。

1973年开始,甘肃省气象局在武威地区以东,定西、天水地区以北开展了试验性飞机人工增雨作业。每年4月下旬至8月底,租用1架伊尔-12或伊尔-14飞机,对系统性层状云系实施人工催化。这一阶段使用的催化剂主要是干冰、尿素、盐粉以及少量碘化银。9年间共作业195架次,撒碘化银丙酮溶液1.3 t,尿素121 t,盐粉24 t,介乙醛0.2 t,干冰0.4 t。

九、1974年

1974年4月,中国科学院兰州高原大气物理研究所成立,人工影响天气研究属于第二研究室(云和降水物理),第五研究室为大气电学研究室(高由禧 等,1999)。

十、1976—1978年

到1976年,全省已有防雹点13000处,防雹火器近45000件,有85.9%的人民公社开展了此项试验。这一规模持续到1978年。

1977年9月17日,中国科学院兰州高原大气物理研究所在固原县进行人工触发闪电试验。

1978年,在科学的春天里,甘肃省气象局的人工影响天气科研成果"人工防雹、降雨小火箭"获得甘肃省科学大会奖。

1973—1978年,甘肃省气象局永登防雹试验研究基地对46次弱雹云和中等强度雹云进行了37高炮催化作业,据统计检验可减少雹灾危害30%~67%。

十一、1979年

1979年国家下发文件对全国人工影响天气工作提出"改革、调整、提高"的要求,除定西县、麦积区外,甘肃省其他各县的人工影响天气工作全部下马,到1985年以后又逐渐恢复。

岷县地区1972—1979年有组织防雹与1980—1985年没有组织防雹的检验结果相比较,有组织防雹年份雹灾面积相对减少47%。经过多年的防雹作业,虽然在防雹火器的改进和防雹经验总结等方面做过不少工作,但是对防雹效果却缺少检验和检验方法研究。

第二章　调整改革与恢复阶段(1981—1989 年)

第一节　甘肃省人工影响天气工作的调整改革

20 世纪 80 年代初期,根据中央改革、调整、提高的文件精神,全省性的防雹工作基本停止。只有定西等少数县、区一直在开展高炮防雹作业。甘肃省气象局气象科学研究所购置两部 711 天气雷达,1 部安装在庆阳市气象局,由庆阳市气象局派人到甘肃省气象局气象科学研究所防雹室永登县武胜驿雷达点学习,学成后负责雷达观测工作;另 1 部雷达安装在乌鞘岭气象站,由甘肃省气象局气象科学研究所防雹室从武胜驿雷达点抽人员进行观测。在这一时期,重庆 152 厂研制出人工防雹增雨火箭及发射架,稳定性好、射程高。甘肃省气象局气象科学研究所购置 1 台,并派人到厂里学习,架设到武胜驿雷达点试用。永登防雹试验点从石门岘迁到打柴沟后,防雹作业试验停止,以观测积累资料为主,每天定时施放探空气球进行探空观测,同时进行地面气象要素观测。

一、1981 年

1981 年,甘肃省气象局气象科学研究所使用统计学方法,对甘肃东部 1972—1977 年的人工防雹效果进行检验。具体技术方法是用 t 检验法计算分析防雹作业前后防雹区内的“区域年雹日”(指一年里防雹区内各气象站的年雹日总和)和“雹灾面积”的变化情况,由此来分析防雹效果。分析结果表明,当时被大规模使用的小剂量低空爆炸土炮防雹方法并不能减少雹日,也没有减少雹灾面积,实际上并没有达到预期的防雹目的。这是甘肃省较早使用统计检验方法对大面积防雹作业效果进行评估检验的探索和尝试,得出的结论也为日后防雹装备改进的必要性提供了佐证(陈立祥,1981)。同时,使用雷达回波资料,以个例分析方法分析了 1978 年 8 月 10 日发生在永登的一次超级单体雹暴的特征(甄长忠,1981),还通过 1971—1979 年永登防雹试验基地中出现的 140 次雹日的雷达、探空和地面气象资料,对雹云内外气流和温度的垂直分布、地面辐合风场、中空气流结构和层结状况、负温区厚度、逆温层特征进行了分析,并与雷雨云相互对比,试图认识雹云气流和温度的特殊分布,了解它们对冰雹生消过程的影响,寻求防止冰雹危害的途径(廖远程 等,1982)。

1981 年根据中央“调整、改革、整顿、提高”的方针,终止了全省群众性的土法防雹作业,作业高炮只剩 29 门。

二、1982 年

1982 年 3 月,甘肃省气象局气象科学研究所人工降雨研究室撤销,增雨试验工作终止。

1982年12月23—27日,中国气象学会在兰州召开雹云物理讨论会。

三、1983年

1983年,甘肃省气象局科研成果"人工防雹研究"获中央气象局1981—1982年科学技术成果三等奖。

四、1985年

1985年,甘肃省气象局科研成果"冰雹预报方法"获国家科技进步三等奖。

1985年,甘肃省政府明确赋予中国科学院兰州高原大气物理研究所在贫困山区的平凉白庙雷达站为地方进行人工防雹工作,并给予6万元经费支持。研究所将原有的3个高炮防雹作业点增设到7个,并建立与各防雹作业点指挥作业无线通信系统。

五、1986年

1986年,应岷县人民政府要求,甘肃省气象局气象科学研究所防雹试验基地由永登县打柴沟迁到岷县公园,将原来安装在武胜驿的天气雷达迁到岷县二郎山开展雷达观测。岷县冰雹灾害严重,民间有着广泛的防雹需求。例如,岷县八郎公社原是冰雹重灾区,15年中有13年遭受雹灾,当地群众说:"恨死的大敌是冰雹。"20世纪60年代县政府曾组织防雹调查队,深入全县调查冰雹活动规律及防雹经验,设立防雹作业点,培训防雹队伍,改进防雹土火炮;成立防雹办公室,具体领导防雹工作,研制并推广了多种土火炮。这一时期全县土炮作业点达到420个,土炮达839门,以三眼炮、马腿炮、狗娃炮及将军炮为主。土炮防雹作用十分有限,但在当时起到了安定人心的作用,反映了人民群众对冰雹预防的强烈愿望。在实践中,广大人民群众又发明了钢管炮、空炸炮、劈山炮、长龙炮、十响炮、土火箭等防雹装备。

岷县人工防雹科学试验研究基地是继永登试验基地之后,继续开展冰雹云结构和高炮防雹作业指挥系统的研究。每年5月科研人员进入防雹试验基地,9月初返回兰州,在基地工作100多天。为做好防雹试验研究工作,防雹试验基地为岷县17个高炮作业点配备了有线和甚高频无线电话及电台,设有全国首部711数字化测雨雷达,高炮防雹作业数据由计算机定量计算,是全国首个实现了由雷达观测人员直接指挥高炮作业点的省份。对冰雹云进行高炮防雹作业指挥,使岷县高炮防雹作业的科学性、时效性和准确性得到大幅度提高。防雹试验基地经过多年的观测,获取了1000多次降雹区环境场的探空资料、100多次进入雹云和雷雨云的探空资料,150多次冰雹云近万张测雨雷达回波照片、700多张冰雹切片照片资料,取得了6万多份地面观测网点资料,开展了冰雹云结构研究和防雹作业指挥系统研究,探究灾害性天气的活动规律及应对方法,发表论文多篇,研究成果奠定了甘肃省科学防雹的基础。

永登县和岷县两个防雹科学试验研究基地所获取的大量资料,为气象科技人员开展冰雹云的气流和温度场结构、雹云的雷达回波特征、龙卷风回波特征、冰雹预报、雹云识别、雹云分类特征、人工防雹作业方法、防雹效果、防雹作业设备等研究提供了数据支持,取得了很多重要的科研成果。

第二节 甘肃省人工影响天气工作的全面恢复

一、1988 年

1988 年，甘肃省气象局派员赴云南省学习考察利用火箭、37 高炮开展人工影响天气工作。甘肃省政府办公厅以〔1988〕82 号文转发了甘肃省气象局《关于开展我省人工影响天气工作的意见》。

1988 年 4 月在南宁召开的全国人工影响天气工作会议，讨论了全国人工影响天气管理法规、科研计划和全面贯彻《关于当前开展人工影响天气工作的原则意见》的具体措施。会后，各地气象部门领导普遍重视并加强了对人工影响天气工作的领导，有的亲临一线组织协调、指挥人工影响天气试验，有的积极向本省政府领导提出开展人工影响天气工作，组织作业和管理班子，进行科学试验研究的具体建议，充分发挥了气象部门的主观能动性。

二、1989 年

1989 年，甘肃省开展人工防雹、增雨工作的有 10 个县(区)，作业影响面积超过 24 万 hm^2。增雨试验作业增雨率一般为 32％～65％，有的超过 2～3 倍。

中国科学院兰州高原大气物理所在 1989 年研制成功我国第一部双线偏振雷达和线圆偏振雷达。该所在 80 年代还研制了半导体制冷冰雹切片机、机床式冰雹切片机，改进了闪电计数器(中国气象局科技教育司，2002)。

第三章　改革探索与稳步发展(1990—2007年)

第一节　不断改革探索和发展

一、1990年

1990年,甘肃省气象部门在11个县(区)开展了人工防雹和人工增雨试验,作业影响面积超过24万hm^2,年减少粮食损失约5000万kg。

1990年在气象出版社出版发行了《甘肃冰雹云结构研究》(廖远程,1990)。

《甘肃冰雹云结构研究》出版

二、1991年

1991年,甘肃省恢复飞机人工增雨作业。先期与宁夏回族自治区人工影响天气办公室合作开展,以后逐渐单独开展。作业区域是张掖市以东地区,使用的催化剂是碘化银丙酮溶液。

1991年,兰州干旱气象研究所利用1956—1979年、1974—1985年岷县雹灾面积和冰雹日数资料,分别进行u、t检验,得出高炮防雹有一定效果,雹灾面积减少46.4%和39.6%,而雹日无变化的结论。由于土炮防雹高度低,催化效果不理想,达不到防雹的要求,1972年开始使用37高炮防雹,并且使用711测雨雷达指挥高炮作业,提高了防雹作业效果(刘德荣,1991)。

1991年,中国科学院兰州高原大气物理研究所科研人员参与了在北京延庆县许家营村老果园的大田玉米地中进行的人工诱发闪电试验。试验得出,测定的闪电电击点附近电磁场的变化以及收获时发现的闪电击点及闪电主分流电流通路附近的大田玉米单株双穗率和雄花结穗率比对照地段高出4倍和2.8倍的现象,属于一种物理因素诱发生物变异的结果(刘新中等,1993)。

1989—1991年,中国科学院兰州高原大气物理研究所分别在永登、平凉进行人工引发雷电实验前后的地面降水量和雨滴谱观测。

三、1992 年

1992 年，在干旱严重、农作物需水的关键时刻，甘肃省气象局提前开展飞机人工增雨作业。从 4 月 1 日到 7 月 15 日，共飞行作业 30 余架次，作业影响面积 11.5 万 km^2，对缓解河西以东大部分地区的旱情起到了重要作用。同时，在山丹军马场以及永昌、定西、天水、张掖、平凉等地(市)开展高炮人工增雨，也取得了一定成效。

四、1993 年

1993 年 7 月 21—23 日，人工影响天气工作深化改革研讨会在北京市延庆县举行，有关单位的 40 位代表应邀出席了会议。中国气象局副局长马鹤年出席会议并做重要讲话。这次会议的任务是研究人工影响天气工作加快改革步伐，特别就如何加强人工影响天气工作的领导和管理，建立有效机制促进结合作业的试验研究，加强人工影响天气工作的协作，以及加强国家级科学研究等方面进行深入研讨，提出具体建议和方案。会议认为，人工影响天气作业在农业抗旱、防雹、森林灭火以及蓄积水源等方面的应用愈来愈广泛，取得了显著的社会效益和经济效益，已经成为国民经济建设和农业生产抗灾、减灾的一项措施，是气象工作的一项重要服务手段。要确保人工影响天气工作稳定、协调、持续地发展，急需成立国家级人工影响天气领导机构，加强全国人工影响天气工作的领导和管理，有效地协调和宏观调控。代表们提出要尽快建立促进人工影响天气作业与试验研究相结合的有效机制，在“九五”期间要建成国家级作业科学试验基地，结合气象业务现代化建设建立人工影响天气作业指挥系统等。为了提高人工影响天气工作的整体效益、节省经费、减少不必要的低水平重复，要在自愿、平等、互利的原则下，加强作业与科研的横向协作，要进一步探索和逐步建立促进横向联合的组织形式。人工影响天气是减灾、抗灾的公益服务事业，也是气象部门的科技服务手段，在保证公益服务的前提下，各地可根据需要和可能，探索人工影响天气有偿服务的途径。进一步探索和拓宽在水库蓄水、经济作物区防雹减灾，以及邻省开展跨区飞机增雨作业的协作方式。加强国家级人工影响天气科研，对于人工影响天气工作在 20 世纪末上新台阶具有十分重要的意义。鉴于人工影响天气作业迅速发展对科研的迫切需求，以及开展重大科研项目需要有大量科研经费投入的实际情况，国家级科研一方面要多渠道筹集经费，建立人工影响天气科研基金等；另一方面，人工影响天气作为减灾、防灾的手段，要积极争取成为“九五”国家重点科技攻关项目。

1993 年，人工影响天气工作在抗旱防灾中发挥了重要作用。在张掖以东至平凉、庆阳和定西、天水以北的广大地区开展飞机人工增雨作业 28 架次，作业影响面积 12.8 万 km^2，8 个地(市)的 50 个县受益；在 18 个县(区)开展人工高炮增雨防雹，有作业点 110 处，作业影响面积超 67 万 hm^2。

五、1994 年

甘肃省人工影响天气办公室派出 1 名专家，参加中国人民解放军总参人工增雨专家组，赴泰国指导高炮人工增雨试验(中国气象局科技教育司，2002)。

六、1995 年

1995 年，人工影响天气工作效益显著。在甘肃省政府的领导和有关单位的配合支持下，

3—12月实施飞机人工增雨作业43架次,累计飞行141.9 h,有效率达84.6%,受益面积11.5万 km^2,作业时间是近年来最长的。在10个地(市)的32个县(区)和山丹军马场开展高炮增雨防雹作业,增雨防雹作业高炮发展到198门,火箭发射架14个,作业点160余处,作业影响面积7000 km^2,在缓解旱情、增加水库蓄水、抗御冰雹灾害中发挥了重要作用。据各地统计,人工增雨、防雹效益比大于1∶20。甘肃省省委、省政府和有关地、县的领导多次肯定、表扬人工影响天气工作,有的地、县领导称人工增雨为"救命雨""普度众生"。

1986—1995年,中国科学院兰州高原大气物理研究所在平凉白庙雷达站所在地区实施人工消雹作业,10年直接为地方年均减少冰雹灾害27%～42%。从人工消雹作业炮点附近受灾情况来看,受灾情况均低于历史平均,且大大低于周围未作业的地方,成灾面积比20世纪80年代初期约下降10%,这说明防雹作业缓解了灾情(杨颂禧 等,1990)。

七、1996年

1996年,开始筹建甘肃省人工影响天气指挥中心,陆续完成了多普勒雷达、闪电定位仪、双通道微波辐射计、气象卫星资料反演和省级决策指挥系统的建设。

1996年,人工增雨作业始于3月13日,结束于7月23日,历时133天,飞行作业24架次,累计飞行68 h,作业地域覆盖12个地(市、州)的31个县(区),影响面积11.5万 km^2,增加降水约9.3亿 m^3。1996年冰雹发生频率高、范围广、灾情重,甘肃省共进行高炮防雹作业642次,增雨(雪)作业187次,作业区内防雹增雨效果明显,WR-1B火箭增雨(雪)试验通过鉴定验收。

1996年底,筹建中的甘肃省人工影响天气指挥中心建成了MICAPS气象业务信息综合调用显示系统,引进安装了闪电定位仪,建立了人工防雹作业、冰雹天气气候规律资料库和飞机人工增雨档案库。GPS飞机增雨作业轨迹传输显示系统投入业务运行,在兰州中川飞机增雨基地安装了PCVSAT工作站。

八、1997年

1997年7月21日,甘肃省副省长贠小苏率省科委、省农委及省政府办公厅农林处领导一行7人,到甘肃省气象局检查人工影响天气指挥中心建设情况并听取《甘肃省人工防雹作业体系建设方案》汇报。

1997年9月10日,腊子口发生持续数日的森林大火,甘肃省气象部门利用飞机人工增雨助力森林灭火。

1997年9月11—12日,由甘肃省政府主持召开的全省首次人工影响天气工作会议在兰州召开,副 省长贠小苏出席并致辞,甘肃省有关委(厅、局)和各地(市、州)行署、政府的领导及新闻单位记者共60多人参加了会议。12月12日,省政府办公厅下发《关于加强人工影响天气工作的通知》。

1997年3—11月,实施飞机增雨作业32架次,累计飞行105 h,增雨覆盖面积达14.5万 km^2。特别是9月11—14日的人工增雨,使武威以东、以南普遍降雨,严重干旱的平凉、庆阳、天水、陇南等地(市)雨量普遍在30～98 mm,是全年最大的一场雨,使等雨下种的秋播顺利进行。全年飞机人工增雨和高炮防雹增雨作业共917次。

1997年,青海省首次在黄河上游开展人工增雨试验,作业区域涉及到甘肃省玛曲县。至1997年,由于气候变暖,干旱缺水和对黄河水资源无节制的开发利用,黄河上游地区生态环境明显恶化。黄河来水量降至历史最低点，龙羊峡、刘家峡等大中型水库蓄水量大幅度降低，加剧了黄河下游断流程度，严重影响了沿黄各省（区）工农业发展。干旱缺水已成为制约沿黄河9省（区）经济、社会发展的重要因素，引起社会广泛关注和沿黄各省（区）政府的高度重视。1996年下半年，青海省政府领导首次提出实施黄河上游人工增雨试验的设想。1997年1月，经青海省气象局组织技术人员赴黄河上游地区考察认为，青海久治县—甘肃玛曲县—青海河南县约3万 km^2 的“U”形流域内空气的水汽含量高，可降水资源丰富，地面汇水面积集中，径流量最大，是理想的人工增雨区，并完成了《黄河上游人工增雨试验可行性研究报告》。12月22—23日，青海省政府邀请中国气象局、中国科学院、中国气象科学研究院、国家气象中心、黄河水利委员会，西北电管局、甘肃省气象局、兰州水调办公室以及青海省省内电力、水利，气象等部门的专家，对增雨效果进行检验，对1998年黄河上游人工增雨项目进行可行性论证。经与会专家评估，1997年黄河上游人工增雨增加雨水量约10亿 m^3，按不同产流比计算，增加黄河水量1.8亿～2.8亿 m^3，黄河上游人工增雨达到了增水的效果，专家们还对《1998年黄河上游人工增雨项目可行性报告》进行论证，认为项目总体设计基本合理，对增雨的可能性和必要性分析具有科学依据，监测指挥系统和增雨措施现实可行。

为更加深入地研究人工触发闪电诱发植物生长变异这种现象及其发生机理，甘肃省林业科学研究所与中国科学院兰州大气物理研究所合作，1995—1997年在上海南汇通过对人工引雷试验中诱变处理过的植物（补血草）进行形态与细胞学观察研究，进一步探讨了人工触发闪电导致植物发生突变的可能机理。认为人工引雷试验可作为一种物理因素或刺激条件，在植物的诱变育种中发挥一定的作用，将人工引雷实验变为植物育种的物理因素，以选育多种有实用价值的新品种是值得进一步研究的课题（何丽霞 等，1998）。

九、1999年

1999年5月29日，甘肃省九届人大常委会第十次会议通过的《甘肃省气象条例》规定了人工影响天气工作的管理和实施。其中，第二章“气象主管部门职责与地方气象事业”第六条规定，各级气象主管部门负责气象防灾、减灾的技术研究和服务，归口管理人工影响局部天气工作，第七条列举的地方气象事业项目中包括人工影响局部天气工作；第五章“气象灾害防御与气候资源利用”第二十三条规定：“各级人民政府应当制定人工影响局部天气工作规划，建立相应的协作制度，并组织实施。县级以上气象主管部门负责人工影响局部天气作业的实施和管理。军队、民航、通信、交通、公安等部门应当提供必要的条件和保障。任何单位和个人未经气象主管部门批准，不得进行人工增雨（雪）、防雹等作业。人工增雨（雪）和防雹等所需经费由地方人民政府或受益者提供。”

1999年9月15日，甘肃省副省长贠小苏召开省计委、省财政厅、省科委、省扶贫办等部门领导会议，专题听取了省气象局关于“甘肃省人工影响天气作业体系建设方案”的汇报，决定由省计委牵头对《甘肃省人工影响天气作业体系方案》进行论证。9月24日，“甘肃省人工增雨防雹作业体系工程项目”经省计委批准立项，10月6日，省政府委托省计委主持召开了“甘肃省人工增雨防雹作业体系工程”可行性论证会。论证会认为，“甘肃省人工增雨防雹作业体系工程”项目建设目标明确、意义重大，十分必要和适时。

10月7—8日，中国气象局副局长郑国光一行4人来甘肃省气象局考察工作，听取了省气象局党组的工作汇报，视察了业务现代化建设、人工影响天气等工作。

1999年,全年实施飞机人工增雨作业31架次,作业面积覆盖了张掖以东15.5万km^2,比1998年增加1万km^2。甘肃全省有12个地(市、州)的53个县(区、市)和兰州军区后勤部山丹军马场共236个作业点开展了高炮、火箭、焰弹人工增雨(雪)防雹作业,共作业2488点次,消耗炮弹3.4万余发。

在组织平凉、定西、庆阳3地区WR-1B型火箭增雨防雹试验的同时,又将试验范围扩大到天水、陇南和兰州3地(市),共进行增雨试验46次,发射火箭107枚。在天水、庆阳、兰州3地(市)以及山丹军马场用BY-3型焰弹进行增雪试验12批次,施放焰弹870枚,增雪效果较好。

1999年完成"冰雹云研究及应用"课题研究工作,使甘肃的防雹工作走在了全国前列。

第二节　凝练发展目标,调整发展思路

一、2000年

2000年3月,在全国政协九届三次会议上,温克刚、赵柏林、郭肖容等委员提出《关于建议国家有关部门在西部大开发中高度重视空中水资源合理开发利用,尽早立项,启动"西北地区人工增雨(雪)工程"的提案》(中国气象局科技教育司,2002)。

2000年3月13日,甘肃省气象局领导陪同副省长贠小苏赴北京,与中国气象局局长温克刚、副局长郑国光商谈"甘肃省人工增雨防雹作业体系工程"建设问题,并参观了国家卫星气象中心。

2000年8月2日,甘肃省政府第89次常务会议审议通过"甘肃省人工增雨防雹作业体系工程"项目,被甘肃省政府列为"十五"期间十大农业基础工程之一。该项工作正式启动。

2000年,全年共实施飞机增雨作业49架次,飞行170.8 h,作业影响面积为12个地(市、州)50多个县(区)约14.5万km^2。开展高炮、火箭和焰弹防雹增雨(雪)作业1319点次,发射炮弹26180发、WR-1B火箭297枚、小火箭250枚、焰弹1431发。人工影响天气效果较好。

由中国气象局科技教育司编的《中国人工影响天气大事记(1950—2000)》中所收录的"从事中国人工影响天气研究的正研以上职称的专家(2000年前)",有甘肃省气象局的研究员级高级工程师廖远程。

二、2001年

2001年2月28日,甘肃省副省长贠小苏率省有关部门负责同志到省气象局与中国气象局副局长李黄等领导座谈,共同商讨"甘肃省人工增雨防雹作业体系工程"和在甘肃建立"西北沙尘暴预警系统"的问题。

2001年飞机人工增雨作业41架次,共飞行138.9 h,受益面积达15.5万km^2。开展高炮、火箭、焰弹人工增雨(雪)作业1592点次,施放高炮人雨弹、火箭弹、焰弹共计29891枚。取得了良好的防雹增雨(雪)效果。

2001年以后,甘肃省人工增雨(雪)作业工具逐步以火箭、人雨弹及地面燃烧炉为主。

山丹军马场高炮作业点(2001 年)

三、2002 年

2002 年 3 月 13 日,《人工影响天气管理条例》经国务院第 56 次常务会议讨论通过,予以公布,自 2002 年 5 月 1 日起施行。

2002 年 8 月 24—27 日,中国气象局局长秦大河来甘肃省调研,先后多次与甘肃省省委书记宋照肃、省长陆浩、副省长贠小苏等领导亲切座谈,就甘肃省新一代天气雷达建设、人工增雨防雹作业体系工程建设以及甘肃兴农网和中国沙尘暴网建设等深入交换了意见。

2002 年编制“黑河流域人工增雨(雪)作业体系工程”。

2002 年由于各种原因岷县防雹试验基地撤回到永登县气象局。

甘肃省人工影响天气工作会议(2002 年)

2002年飞机人工增雨作业其25架次，累计飞行76.8 h，航程2.8万km，增雨量约7.2亿m^3。同时，适时组织甘肃全省270多处作业点开展高炮、火箭、焰弹人工增雨(雪)和防雹作业，共作业1430点次，施放焰弹、37高炮人雨弹、火箭弹共计28314枚。取得了良好的防雹增雨(雪)效果。

四、2003年

2003年2月，为加强人工影响天气安全管理工作，保障人民生命财产和社会公共安全，依据《中华人民共和国气象法》和《人工影响天气管理条例》，中国气象局制定并印发施行《人工影响天气安全管理规定》。

2003年4月15日12时许，甘肃省迭部县达拉林场因风刮倒电线杆支架，输电线路短路引发重大森林火灾。甘肃省人工影响天气办公室抓住有利条件，积极实施飞机人工增雨作业。共飞行6架次，历时17.25 h，航程6500 km。期间，还配合省林勘院、省电视台、省测绘局人员，2次飞到迭部火点上空进行火情探查。在飞机增雨作业的同时，甘肃省人工影响天气办公室及时组织有关市(州)的流动火箭发射装置前往迭部县达拉乡森林火灾现场，进行火箭作业10点次，发射火箭弹120枚，为这次灭林火工作做出了积极贡献，得到了省政府领导及森林灭火现场指挥部有关领导的充分肯定。此外，甘肃省气象局的EOS/MODIS卫星接收系统准确及时地提供了火灾的位置和面积，机载“GPS轨迹探测系统”准确引导增雨飞机到达火灾现场，对火灾的监测和增雨灭火起到了积极作用。

2003年7月9—12日，甘肃省政协领导赴祁连山肃南段和古浪段实地考察人工影响天气工作。

2003年7月28日，甘肃省气象局主要领导向省政协汇报“祁连山人工增雨(雪)体系工程”项目立项前的筹备情况。

2003年，甘肃省人工影响天气办公室在相关工作基础上分析认为，甘肃省祁连山区空中水资源丰富，山区中最大可降水量超过600 mm，是河西走廊地带降水量的2～15倍，在祁连山区实施人工增雨（雪）已势在必行。祁连山区地形云占相当大的比例，因此，祁连山区地形云物理结构和概念模型的验证，对指导祁连山区乃至甘肃省的增雨(雪）工作，具有重要的科学价值(陈添宇 等，2003)。

2003年，根据甘肃省岷县1959—1998年年雹日和受灾面积历史资料，兰州干旱气象研究所再次用统计学方法分析检验37高炮防雹效果。经序列Wolch检验发现，高炮防雹后年雹日减少32.8%，受灾面积减少33.6%，显著性水平达到0.05，可信度超过95%。这一分析结果表明，1972年以前使用空炸炮、土火箭进行防雹作业，由于其上升高度不够，防雹效果不明显。1972年以后在各级政府的支持下，37高炮防雹逐步推广，37高炮射程高、覆盖面广，加上测雨雷达指挥高炮防雹作业等，人工防雹效果明显提升(渠永兴，2003)。

2003年，兰州干旱气象研究所等单位科研人员，利用甘肃省1991—2002年飞机人工增雨作业资料，对春末夏初飞机人工增雨作业状况进行了统计分析。按照甘肃省天气系统特征，利用探空资料，根据自动化判别模型判别，甘肃降水高空环流可分为平直多波动型、西南气流型和西北气流型3种类型，且以平直多波动型多见。通过判别模型对飞机人工增雨天气系统进行分型，结果表明，飞机人工增雨作业的主要天气类型为平直多波动型，其次为西南气流型(王劲松 等，2003)。

2003年，甘肃省开展高炮、火箭人工增雨、防雹作业的有11个地(市、州)49个县(区)和兰州军区山丹军马场。拥有高炮 230 多门，大小火箭发射架 19 个，作业点 205 个，年耗弹近 5 万发。河西地区以增雨为主，中东部地区防雹增雨兼有。在高寒阴湿多雹区和定西干旱多雹区都建立了高炮防雹增雨试验示范区，并把防雹增雨科研成果在全省作业中推广应用，使得冰雹造成的损失减少 40%以上，为农业生产和抗灾、减灾做出了贡献。

定西弹药库旧貌(2003 年)

定西城关作业炮点(2003 年)

2003 年，甘肃省人工影响天气指挥中心完成多普勒雷达、闪电定位仪、双通道微波辐射计、气象卫星资料反演，以及省级决策指挥系统、作业系统的建设。应用先进的通信、网络、3S 等技术，初步将雷达、卫星、闪电、数值模式等产品投入人工影响天气作业和决策指挥业务。建立了现代化的人工影响天气作业点、作业人员、作业装备和弹药的网络管理系统。

2003 年飞机人工增雨作业 33 架次，累计 105.5 h，航程达 4 万 km，增加降水 7.21 亿 m^3。甘肃省有 12 个市(州、地)的 63 个县(市、区)开展了人工增雨(雪)防雹工作，作业点已有 300 多处。甘肃省共进行焰弹、高炮、火箭增雨防雹作业 1366 点次，施放焰弹、37 高炮人雨弹、火箭弹共 26035(发)枚。

五、2004 年

2004 年 2 月 25 日，甘肃省飞机人工增雨协调会在兰州中川飞机人工增雨基地召开。

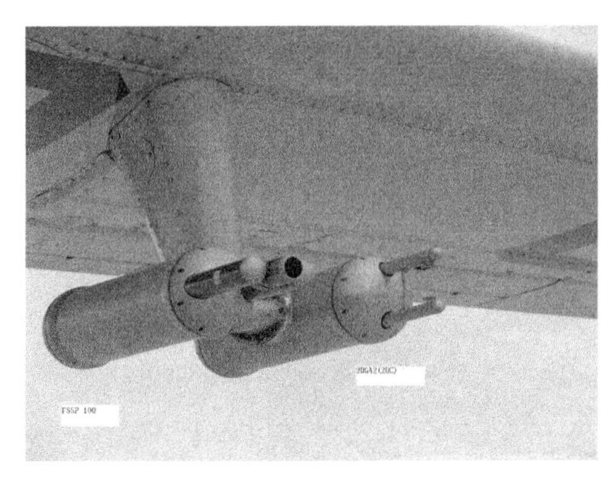

人工增雨飞机机载仪器(2004年)

人工影响天气雷达测试(2004年)

2004年全年飞机增雨作业29架次，航程4万km以上，增水7.8亿m^3；火箭、焰弹、高炮增雨防雹作业1315点次，为甘肃省农业丰收做出了应有的贡献。

2004年，兰州干旱气象研究所科研人员选用2000—2003年3—10月甘肃省实施飞机人工增雨的116架次资料为样本，以增雨当日08时500 hPa资料为主，根据冷空气入侵甘肃的不同路径，将有利飞机人工增雨的天气系统分为高原低槽型、西南气流型、平直气流型、西北气流型和北方低槽型5种，并分析了不同系统的特征。这些研究结果为增强甘肃省飞机人工增雨有效性提供了指导(李宗义 等，2004)。

2004年，兰州干旱气象研究所科研人员在40多年开展防雹作业的基础上，分析了甘肃省冰雹天气气候特点、冰雹天气学成因和特征、冰雹云的气流结构和温度结构、冰雹云的雷达回波分类等，对于所存在的问题从技术上提出了改进意见，并列举了丰富的甘肃省人工防雹历史文献(渠永兴，2004)。

六、2005年

2005年5月，天水市发生严重春旱，市政府拨50万元专款用于人工增雨。天水市气象局抓住有利时机，组织开展了大规模的火箭、高炮联合增雨作业，全市3次增雨作业共发射火箭108枚，人雨弹1309发。作业后，全市普降中雨，局地大雨，部分地区旱情基本解除。“天水电视台”、《天水日报》做了跟踪报道，《兰州晚报》以“天水市政府50万元向天买雨”为题报道了这次增雨过程。

人工增雨飞机焰条鉴定会(2005 年)

2005 年飞机增雨作业 32 架次,高炮作业 1219 点次,火箭 101 点次,增雨面积 15.5 万 km^2,防雹保护面积 0.5 万 km^2。

2005 年 3 月甘肃省还开展了飞机人工增雪作业。

飞机人工增雪作业(2005 年)

2005 年,兰州大学大气科学学院和兰州干旱气象研究所利用 1983 年 7 月至 1998 年 12 月国际卫星云气候计划 ISCCP D2 月平均云资料,对西北地区空中云水资源的时、空分布特征进行了系统研究。结果表明,西北地区总云量、中云量、总光学厚度和总云水路径的高值区包括祁连山一带,并且祁连山所在的高原气候区云水资源近年呈上升趋势,特别是总光学厚度和总云水路径 15 年来呈明显上升趋势(陈勇航等,2005)。

2005 年,在科技部科研院所社会公益研究项目(2002DIB10046)的资助下,甘肃省气象局副局长张强研究员及团队,利用 3 年的时间研究了冰雹天气监测方法、冰雹云的数值模拟、冰雹天气特征分析、冰雹的气候规律、冰雹预报预测技术、人工防雹技术与效果评估等,并将 75 篇论文汇集成《中国西北冰雹研究》出版(张强等,2005)。

七、2006 年

2006 年 6 月 14 日,敦煌市气象局实施人工增雨作业 2 点次,共发射火箭 12 枚,增雨效果明显,敦煌市过程降雨量达10 mm。此次降水过程主要是人工增雨作业的影响,截至当天11时,未实施人工增雨作业的肃北和瓜州的降水量仅有0.9和3.0 mm。

2006年7月,天水市又出现突破历史记录的高温少雨天气,天水市人工影响天气办公室适时组织实施了增雨作业,作业后全市普降中到大雨,部分乡镇出现暴雨,有效缓解了前期干旱。由于增雨效益突出,天水市政府一次性增拨人工影响天气经费20万元。

2006年,甘肃省人工影响天气办公室制定了第一批具有甘肃特色和较强实时性与可操作性的人工影响天气业务和服务产品,即FY-2C反演降水产品,闪电预警强对流区产品,飞机人工增雨轨迹和降水区分析产品,并首次通过人工影响天气办公室网站和短信平台发布。开展人工影响天气试验示范,首次创建了甘肃省人工影响天气办公室的科研平台,新增了人工影响天气技术开发实验室(地形云实验室),也是人工影响天气办公室有史以来第一个开放科研平台。建立祁连山人工影响天气作业示范基地,发挥祁连山在生态建设中的屏障作用及人工增雨的示范作用。

2006年防雹科学试验研究基地由永登县气象局搬到永昌县气象局。

2006年,围绕抗旱减灾积极开展人工增雨防雹作业,增加降水5.66亿m^3,防雹作业1225点次,有效减轻了干旱和冰雹造成的损失。

临夏和政梁家寺炮点安全检查(2006年)

兰州市人工防雹学员实际操作分解安装高炮炮闩(2006年)

八、2007年

2007年2月18日(农历正月初一),胡锦涛总书记到甘肃省气象局慰问一线气象工作者,亲临甘肃省人工影响天气办公室人工影响天气指挥中心,听取甘肃省人工影响天气工作汇报,极大地鼓舞了人工影响天气工作者的热情,对甘肃省人工影响天气工作也是一个极大的促进。

2007年5月24日,甘肃省政府召开慰问人工影响天气作业机组座谈会,实施增雨作业的广州军区空军某部飞行机组获得甘肃省抗旱防汛办公室赠送的锦旗。

航天员刘洋(左四),时任空军增雨机组飞行员
在兰州中川飞机增雨基地执行增雨任务(2007 年 5 月 23 日)

甘肃省高炮作业人员知识竞赛(2007 年)

2007 年 6 月 23 日晚,临夏州有 5 个县相继遭受冰雹灾害,临夏州人工影响天气办公室及时申请空域,组织和政、康乐、临夏 3 县实施高炮防雹联合作业,历时 70 min,耗弹 254 发,冰雹灾害降到了最低程度。其中,和政县由于作业指挥得当,防雹效益显著,其周边区域均遭受不同程度冰雹灾害,唯独和政县没有出现冰雹天气。和政县领导在人工影响天气简报上批示:"前一阶段防雹工作扎实有效,特别是 6 月 23 日效果更为明显,应该充分肯定"。

2007 年 7 月 12—13 日,甘肃省永昌县连续 2 d 出现强对流性云系,根据雷达监测,永昌县人工影响天气办公室 12 日和 13 日开展两次高炮人工消雹作业,共发射消雹炮弹 309 发,作业后,消雹区出现小雹或软雹,未成灾。7 月中旬是永昌县一年中夏粮成熟、收割的重要时期,这两次人工消雹作业确保了夏粮生产安全。

2007 年 7 月 24—27 日,庆阳连续 3 d 出现强对流天气,庆阳市人工影响天气办公室组织各县进行了大范围的人工消雹作业,3 d 内共进行消雹作业 23 个点次,发射 37 炮弹 370 发,火箭弹 2 枚。其中,合水县由于炮点密集,发射数量多,基本没有成灾。

2007 年 7 月 26 日 16—18 时,天水市甘谷县 9 乡镇遭受特大雹洪灾害,估计减产粮食 18000 多吨,直接经济损失 7500 多万元。该县只有礼辛和大庄两个炮点,此次作业共发射炮弹 128 枚,防雹效果十分明显,两个炮点作业后只有雨而没有冰雹或冰雹很少很小,未成灾,之后甘谷县领导要求增加防雹作业点。

2007 年 10 月 9 日，甘肃省政府办公厅下发《关于进一步加强气象灾害防御工作的通知》，要求甘肃省各级政府要落实人工影响天气作业机构，配备人工影响天气设备，加大资金投入，积极开展人工增雨(雪)，进一步完善防雹作业布局。为提升甘肃省防御气象灾害的能力和水平，保障全省经济社会发展和人民生命财产安全，对气象灾害防御工作做出了明确的部署和要求。

2007 年 11 月，兰州市安宁区安宁堡街道领导来到兰州市气象局，送来一个"感动桃乡"的牌匾，感谢多年来人工增雨防雹使桃乡取得显著的经济效益。兰州市安宁区安宁堡是著名的桃乡，其白凤桃以个大、汁多、味甜而闻名省内外，是兰州农产品的知名品牌。安宁堡又是一个都市休闲、旅游度假的胜地，山清水秀，环境优美，有仁寿山、天斧沙宫等自然景观，每年的桃花会和蟠桃会吸引了数万名游客。然而，正是这样一个有着优良经济作物和丰富旅游资源的地方，却是冰雹频发的地区，每年 4—10 月都是当地强对流天气和冰雹天气的频发期。1996 年以前，冰雹灾害年年发生，严重时使即将收获的累累硕果化为乌有。当地老百姓每逢雷雨天气，就会担惊受怕、求神拜佛，乞求老天不要下冰雹。为了保护人民财产不受损失，兰州市政府、兰州市气象局和安宁区农业局在 1996 年共同建成了安宁区安宁堡人工增雨防雹炮点，开展人工防雹作业。自炮点建成以来，安宁桃乡基本没有发生雹灾。人工增雨防雹为地方特色农业服务做出了贡献，当地群众赞誉"防雹高炮隆隆响，防灾减灾保桃乡"。

2007 年 12 月，国家科技攻关计划"西部开发科技行动"重大项目"祁连山空中水资源开发利用研究"课题研究成果以《中国西北云水资源开发利用研究》论文集的形式由气象出版社正式出版，包括气候资源与气候特征、云量资源、空中水汽、地表水资源、云微物理特征和陆面过程、人工影响天气、气候变化及其影响等 7 个方面的研究内容(张强 等，2007)。

2007 年 12 月 17 日，甘肃省政府主持召开全省人工影响天气领导小组会议。

2007 年开展飞机、火箭人工增雨作业，增雨约 7 亿 m^3。实施地面人工防雹作业，有效减轻了雹灾造成的损失。气象服务工作多次受到省委、省政府领导以及市(州)、县党政领导的肯定和好评，《人民日报情况汇编》先后 3 次报道甘肃气象防灾、减灾工作。公众对气象服务的满意度达 96%，甘肃气象防灾、减灾工作被《甘肃日报》列为甘肃十大重要民生新闻榜首。

第四章　科技创新引领跨越式发展（2008—2018年）

第一节　完善人工影响天气作业科技体系

一、2008年

2008年7月22日，《甘肃省气象灾害防御条例》由甘肃省第十一届人民代表大会常务委员会第四次会议通过并予以公布，自2008年10月1日起施行。其中，第一章“总则”第六条规定，县级以上气象主管部门负责本行政区域内气象灾害的监测、预报、预警、评估及人工影响天气作业。第四章“灾害预防”第二十五条规定，县级以上人民政府应当根据防灾、减灾的需要，配备必要的管理人员和人工影响天气设备、设施，建立统一协调的指挥和作业体系。在干旱、冰雹、森林草原火灾频发区和城市供水、工农业用水紧缺地区的水源地及其上游地区，县级以上人民政府应当在灾情出现之前及早安排有关气象主管部门组织实施人工影响天气作业，预防和避免发生严重灾情。第五章“灾害应急”第三十五条规定，有下列情形之一可能出现气象灾害的，应当实施人工影响天气作业：（一）已出现干旱，预计旱情将会加重的；（二）可能出现严重冰雹天气的；（三）发生森林草原火灾或者长期处于高火险时段的；（四）出现突发性公共污染事件的；（五）其他需要实施人工影响天气作业的情形。

2008年北京奥运会开、闭幕式人工消减雨取得巨大成功后，党中央、国务院更加重视人工影响天气工作。2008年11月14日，中国气象局、国家发展和改革委员会联合印发了《人工影响天气发展规划（2008—2012年）》，选择甘肃省祁连山等4个地区为国家级人工影响天气作业示范区。

1986年自岷县恢复高炮人工防雹增雨试验工作以来，甘肃省全省陆续开展了此项工作，到2008年有13个地（市、州）的73个县（区）和中牧山丹马场开展了此项工作，拥有37高炮291门，火箭发射架60个，37高炮作业点280处，火箭作业点180处。这一时期甘肃全省人工防雹作业工具主要以37高炮为主，37高炮分为39式、55式单管和65式双管，多来源于部队退役的高炮。37高炮最大射程为6500 m，每发人工增雨防雹炮弹（简称“人雨弹”）含碘化银催化剂1 g。

2008年飞机增雨23架次，高炮作业291点次，火箭发射60点次，地面增雨193次，防雹作业778次，增雨面积30万 km^2，防雹保护面积2万 km^2。

二、2009年

2009年飞机增雨30架次，地面增雨作业427次，防雹作业360次，增雨面积30万 km^2，防雹保护面积 2.5 万 km^2。

从安徽省某部队仓库拉运高炮(2009 年)

三、2010 年

2010 年,甘肃省气象局以跨区域联合作业专项为契机,加强联合作业,强化区域管理,规范业务制度,促进跨省(区)人工影响天气工作进一步发展。4 月 10 日,陕甘宁蒙 4 省(区)人工增雨协调会在甘肃平凉召开,讨论并印发《陕甘宁蒙跨省(区)人工影响天气作业 2010 年度工作方案》。

2010 年,经过前期石羊河祁连山区选址布点以及项目论证,把“武威市人工影响天气作业基地建设”纳入甘肃祁连山人工影响天气示范区建设项目,作为重点建设项目给予大力扶持。7 月 26 日,武威市人工影响天气作业基地建设正式启动。共建设了 10 个人工影响天气火箭作业点、18 个区域自动气象站,购置作业火箭架 10 部。甘肃省气象局与武威市政府共同开展祁连山人工增雨(雪)试验,至 10 月 23 日,民勤蔡旗断面过水量达到 2.505 亿 m^3,达到了约束性指标,为石羊河流域治理做出了积极贡献。10 月 27 日,武威市市委、市人大常委会、市政府、市政协及有关部门 30 余人,专程赴兰州慰问甘肃省气象局,并举行了旨在进一步加强合作的座谈会。

2010 年 11 月 26—29 日,2010 年度陕甘宁蒙青跨省(区)人工增雨作业总结会在内蒙古呼和浩特市召开,甘肃省、陕西省、宁夏回族自治区、内蒙古自治区、青海省气象局领导参加会议。

2010 年,武威、定西、临夏、天水共建标准化炮点 32 个。截至 2010 年底,甘肃省共建成标准化炮点 233 个,标准化率接近 90%。

2010 年,甘肃省人工影响天气办公室等单位利用 2007 年祁连山地形云的观测试验资料,分析了祁连山夏季西南气流背景下地形云的演化过程,得到了祁连山地形云发展和演变的概念模型(陈添宇 等,2010)。

2010 年,甘肃全省范围内利用火箭、高炮和焰弹实施地面人工增雨(雪)、防雹作业 905 点次,耗弹量 24926 发(枚)。其中,火箭作业 129 点次,发射火箭弹 934 枚;高炮作业 76 点次,发射人雨弹 22642 发;焰弹增雪作业 8 点次,施放焰弹 1350 枚。共实施飞机人工增雨作业 28 架次,飞行近 90 h,航程 3.4 万 km,增雨量约 17.68 亿 m^3。其中,跨省(区)作业 9 架次,跨宁夏区累计作业约 10 万 km^2,播撒烟条 90 根,液氮 1620 L,增雨量约 6.6 亿 m^3。

四、2011 年

2011 年 5 月 1 日和 6 月 7 日,两当县云屏乡和兰州连城镇先后发生森林火灾,甘肃省气象部门及时启动人工影响天气应急预案，实施人工增雨为森林灭火发挥了应有作用。

2011年组织召开2011年度西北跨省（区）人工增雨作业会议，修订跨省（区）人工影响天气工作方案，完善跨省（区）作业协调机制。积极组织跨市（州）森林灭火、抗旱联合人工影响天气作业，开展了陇南两当、兰州永登森林灭火人工影响天气作业，白银会宁抗旱作业以及“兰州国际马拉松”、兰洽会等重大活动人工消减雨作业，避免或减轻不利天气对重大活动的影响。

人工增雨森林灭火（2011年6月7日永登县连城镇天王沟）

2011年10月17日，甘肃省气象局与武威市政府在兰州召开新闻发布会，甘肃省气象局和武威市政府领导分别介绍了开展人工增雨、开发空中云水资源工作及石羊河流域目前治理情况。会上，通报了气象部门多种措施开发空中云水资源，为提前实现石羊河流域年度水量下泄目标做出贡献：截至10月4日08时，石羊河流域重点治理工程——蔡旗断面过水量已达到2.5114亿m^3，较2010年同期增加1237万m^3，提前实现了石羊河流域重点治理规划确定的年度约束性目标。

2011年，“兰洽会”等重大社会活动的人工消雨保障服务作业效果显著。武威人工影响天气作业基地二期工程和金昌人工影响天气基地一期工程顺利完成。

第二节　优化人工影响天气科技发展环境

一、2012年

2012年2月29日至3月1日，中国气象局局长郑国光、副局长于新文在北京会见甘肃省副省长李建华，双方就农村气象灾害预警信息发布系统建设、祁连山人工影响天气工程等工作进行了商谈。

2012年3月29日，甘肃省政府第103次政府常务会议审议通过了《甘肃省人工影响天气管理办法》，并以甘肃省人民政府第90号令公布，于2012年6月1日起施行。

2012年8月30日，中国气象局发布《人工影响天气作业术语》等14项气象行业标准。《办法》分为“总则”“组织实施”“安全管理”“法律责任”“附则”共有5章37条。

2012年11月29日，中国气象局发布《人工影响天气作业用37高炮安全操作规范》等13项气象行业标准。

2012年完成“神九”发射、“兰洽会”、环青海湖国际自行车赛、兰州国际马拉松赛等重大活动赛事的气象服务保障。“兰洽会”人工消雨工作得到甘肃省政府领导好评。酒泉卫星发射中心高度肯定“神九”发射气象保障工作。

2012年还召开了甘肃省人工影响天气领导小组工作会议，下发了《关于进一步加强人工影响天气工作的实施意见》。组织新疆、陕西、青海、内蒙古、宁夏及新疆建设兵团有关专家编写的《西北区域人工影响天气能力建设可行性研究报告》通过专家第一轮论证。《祁连山人工增雨(雪)体系工程可行性研究报告》获甘肃省发改委批复。13个市(州)建立了人工影响天气业务平台，加大了抗旱、防雹、开发利用云水资源、改善生态环境、森林草原防灾扑火等人工影响天气作业力度。人工增雨(雪)助力石羊河流域重点治理提前8年达标。天水市将人工影响天气作业人员纳入公益性岗位管理。

2012年实施飞机人工增雨作业26架次，增水量约12.3亿 m^3。针对全国冬春季干旱，部署和安排增雨飞机进行了14个架次的跨区域增雨作业。全省范围利用火箭、高炮和焰弹实施地面人工增雨(雪)、防雹作业1183点次，耗弹量44101发(枚)。

二、2013年

2013年，组织召开2013年甘肃省飞机人工增雨(雪)工作协调会，3月1日增雨飞机按时到达兰州中川机场。召开全省人工影响天气业务暨安全管理工作会议，安排部署全省人工影响天气工作任务。

2013年4月22日，甘肃省人工影响天气暨气象灾害防御工作会议在天水市召开。冉万祥副省长要求甘肃省气象部门要科学开展人工增雨(雪)防雹作业，加强人工影响天气工作。

2013年5月7日，甘肃省委书记视察甘肃省人工影响天气办公室，慰问业务一线职工。

2013年5—6月，甘肃省人工影响天气办公室科技人员前后两次对天水防霜机进行调研，并撰写两份防霜机调研报告，制定“人工影响小气候防霜机系统开发建设方案”向中国气象局和甘肃省科技厅、省气象局汇报。7月4日，甘肃省气象灾害防御指挥部发文成立果园防霜冻设备研发协调领导小组和办事机构，人工影响天气办公室按照省气象局的工作部署，积极开展防霜机研发的相关工作。省气象局、省人工影响天气办公室以天水林果气象服务试验示范基地为依托，在天水麦积区南山万亩苹果种植基地建成防霜机试验基地，编写了“防霜机气象参数试验方案”，开展防霜机的对比试验。10月19—21日，省人工影响天气办公室和天水市气象局技术人员组成试验小组，在防霜机实验基地进行对比和实验观测，完成了防霜机效果评估。

2013年6月19—20日，甘肃省气象局根据“兰洽会气象保障人工消雨方案”组织兰州市周边的兰州、定西、武威、临夏、甘南等5市(州)从19日晚开始人工消减雨作业，成功实施“兰洽会”人工消雨。

2013年7月17日，甘肃省副省长冉万祥在省气象局2013年上半年全省气象工作情况和下半年工作要点报告上做出批示:“今年上半年气象工作成绩显著，尤其在人工影响天气、气象防灾减灾方面发挥了不可替代的重要作用。”对气象工作给予高度评价：

2013年8月2日，中国气象局人工影响天气中心在西安主持召开了“ZY-1/F101飞机焰条播撒系统”设计方案评审会。该播撒系统由中天火箭技术股份有限公司与甘肃省人工影响天气办公室联合开发，能够对冷、暖云进行选择性播撒，催化作业能力显著增强。

8月16日，新增20门双管37高炮，积极组织作业增强防雹增雨能力。

2013年4月22日，甘肃省政府在天水市召开全省人工影响天气暨气象灾害防御工作会议。出台《甘肃省跨市州人工影响天气作业管理办法》和《甘肃省人工增雨防雹高炮、火箭发射装置安全管理规定》。对《西北区域人工影响天气能力建设项目可行性研究报告》进行多轮论证修改，西北区域人工影响天气能力建设项目正式启动。制订作业计划，新增20门双管37高炮，积极组织作业增强防雹增雨能力。

2013年12月5日，完成"甘肃省省级人工影响天气综合业务平台"并投入业务试运行。系统覆盖决策分析、指挥调度、作业监控、效果评估等人工影响天气关键业务环节。

2013年共实施飞机人工增雨作业26架次，飞行117.25 h，飞行航程44000 km。地面作业1583点次，发射弹药51022发(枚)。

三、2014年

2014年5月21日，甘肃省政府主持召开2014年全省气象防灾减灾暨人工影响天气工作会议。副省长、省气象灾害防御指挥部总指挥王玺玉出席会议并讲话。

河西两市探空火箭培训(2014年)

2014年5月29日，陕甘宁蒙青跨省(区)人工增雨作业协调会在兰州召开，总结了2013年西北5省(区)开展跨省(区)人工影响天气作业取得的成绩，部署2014年跨省(区)人工增雨作业重点任务。

2014年，首次在国内开展人工影响小气候防霜冻技术研究，拓展了人工影响天气领域。

2014年6月，由尹宪志等编著的《人工防霜冻技术研究》由气象出版社正式出版。书中汇集了甘肃省人工影响天气工作者所开展的防霜机试验研究成果，全面反映了利用工程技术手段防御霜冻的技术进展，为服务农业防灾、减灾提供了可靠的气象依据(尹宪志 等,2014)。

为加强人工影响天气装备管理，2014年8月10日，甘肃省人工影响天气办公室出台"甘肃省人工影响天气作业弹药库管理制度""甘肃省人工影响天气弹药装备转运收发管理制度"和"甘肃省人工影响天气弹药出入库登记制度"，下发并开始执行。

2014年8月15—18日，全国人工影响天气业务安全检查组一行4人检查了甘肃省人工影响天气业务安全工作，抽查了定西市、天水市及部分县人工影响天气办公室和作业点的人工影响天气业务安全工作。

2014年10月24日，中国气象局出台《全国人工影响天气业务发展指导意见》。

2014年11月17日，中国气象局出台《人工影响天气专用技术装备管理办法(试行)》

2014年10月,甘肃省人工影响天气办公室自主研发的“甘肃省省级人工影响天气综合业务平台”投入业务应用。甘肃省省级人工影响天气综合业务平台紧扣人工影响天气工作各个关键环节,构建了“一系统四平台”的人工影响天气综合业务系统。在国内首家创新开发出三维立体雷达回波分析系统,实现了自动预警、智慧防雹指挥。利用平台编制了人工影响天气五段式实时业务产品,实现了人工影响天气作业的科学决策。两项软件取得国家计算机软件著作权登记证书。由甘肃省人工影响天气办公室自主研发的“冰雹云 CINRAD/CC 和 CINRAD/CD 雷达预警及防雹作业指挥系统”获国家版权局《计算机软件著作权登记证书》,该指挥系统正在甘肃、新疆、云南、吉林、山西、青海、宁夏等省(区)投入业务应用。

2014年全年共实施飞机人工增雨作业25架次,飞行122.27 h,飞行航程46531 km,增水量约9.833亿m^3,其中有8个架次的跨省(区)作业。地面作业1364点次,发射人工增雨炮弹37224发,并开展了小陇山林场救火人工影响天气增雨、“相约陇南两当·共圆幸福中国梦”西部民歌邀请赛人工消减雨等保障服务。

四、2015年

1月份,定西弹药库改造工程完成,消除了安全隐患。组织相关人员对定西弹药库改造工程进行验收。

各级领导高度重视人工影响天气工作。2月5日,中国气象局副局长沈晓农视察甘肃省人工影响天气工作;4月9日,甘肃省副省长王玺玉视察人工影响天气工作;9月17日,甘肃省委副书记欧阳坚视察人工影响天气工作;中国气象局科技司副司长王金星、国家人工影响天气中心主任李集明、国家气候中心副主任巢清尘一行到甘肃省人工影响天气办公室调研指导。

作业高炮安装防护盾安全装置(2015年)

组织召开了2015年甘肃省飞机人工增雨(雪)工作协调会,会议达成了2015年甘肃省飞机人工增雨(雪)工作协调会议纪要。3月1日增雨飞机按时到达兰州中川机场。组织召开全省人工影响天气业务暨安全管理工作会议,安排部署全省人工影响天气工作任务。

组织开展冬春季人工增雨(雪)抗旱作业。针对冬春连旱,甘肃省人工影响天气办公室及时下发了“关于开展冬春季人工增雨(雪)作业的通知”。

我国目前广为应用的人工增雨技术,是基于20世纪40年代发展起来的播云技术,其基本原理是通过飞机、火箭等向云中播撒碘化银、干冰等催化剂,促进云滴迅速凝结或碰并增大成雨滴,形成降雨。由于这种传统人工增雨技术的一些局限性,限制了大气水资源开发的成效和规模。为此,进入21世纪以来,欧美发达国家相继开展基于电效应的新型人工降雨技术研究，并在干旱地区进行了成功的外场实验。我国相关领域科学家同样是为了探索更加有效的新型人工影响天气技术，启动和开展了带电粒子催化降雨(雪)技术的试验研究。2015 年 4 月 22 日，由兰州大学和华中科技大学负责牵头组织的"十三五"国家科技计划重大专项"大气水资源开发与国家水安全(天水工程)"联合申报会在兰州大学召开，甘肃省气象局领导、专家参加会议。该项目主要是对带电粒子催化人工降水原理与新技术的研究，旨在探索利用新技术提高在干旱区实施人工降雨(雪)的效率。

2015 年，兰州干旱气象研究所和甘肃省人工影响天气办公室尹宪志等，根据 2004—2013 年春季(3—5 月)甘肃省飞机人工增雨作业资料，采用静态评价指标，重点评估了甘肃省飞机人工增雨的直接经济效益。结果表明，2004—2013 年春季飞机人工增雨作业年均增水量为 4.07 亿 m^3，年均经济效益为 3649.89 万元，10 年的平均投入产出比为 1∶30(尹宪志 等，2015)。

邀请各方面专家学者，讲授人工影响天气前沿技术。邀请甘肃省人工影响天气办公室客座研究员、北京大学教授毛节泰做题为"关于人工增雨若干问题的探讨"的学术报告。华中科技大学潘垣院士讲解了带电粒子增雨技术。中国科学院大气物理研究所穆穆院士考察人工影响天气指挥中心。邀请新疆沙漠研究所魏文寿研究员做"超短脉冲强激光人工引雷降雨技术"学术报告，邀请中国电波传播研究所专家张志国作关于"微波辐射计在人工影响天气作业指挥中的应用"讲座。

在第二届"三农服务金桥奖"评比中，经甘肃省科技厅推荐，省人工影响天气办公室尹宪志主持的"人工防霜冻技术研究"获得优秀项目奖，尹宪志获得先进个人奖；在甘肃省第八届优秀技术创新成果表彰中，人工影响天气办公室推荐的项目获得三等奖。"省级人工影响天气综合业务平台"获得省气象局科技工作二等奖。

2015 年甘肃省共实施飞机人工增雨作业 30 架次，飞行时间约 149 h，累计作业影响面积约 158 万 km^2，增水量约 15.42 亿 m^3。其中，跨区作业 6 架次，主要地区为宁夏南部及内蒙古西部，增水量约 3.34 亿 m^3。2015 年利用火箭和高炮实施地面人工防雹、增雨(雪)作业 2701 点次，耗弹量 78036 发(枚)。其中，高炮火箭增雨(雪)作业 587 点次，发射人雨弹 3854 发、火箭弹 4432 枚；高炮火箭防雹作业 2114 点次，发射人雨弹 68054 发、火箭弹 1696 枚。新增高炮作业点 20 个，新增火箭作业点 22 个。2015 年年底，全省共有高炮 343 门，火箭发射架 151 个。

第三节　建立现代人工影响天气业务体系

一、2016 年

中国气象局下发《人工影响天气业务现代化建设三年行动计划》，要求建立现代人工影响天气业务体系。甘肃省气象局制定并印发了《甘肃省人工影响天气业务现代化建设三年行动计划实施方案》，积极推进人工影响天气现代化三年行动计划的实施。11 月 30 日，中国气象局人工影响天气业务现代化建设三年行动计划中期评估专家组李集明一行莅临甘肃省气象局开展中期评估调研。尹宪志主持完成的"干旱地区人工影响天气关键技术研究"项目获得甘肃省科技进步三等奖。

2016 年，为应对部队改革带来的增雨飞机租赁困难，甘肃、青海两省人工影响天气办公室同时租用青海飞龙航空公司运-12飞机执行增雨任务，圆满完成了2016年飞机人工增雨工作。这是国内首次两省联合租用通用航空增雨飞机开展区域内跨省增雨工作，为西北人工影响天气项目的组织实施积累了丰富的经验并奠定了业务基础。3月11日，甘肃省气象局、青海省气象局在兰州召开甘、青两省2016年跨区域飞机人工增雨(雪)工作协调会，邀请空军、民航、机场公司等行业领导和专家，共同协商甘青两省2016年跨区域飞机人工增雨工作。通航飞机共实施甘青两省跨区作业5架次，累计飞行时间15 h，发射焰弹近700枚，消耗碘化银3000 g，增雨覆盖面积约23万 km^2，累计增水约3亿 m^3。

2016年3月2日，白龙江林管局迭部林业局腊子口林场和达拉林场相继发生森林火灾，甘肃省气象局局长鲍文中、副局长张强及相关部门人员赶赴火灾现场，组织开展火箭人工增雨灭火。2016年3月6—10日，甘肃省省委、省政府以及国家林业局森林防火指挥部领导分别对甘肃气象部门在迭部林区达拉林场"3·02"森林火灾扑救中气象服务工作予以充分肯定和高度赞扬。

迭部县达拉林场"3·02"森林火灾火箭增雨作业(2016年)

5月10日，甘肃省2016年军用飞机人工增雨(雪)工作协调会在兰州召开，部署全年甘肃省军航飞机人工增雨(雪)和抗旱服务工作。西部战区空军、甘肃空管分局、兰州机场公司和省人工影响天气办公室等相关单位代表参加会议，达成甘肃省2016年军用飞机人工增雨(雪)工作协调会纪要。军用飞机共实施甘青两省跨区作业19架次，累计飞行90 h，消耗碘化银45000 g，液氮2310 L，增雨覆盖面积约90万 km^2，累计增水约9.25亿 m^3。

2016年，国家发展改革委批复《西北区域人工影响天气能力建设可行性研究报告》，落实地方配套投资及飞机运行维持费用。编制完成《祁连山及旱作农业区人工增雨(雪)体系工程(二期)项目可行性研究报告》。全省各级人工影响天气作业单位配备人工影响天气弹药储存柜323个，建设标准化作业点25个。完成全省人工影响天气作业点的安全等级评定。

2016年共实施飞机人工增雨作业24架次，飞行约105 h，作业覆盖约112万km^2，增水约11.7亿m^3。抗旱增雨惠及2500万人，生态重点保护区作业面积达20万km^2。利用火箭和高炮实施地面人工防雹、增雨（雪）作业1434点次，耗弹量49984发（枚）。其中，高炮、火箭、地面烟炉增雨（雪）作业536点次，发射人雨弹3038发、火箭弹4236枚、烟条132根；高炮火箭防雹作业1368点次，发射人雨弹41358发、火箭弹1220枚。

二、2017年

2017年6月27日，甘肃省委书记林铎一行视察了省级人工影响天气作业指挥平台，他肯定"人工影响天气工作取得了很好成绩，防雹增雨对老百姓有很强的现实意义"。9月20日，中国气象局副局长矫梅燕检查甘肃省人工影响天气工作，指出"甘肃省在人工影响天气三年行动计划执行中有很多亮点工作，执行情况出乎预料"。

2017年，平凉市静宁县气象局组织开展人工影响天气防雹作业558点次，发射炮弹11877发，成功防御强对流天气26次，有效遏制冰雹灾害的发生。

2017年，启动西北区域人工影响天气能力建设项目，继续推进具有甘肃特色的"四级业务纵向到底，五级流程横向到边"的新型人工影响天气业务体系建设。

制定并印发《甘肃省"十三五"人工影响天气行动计划》；完成并上报《甘肃省云水资源评估报告》。明确"十三五"时期两大人工影响天气项目的建设任务；提高人工影响天气作业的科学化水平和作业效益；探索建设智慧人工影响天气，增强科技支撑能力；强化基础保障，夯实人工影响天气发展的基础。

完成甘肃省人工影响天气作业点安全射界图制作系统建设。编制《甘肃省人工影响天气作业点安全射界图制作系统可行性研究报告》和《甘肃省人工影响天气作业点安全射界图制作系统实施方案》。6月28日得到省气象局批复，同意立项建设，年底前完成建设并开展推广使用。

完成甘肃省人工影响天气弹药装备物联网管理系统建设。完成中川飞机人工增雨基地改造工程，完成中川飞机增雨基地改造工程项目，主体工程于11月完成，12月竣工验收。

西北地区是我国生态功能区最为集中的区域，水源涵养型国家重点生态功能区占全国的50％，也是我国重要的农经作物生产区、石化等资源重地。因此，中国气象局决定设立西北区域人工影响天气中心，对甘肃、陕西、宁夏、青海、新疆及内蒙古西部4个盟（市）的人工增雨（雪）和防雹作业进行统一协调、指挥。2017年9月，西北区域人工影响天气中心在兰州正式成立，这是继东北区域人工影响天气中心之后的全国第二个区域人工影响天气中心。为期3年、总投资11.5亿元的西北区域人工影响天气能力建设工程也同步启动。工程项目包括飞机作业能力、飞机作业保障能力、地面作业能力、作业指挥能力建设，以及祁连山、天山地区地形云人工增雨（雪）试验示范基地建设等，工程建设成果对于缓解西北水资源短缺、改善生态条件，促进区域经济社会可持续发展具有重要意义。西北区域人工影响天气中心成立后，随即召开了西北区域人工影响天气能力建设项目启动会，以及西北区域人工影响天气工程项目办公室工作会议。起草了"西北区域人工影响天气部门协调保障机制"等5项管理办法；组织西北人工影响天气能力项目初步设计评估组，考察祁连山试验示范基地。西北区域人工影响天气中心依托西北区域人工影响天气工程，提升甘肃省人工影响天气能力建设和现代化水平。组织召开第二届西北区域人工影响天气工作交流会。

与兰州大学、华中科技大学共同开展国家重点研发计划《带电粒子"催化"人工降雨雪新原

西北区域人工影响天气中心成立(2017年9月)

理新技术及应用示范》项目研究，在祁连山东段进行带电粒子增雨试验。

付双喜主持完成的“青藏高原东北侧强对流天气探测及人工防雹作业关键技术应用”获得2016年甘肃省科技进步三等奖；“飞机液氮播撒装置”获得新型实用专利；完成《甘肃省云水资源评估报告》；甘肃省人工影响天气办公室完成2015—2016年度12项创新基金验收工作。甘肃省人工影响天气办公室丁瑞津获得全国气象先进工作者称号。

2017年甘肃省共实施飞机人工增雨(雪)作业23架次，累计飞行104 h，累计航程3.9万km，累计作业74.7万km^2，增雨量5.29亿m^3；在生态重点保护区作业面积达20万km^2，有效增加了祁连山区冰雪储备和暖季山区河道融水，3月积雪面积较2016年同期加了4.2倍。2017年利用火箭、高炮实施地面人工影响天气作业3100点次，耗弹量约4.5万发，防雹保护面积约5.9万km^2，折合经济效益约4亿元。

三、2018年

2018年1月，西北区域人工影响天气能力建设项目2018年第一次工作会议在北京召开，对项目初步设计和2018年实施方案进行审议。

2018年3月24—25日，甘肃省人工影响天气办公室参加的国家重点研发计划“带电粒子催化人工降雨(雪)新原理新技术及应用示范(天水计划)”项目研讨会在华中科技大学召开，就研究进展以及未来发展规划等进行了深入讨论。专家们将讨论焦点集中在“天水计划”核心技术原理、外场实践方案以及后期试验成果评估等技术问题。经讨论，与会专家一致认为，带电粒子催化降雨(雪)技术是一项创新的人工影响天气技术，科学思路清晰，技术路线可行，研究内容直接面对我国水资源安全供给的科技需求，该项目针对目前传统人工降水技术的局限性，在继承优化的基础上立项开发，具有重大的多学科交叉基础原创性，突破和发展应用前景广阔。

2018年5月10日，西北区域人工影响天气能力建设项目2018年第二次工作会议在兰州市召开。会议通报了项目进展情况，完善了2018年实施方案，安排了下一步的工作任务。

2018年5月，围绕生态修复人工增雨需求，甘肃人工影响天气办公室组织西北区域6省(区)33个市(州、盟)开展联合作业，各省(区)积极响应联合作业指令，共组织实施人工增雨飞机跨区域飞行作业7架次，影响区覆盖内蒙古中西部、陕西中北部以及甘肃东部，累计飞行约18.8 h；配合实施地面高炮、火箭增雨和防雹作业，共计发射弹药约1960发(枚)。本次联合作业，共增加降水约5.16亿m^3；发布作业指挥产品及总结5期，经评估分析，增雨效率为6.2%

～23.6%，作业效果明显。

10月25日，中国气象局党组书记、局长刘雅鸣一行检查指导甘肃省人工影响天气工作，在充分肯定甘肃省人工影响天气工作的同时，激励大家继续承载光荣使命，不断取得新成效。8月9日，中国气象局副局长余勇来甘肃省人工影响天气办公室调研指导，听取甘肃人工影响天气基本情况及近年来主要工作汇报。

2018年8月23日，甘肃省气象局举办人工影响天气60周年纪念活动，组织召开甘肃省人工影响天气60周年座谈会，总结和宣传甘肃人工影响天气60年来的发展成就。2018年9月4日，参加全国人工影响天气60周年科技交流大会，甘肃是全国设立展台的七个省份之一，受到中国气象局副局长余勇的赞扬。

尹宪志等主持完成的"脆弱生态修复人工增雨立体作业体系及应用研究"获得2018年度甘肃省科技进步三等奖。

2018年，《人工影响天气安全管理行动计划(2016—2017年)》终期评估，甘肃获得良好等次。《人工影响天气安全管理行动计划》评估甘肃获得全国第三名。

截至2018年年底，甘肃人工影响天气拥有飞机增雨基地1座，常年租用作业飞机1架，全省14个市(州)的75个县(区、市)开展人工影响天气作业，从业人员1200余人。每年3—10月开展飞机增雨作业，年平均作业30架次，增加降水10亿～12亿 m^3，作业覆盖约23万 km^2。全省14个市(州)及中牧山丹马场开展地面增雨(雪)、防雹作业，有高炮、火箭作业点近500个，作业保护面积约6.2万 km^2。

2018年，甘肃省地面增雨、防雹1648点次，共发射火箭弹2851枚，高炮17989发，地面烟炉消耗焰条328根，地面增雨1.12亿 m^3。2018年共飞行12架次，飞行时长55 h，航程2.1万km，作业面积26万 km^2，碘化银总用量30 kg，液氮总用量2880 L，飞机增雨2.38亿 m^3。

四、2019年

2019年，继续实施西北区域人工影响天气能力建设工程和祁连山及旱作农业区人工增雨(雪)工程建设，完成兰州国家作业飞机驻地(中川)专业保障设施建设，建设飞机作业指挥中心和西北区域人工影响天气中心作业指挥系统硬件平台，祁连山试验示范区全部观测设备安装到位。完成45套高炮自动化改造、32套作业点实景监控安装等。

2019年初步建成祁连山及周边区域立体人工影响天气作业条件自动监测体系，持续开展人工影响天气作业条件监测，为祁连山人工影响天气作业指挥提供有力的数据支撑。联合兰州大学组建"云水资源监测评估创新团队"并启动祁连山地形云外场试验，开展祁连山作业天气背景条件分析、综合观测试验、增雨作业技术验证试验以及观测资料融合应用等工作，加强催化识别技术研究。针对不同云系的催化作业条件进行识别，建立典型降水云系的概念模型和相应的催化作业指标，为合理开发祁连山空中云水资源提供科学技术支撑。

各级领导关心肯定甘肃省人工影响天气办公室工作。1月29日，省应急厅领导调研甘肃省人工影响天气工作。5月21—24日，国家发改委、财政部、生态环境部调研组调研指导甘肃祁连山人工影响天气工作。4月24日，省委军民融合发展委员会办公室领导参观调研省人工影响天气办公室。中航(成都)无人机公司、中航(天水)飞机公司领导参观调研省人工影响天气办公室。7月17日，甘肃省公路航空旅游集团有限公司领导调研省人工影响天气办公室。

向省委省政府、中国气象局汇报无人机增雨情况，为全国两会汇报材料提供素材；积极配合省委军民融合发展委员会办公室开展祁连山生态修复型无人机人工增雨(雪)试验。制定

《祁连山生态修复型翼龙Ⅱ无人机系统人工增雨(雪)飞行试验方案》,编制《祁连山生态修复型无人机人工增雨作业可视化平台功能需求》《大型无人机人工增雨市场分析》等,充分论证技术可行性和投入产出比。无人机增雨项目取得了无人机高空防除冰等人工影响天气探测设备和作业设备关键技术突破,完成了大型无人机人工增雨平台改装,构建了无人机增雨联合作业机制,建立了作业指挥模型,并完成带任务载荷的成功外场首飞。为实现全空域、全天候、全季节、立体化、规模化的无人机增雨作业打下了坚实的基础。组织4次调研,选型翼龙Ⅱ无人机,选定作业外场;组织召开6次会议,论证无人机改装技术方案,突破高空结冰等重大技术难题;编制"祁连山生态修复型翼龙Ⅱ无人机系统人工增雨(雪)飞行试验方案"等5个技术方案。

编制西北区域人工影响天气项目2019年实施方案,4次参加国家人工影响天气中心组织的西北区域人工影响天气能力建设项目论证会。按照2019年实施方案,分3批组织招投标、建设,完成1部C波段雷达、1部云雷达、21套自动气象站、2套微波辐射计、10套GNSS/Met等观测仪器的布设安装,西北区域人工影响天气指挥中心建设,中川基地改造,作业车辆购置等工作。

编制"祁连山及旱作农业区人工增雨(雪)体系建设项目2019年实施方案",完成了祁连山2019年部分建设内容(高炮自动化改造以及火箭发射架、增雨烟炉等)。对祁连山周边地区作业点和作业装备进行了升级改造(45门电控高炮和32个作业点实景监控),向中国气象局上报《进一步加强祁连山地区人工增雨(雪)作业措施方案》,并获得批复。

召开西北区域人工影响天气科学试验研究项目启动会。召开祁连山地形云人工增雨(雪)技术研究外场试验方案论证会。布设祁连山外场试验观测设备,正式启动祁连山试验示范区观测试验,并开展冬季人工增雪试验和地形云观测。举办带电粒子人工增雨课题研讨会,调研设备安装调试情况。对乌鞘岭试验点进行考察,制定试验观测与效果评估方案,并开展作业条件研究。

2019年,围绕重大活动、森林防火等,积极开展人工影响天气作业。4月25日,甘南州迭部县林场发生森林火灾,甘肃省气象局启动特别工作状态,制定省市应急联合作业方案,开展人工增雨作业。8月19—21日,为保障国家领导人视察祁连山的重大活动,组织酒泉、嘉峪关、张掖、武威、金昌等市气象局,开展人工影响天气作业9点次,耗弹71枚,为活动的顺利开展提供保障。8月18日,制定山丹军马场人工消减雨重大气象保障服务作业方案。

正式印发"西北区域人工影响天气协调管理办法(试行)"等5项区域人工影响天气管理办法。组织召开2019年西北区域人工影响天气中心主任会议和西北区域人工影响天气技术交流会,编辑出版《西北人工影响天气研究》。

2019年甘肃省开展飞机增雨作业12架次,飞行时长46 h,增水量约4亿m^3,折合经济效益约8亿元。利用火箭、高炮组织实施地面作业近1200点次,耗弹量1.7万多发,地面增雨面积6.8万km^2,增水约1.5亿m^3,折合经济效益约3亿元。防雹保护面积约5万km^2,折合经济效益约4亿元。针对祁连山及周边地区开展飞机作业4架次,作业时长近20 h,地面作业400余点次,耗弹3000多发,燃烧焰条200余根,作业影响区平均增雪15.2%,部分地区增雪超过30%。卫星遥感数据显示,祁连山积雪面积比2018年同期增加了66%。石羊河流域内全年植被覆盖面积平均达到9319.30 km^2,较多年平均多20.6%,较2018年同期多4.5%,是近7年植被生长状况最好、覆盖面积最大的一年。石羊河年平均流量较常年同期多50%,截至2019年12月31日,蔡旗断面总径流4.0118亿m^3,是自1972年以来最多的年份。

第二篇

甘肃人工影响天气业务现代化建设

人工影响天气的作业对象主要是大尺度天气背景下发展的某些合适的中小尺度云降水结构及云的微物理结构，从云凝结核到锋面云系，发生的过程涉及很宽的时空尺度，其空间尺度可相差 10^{10} 倍。因此，人工影响天气的监测必须以大尺度天气系统的监测为基础，以中小尺度天气系统为重点。现代人工影响天气探测仪器除常规的气象卫星、天气雷达、探空、地面观测系统外，还有闪电定位仪、微波辐射计、测云雷达、风廓线雷达等，为人工影响天气作业条件监测预报、作业实施和跟踪指挥提供技术支撑。通过 60 年艰辛探索和砥砺奋斗，甘肃人工影响天气工作以现代化建设为抓手，积极开展人工影响天气科学研究，不断提高人工影响天气工作的能力和水平，取得了一定的成果，谱写了历史新篇章。

第五章　现代化人工影响天气探测仪器及作业装备

近年来，甘肃省人工影响天气观测和作业中使用了大量先进的探测设备。开展了多项有关人工增雨开发云水资源、作业条件选择及其自然背景等方面的外场考察和试验研究，研发了人工增雨实时监测技术，扩展了探测范围，提高了探测质量和时空分辨率，形成了中小尺度气象条件监测、空基和地基相结合的云降水物理监测网，提供了更加丰富的人工影响天气业务综合监测信息资料。

第一节　地基监测设备

人工影响天气气象观测系统按照传感器所处位置可分为地基观测、空基观测、天基观测系统。地基观测指的是基于地面传感器进行的观测，除人工地面常规观测、地面加密气象站观测和天气雷达观测外，还有闪电定位仪、微波辐射计、各种大气成分观测仪、GPS水汽总量探测、地面雨滴谱仪、风廓线雷达观测以及城市移动观测等。

一、闪电定位仪

闪电定位仪是一种监测雷电发生位置的气象探测仪器。闪电定位仪利用闪电辐射的声、光、电磁场特性自动遥测闪电放电参数，并把经过预处理的闪电数据通过通信系统送到中心数据处理站实时进行交汇处理，可全天候、长期、连续运行并记录雷电发生的时间、位置、强度和极性等信息。

闪电定位仪

甘肃省人工影响天气办公室在永登、靖远、定西、临夏、兰州等地布设了LD-2型及ADTD型闪电定位仪进行组网监测。它以测量雷击甚低频电磁脉冲到达不同闪电定位仪基站的时间差作为定位基础，可以精确地测定出闪电发生的地理位置。闪电定位系统由探测站、中心数据处理站、图形显示工作站组成，通过依托省—市X.25宽带网、省—县GPRS网将各探测站采集的闪电基数据自动上传至省气象局数据处理中心，采用时差法定位处理后，供各终端调用分析。闪电定位仪是开展雷暴预报的基础，对森林防火、防雷减灾、灾害调查和人工增雨等工作有很强的支撑作用，能够为地方经济社会又好又快发展提供基础保障。

二、微波辐射计

微波辐射计由天线、接收机和数据记录3部分组成。微波辐射计主要用于中小尺度天气现象，如暴风雨、闪电、强降雨、雾、冰冻及边界层紊流监测。微波辐射计已在气象工作中得到广泛应用，可在各种天气条件下进行连续的、高时间分辨率的温度、湿度和液态水含量的垂直廓线探测，探测高度可达10 km。微波辐射计在大气、海洋、植被和土壤湿度遥感等方面都有广泛的应用，已经在气象保障、天气预报、强对流监测和洪涝灾害监测等方面发挥了很大作用。

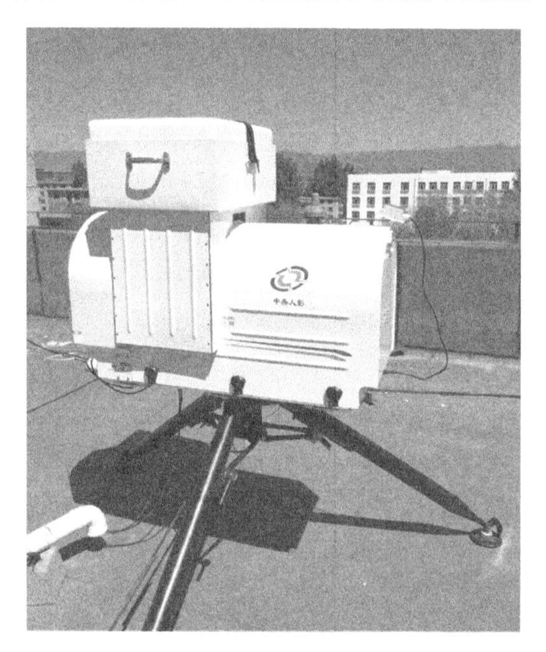

地基多通道微波辐射计

甘肃省使用的双频段微波辐射计频率分别为22.235 GHz（波长1.35 cm）和35.3 GHz（波长8.5 mm）。采用数字增益自动补偿方案，提高了系统的稳定性，避免了微波辐射计的频繁定标；采用金属结构，形变很小，能够保持方向性的长期稳定；天线采用新型波导开缝天线，反射面为抛物面，解决了辐射计雨天探测问题。

双频段地基微波辐射计可连续探测路径气柱中的水汽、液态水的积分总量，获得在某个垂直天顶气柱中的水汽、溶态水的积分总量随时间的演变。在一定条件下给出空中水汽、液态水的垂直分布状态。为短时天气预报、数值模拟云的发展演变、大气环流分析、人工影响天气工作和科学研究提供基础数依据。

双频段微波辐射计天线

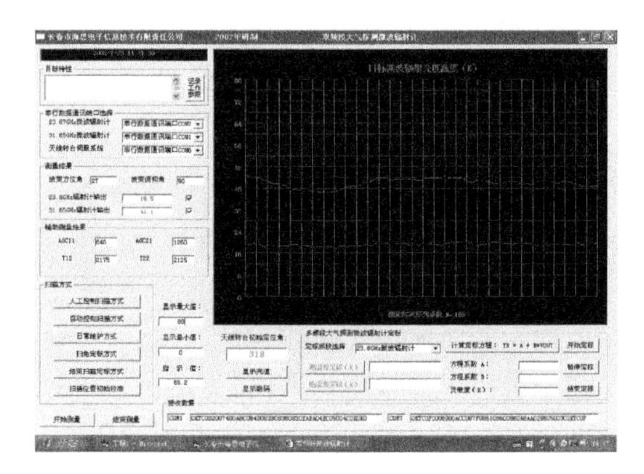

双频段大气探测微波辐射计终端程序主界面

三、测云雷达

雷达种类很多，可按多种方法分类：按定位方法可分为有源雷达、半有源雷达和无源雷达；按辐射种类可分为脉冲雷达和连续波雷达；按工作波长波段可分为米波雷达、分米波雷达、厘米波雷达、毫米波雷达和微米波雷达等。

测云雷达主要用来探测云滴直径较小、尚未形成降水的低云和中云，测量其顶部和底部高度及内部物理特征，如空中有多层云存在时，还能测出云的层次。由于云滴比降水粒子小得多，而云滴对电磁波的后向散射能力与云滴直径的 6 次方成正比，与雷达波长的 4 次方成反比，因此测云雷达的工作波长均较短，常用的为 1.25 cm 或 0.86 cm。测云雷达的工作原理与测雨雷达相似。其天线结构简单，多数垂直向上。

测云雷达通过方向性很强的天线向空间发射脉冲无线电波，无线电波在传播过程中和大气发生各种相互作用，利用雨滴、云滴、冰晶、雪花等对电磁波的散射作用来探测大气中的降水或云中大水滴的浓度、分布、移动和演变，了解天气系统的结构和特征。

测云雷达主要用来探测云顶、云底的高度。如空中出现多层云时，还能测出各层的高度。由于云粒子比降水粒子小，测云雷达的工作波长较短。测云雷达只能探测云比较少的高层云和中层云。对于含水量较高的低层云，如积雨云、雹云等，测云雷达的波束难以穿透，只能用测雨雷达探测。

毫米波测云雷达

四、风廓线雷达

风廓线雷达利用多普勒效应能够探测其上空风向、风速和温度等气象要素随高度的变化，具有探测时空分辨率高、自动化程度高等优点。根据探测高度的不同，将风廓线雷达分为边界层风廓线雷达、对流层风廓线雷达以及中间层、平流层、对流层雷达（MST）。边界层风廓线雷达的探测高度为 3 km 左右，对流层风廓线雷达的探测高度一般为 12～16 km（探测高度 8 km 以下的称为低对流层风廓线雷达），MST 雷达的探测高度可以达到中间层。

根据雷达工作频率的不同，大致可以将风廓线雷达分为甚高频（VHF）、超高频（UHF）和 L 波段 3 种类型。由于湍流散射机制的限制，探测高度越高选用的波长就越长。因为探测高度与雷达波长存在着制约关系，所以按探测高度的分类方法和按雷达工作波长的分类方法存在一定的相关性，但又不完全对应。大致上讲，边界层风廓线雷达选用 L 波段、对流层风廓线雷达选用超高频（P 波段）、探测高度在平流层以上的风廓线雷达大致选用甚高频。

风廓线雷达能够实时提供大气的三维风场信息，增加无线电-声探测系统（RASS），可实现对大气风、温等要素的连续遥感探测，是一种新的高空大气探测系统。与常规大气探测设备相比，风廓线雷达在探测精度、垂直分辨率和探测时间间隔等方面是其他观测系统所无法比拟的。间距适中、布局合理的风廓线雷达网在气象业务和气象研究、航天航空气象、环境监测、军事气象保障以及紧急突发事件保障、防灾减灾等方面都可以发挥重要作用。

风廓线雷达

五、降水现象仪（雨滴谱仪）

降水现象仪可以根据不同降水现象的降水粒子的物理特性差异，降水粒子在粒径和下落末速度分布的上的对应关系及降水粒子对激光信号的衰减程度，检测降水粒子的粒径和下落末速度，确定降水粒子的尺度谱分布，输出降水类型。

当激光束中没有降水粒子降落穿过时，接收装置收到最强的激光信号，输出最大的电压值。当降水粒子穿过水平激光束时，以其相应的粒径遮挡部分激光束，从而使接收装置输出的电压下降。通过电压变化大小可以确定降水粒子的粒径，实现对降水粒子的粒径检测；粒子下降通过水平激光束需要一定的时间，通过检测电子信号的持续时间，即从降水粒子开始进入激光束到完全离开激光束所经历的时间，可以推算出降水粒子的下降速度。

降水现象仪主要由传感器、数据采集单元、供电控制单元和附件等部分组成。

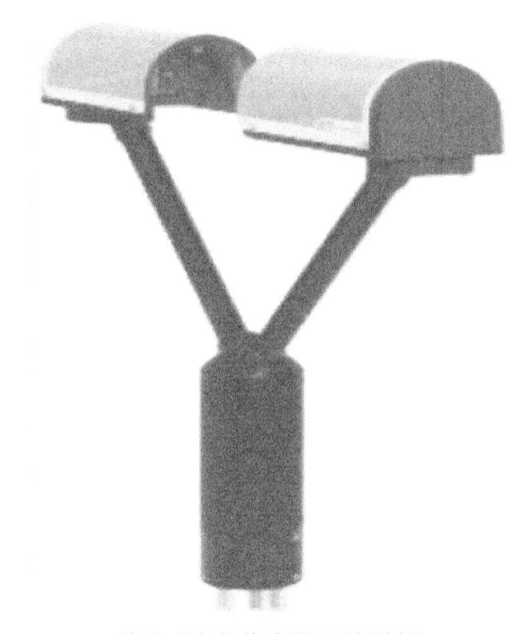

降水现象仪传感器(雨滴谱仪)

六、双偏振 X 波段天气雷达

双偏振 X 波段有源相控阵天气雷达系统采用极化技术和相控阵技术,具有快速扫描和精确极化探测能力,能在垂直方向进行电子扫描,产生不同宽度和指向的波束,实现多种波束接收,从每个方位角完成类似常规雷达的垂直扫描,并能控制扫描速度,完成先垂直、再水平扫描的体积扫描。高时、空分辨率的相控阵天气雷达能更好地研究中小尺度对流系统,特别是快速变化系统的演变特征,揭示对流云内部流场和演变过程,及其与对流系统发展的关系,实现对短时强暴雨、龙卷和超级单体等生消快、尺度小、致灾性极强的强对流灾害性天气的全天候监测和预警,为灾害天气的精细化预报提供有效支撑,提高精细化预报、预警水平。

双偏振 X 波段天气雷达

第二节　空基监测设备

空基监测是指传感器位于地球表面以上和大气层以内进行的观测，如无线电探空、飞机观测、火箭观测等。无线电探空气球监测高空温度、湿度、气压和风等，飞机观测航线、航站天气，火箭以探测中层大气为主。主要设备包括机载温、湿度仪和双偏振 X 波段天气雷达等。

一、GPS 水汽总量探测

GPS/Met 是 GPS/Meteorology 的简写，即 GPS 气象学。它是由卫星动力学、大地测量学、地球物理学和气象学交叉派生出的新兴边缘学科。全球定位系统(GPS)是美国从 20 世纪 70 年代开始发展的全球卫星定位系统，其主要目的是为移动目标定位和导航。

目前，气象上获取高空水汽资料主要依赖常规探空站网，但其时间分辨率(每日 2 次)和空间分辨率(站网密度)都不够高，对快速生成、发展、消亡的暴雨等灾害性天气进行探测比较困难。GPS 探测数据因其覆盖范围广、实时连续、不受天气状况影响、高垂直分辨率、高精度和长期稳定不需定标的特点，使用其资料将大幅度提高湿度场分析能力，对水汽场精确的了解将有助于提高我们对重大天气和暴雨的预报能力，逐渐成为一种新的大气探测手段。

利用地面的 GPS 接收机，可以测量整层大气的水汽含量和电离层电子数密度。利用低轨道卫星上的 GPS 接收机，在卫星、地球和低轨卫星之间发生掩星事件时，探测大气折射率廓线，反演出电离层电子数密度、大气温度、气压或湿度的垂直分布。

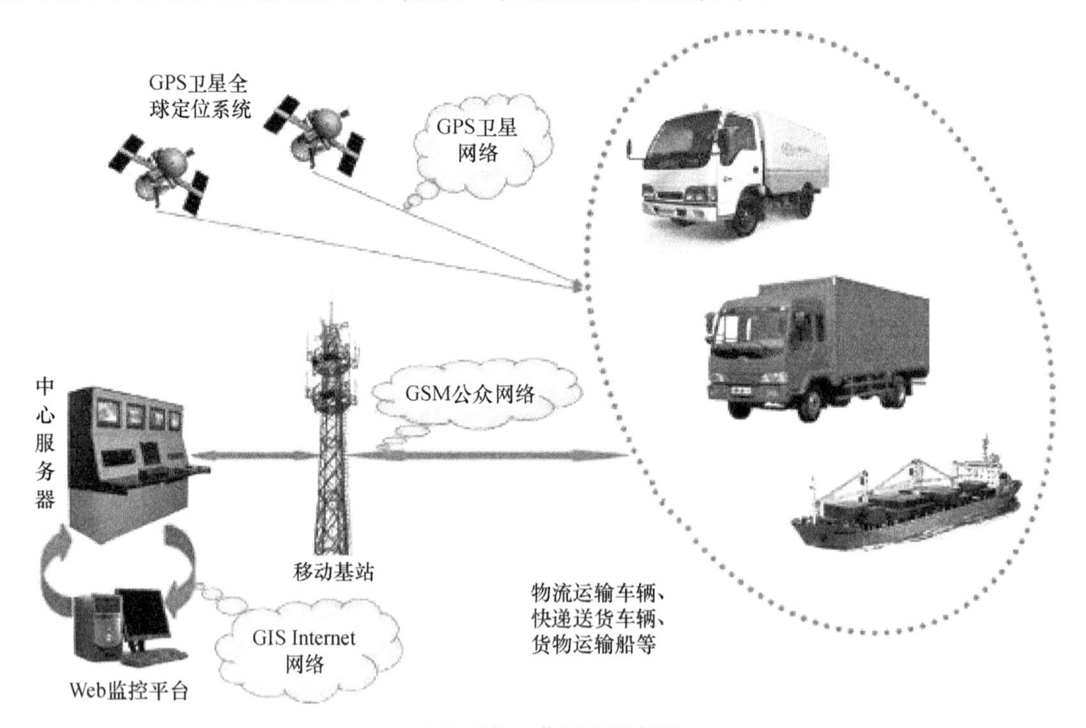

GPS 系统工作原理示意图

地基 GPS 水汽遥感探测系统，通过测量穿过大气层的卫星微波信号的延迟量和卫星向用户播发的预报星历来解算大气水汽含量，可以每 20～30 min 获得一次大气水汽总量的连续观测信息，在降水临近预报、数值预报模式初始场改善和气候研究中发挥了重要的作用。

二、机载激光云粒子探测系统

机载激光云粒子探测系统，包括机载激光云粒子谱仪、云粒子成像仪、降水粒子成像仪及相应软件系统。机载激光云粒子探测系统能测量 2～50 μm 云粒子的谱分布、25～1550 μm 和 100～6200 μm 云/降水粒子谱分布及二维图像。它是激光前向散射云粒子谱探测技术、基于粒子放大成像原理及连续切片二维成像等关键技术研究成果的转化与应用。

机载测量仪器包括机载测温仪、机载温湿度仪和机载云微物理测量仪器、含水量仪等。除了早期的一些仪器由我国专家自行研制，后来许多机载探测仪器大多从国外引进，如 2D-C、2D-P、FSSP 等。近年引进了美国 DMT（水滴测量技术公司）新研制的集 5 个要素的组合探测器 CAPS（Cloud，Aerosol，and Precipitation Spectrometer），它的功能与一组 PMS 探头相当。

机载温湿度仪

甘肃租用的 PMS 探测仪器

携带有气象探测仪器的无人驾驶飞机也开始在外场试验中使用，地面微波辐射计也得到了应用。在人工增雨监测和作业过程中，充分利用甘肃已装备的多普勒天气雷达监测网。在一些外场试验中还使用了可移动式 X 波段 TW01 型天气雷达。获取的雷达回波资料及雷达风场反演资料，通过空—地传输系统实时上传，与飞机观测、地面高空观测、微波辐射仪观测等资料一起，为综合分析云的宏观和微观结构，指导飞机在最佳催化潜力区进行人工增雨作业提供了基础资料。

可移动式 X 波段 TW01 型天气雷达

第三节　人工影响天气作业装备

目前，我国人工影响天气采用飞机、高炮和火箭等设备，将催化剂(致冷剂、吸湿性催化剂和碘化银)送入云中，实现人工干预云的演变，达到增雨(雪)、防冰雹、消雨、消雾、防霜等趋利避害的目的。

一、空中装备

根据云的高度、范围、厚度等资料实时进行综合分析，利用飞机携带制冷剂、结晶剂、吸湿剂、水雾等催化剂，通过飞机上的专用设备向云中播撒催化剂，改变云的微物理或化学结构，实现增雨(雪)(要求有一定的水汽饱和度)的目的。

1958 年人工增雨(雪)作业使用的伊尔-12 型运输机

1991 年后使用运-7 型运输机人工增雨，年均作业 30 架次，增加降水约 10 亿 m^3

二、地面装备

地面装备主要是指火箭、高炮和地面发生器等。火箭和高炮是最为常用的装备，高炮最早是引进苏联的 37 高炮改进而来的 55 式单管 37 高炮，后续又有 65 式和 75 式双管 37 高炮、59 式 57 mm 数字化人工影响天气高炮系统。我国 1980 年开始研究火箭，现在已经有 WR、RYI、HJD、JFJ 等多个系列的火箭。地面发生器是一种更新型的人工影响天气装备。地面发生器具有不受空域限制、无人值守等特点，一般布设在山区或城市周边，实现人工增雨防雹作业目的。我国地面发生器包括 RGY 型碘化银发生器、ZY 型播撒系统、Y1000 型烟炉等。其中，Y1000 型烟炉是焰剂，催化剂剂量 1200 g/根，－10 ℃环境下焰剂可实现的成核效率为 1.43×10^{15} 个/g。

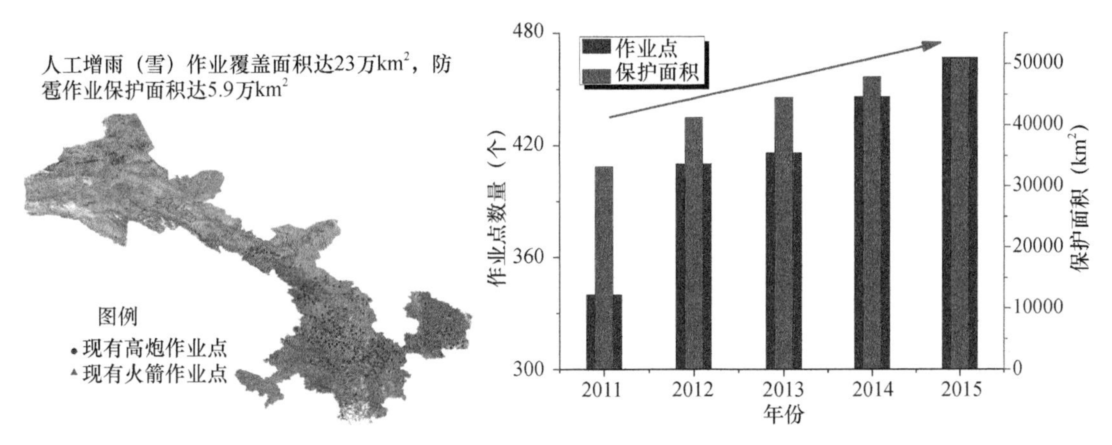

甘肃省人工影响天气作业站点分布(2019)　　2011 年以来，甘肃省人工影响天气作业点及保护面积变化

(一)37 mm 高炮

65 式双管 37 mm 高炮配有人工增雨防雹炮弹，主要用于将人工增雨防雹弹发射到高度 2000～6000 m 的降雨云层或雹云中，达到增雨、防雹的目的。37 mm 高炮具备携带催化剂量大、播撒路径长、发射高度高、操作便利、流动作业能力强等诸多优点。特别是 2015 年起通过自动化改造，在增加远程遥控功能的同时，也极大地提高了高炮作业的安全性和稳定性。

高炮主要由自动机、瞄准机和托架、瞄准具及炮车等几大部分组成。自动机是炮的核心，它利用炮弹发射后的火药能量完成开闩、退壳、压弹、输弹、关闩、击发等全部自动动作。瞄准机包括高低机和方向机，前者使高炮在高低射界(－10°～85°)内起落和瞄准，后者使火炮在方向射界(0°～360°)内转动和瞄准。瞄准机和自动机均受托架的支撑和承托，托架用来安装除炮车外的所有部件，它是火炮回转部分的主体，托架和炮床用螺栓固定在一起。瞄准具的功能在于确定炮击目标的弹道、速度和斜距，并追随瞄准目标时能自动连续地求出目标的提前位置，赋予火炮提前角和高角，最终命中目标，在人工增雨、防雹作业中，其追踪目标的功能不明显。炮车在行车时运载火炮，射击时作为火炮的基础，炮床是炮车的主体，用于安装炮车的各个部件。

人雨弹是通过高炮射击，将弹丸发射到云层中爆炸，爆炸和爆震产生的冲击波把催化剂播撒到云中，产生大量人造冰核，使雹云、雨云的发展发生变化，达到增雨防雹目的的一种民用炮弹。

各地根据当地情况选择使用的 37 mm 炮弹引信自炸时间为 8～20 s。按 45°仰角作业所达水平距离为 2.8～5.2 km，以 0°～360°方位角作业所能达到的作业面积为 24.6～84.9 km²。

人工影响天气双管 37 mm 高炮

（二）WR 系列火箭

据专家计算，采用 WR 系列高效多用途增雨防雹火箭作业系统进行人工影响天气外场综合作业，每年可为国家减少作业投资 40%，作业保护面积提高 40%。

WR 系列火箭由增雨防雹火箭、火箭发射架及发射控制系统 3 部分组成。WR 系列增雨防雹火箭是先进的火箭技术与高效催化剂相结合的产物。该火箭作业系统在气象雷达系统的引导下，将携带高成核率的 AgI（碘化银）复合催化剂的火箭迅速发射到目标云层中的关键部位，火箭催化剂舱采用高效能燃烧模式撒播高成核率的 AgI（碘化银）复合催化剂，影响云的微物理结构变化，最终达到增加降水、消除或减弱冰雹等自然灾害的目的。

地面车载式火箭增雨作业系统

WR 系列火箭最大射高 10000 m，低空 6000 m，可以在 −30～50 ℃的范围近乎全天候对各种云体（如高中低云、强弱冰雹云、雷雨云、积云、积雨云）进行作业。WR 系列火箭具有射程高（可达到 0 ℃以下云层中），火箭携带催化剂量大，催化剂成核率高，作业效果好，且使用成本低，机动性好；火箭系统操作简单，维护方便，节省人力、财力等特点。

不同型号火箭作业所能达到的水平距离差异较大，在仰角 45°作业所达水平距离为 4～8 km，以 360°全方位作业时所能达到的作业面积为 50～201 km^2。

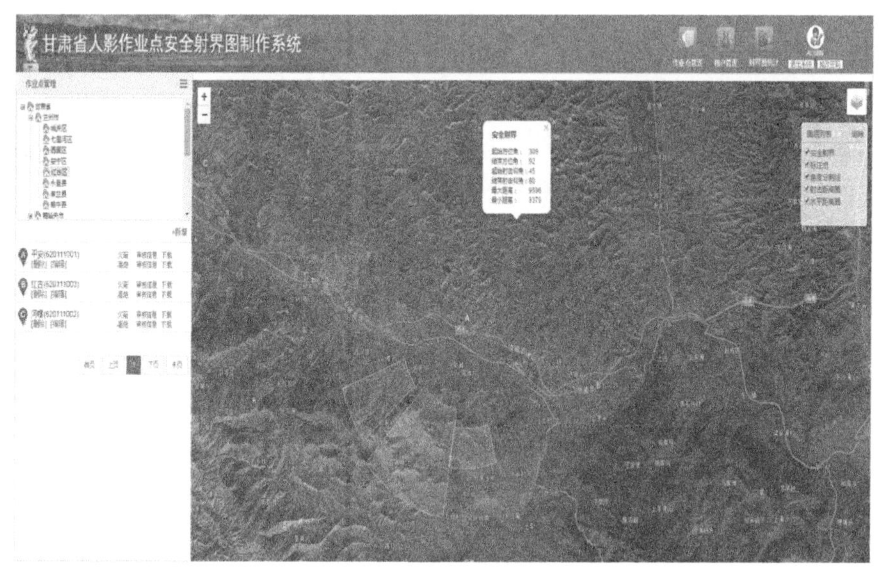

2017 年，开发甘肃省人工影响天气作业点安全射界图制作系统，完成全省人工影响天气安全射界图制作

（三）人工增雨烟炉

人工增雨烟炉又叫高山地面增雨烟炉，即地面碘化银发生装置，是一种新型人工增雨作业设备。人工增雨烟炉固定在山地迎风坡一个较高的地方，通过点燃烟条燃烧碘化银，使粒子随上升气流扩散到云中，增加云中凝结核，达到人工增雨（雪）的目的。人工烟炉尤其对秋、冬、春季森林防火非常有利。烟炉一次装满为 48 根烟条，一般作业 3～4 次后必须及时更换或补充烟条。

人工增雨烟炉具有作业成本低、可远程控制、指挥环节少、不受空域限制，无噪声、无明火，可全天候作业等优点，可以与人工增雨火箭等作业互为补充，进一步提升复杂地形区域人工增雨作业效果和覆盖率，对山区森林防火、水库蓄水等作用明显。

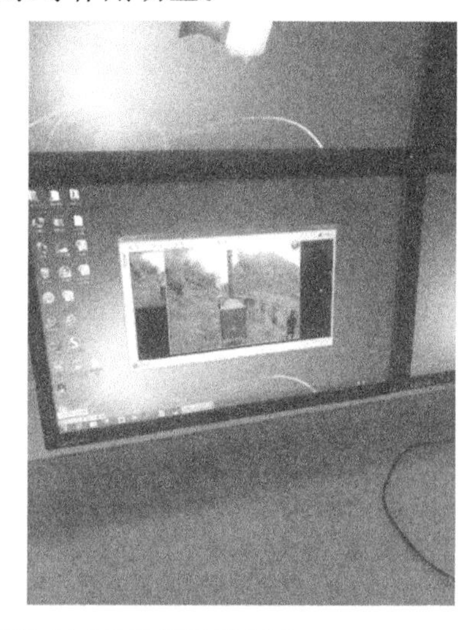

祁连山海潮坝人工增雨烟炉（左）及监视系统（右）

(四)人工增雨燃气炮

人工增雨燃气炮是一种新型的人工影响天气作业设备。人工增雨燃气炮工作原理是将可燃气体(乙炔或天然气)与空气按照一定比例混合,通过气体燃烧爆发出来的向上爆轰气流达到影响云动力结构和输送催化剂的作用。通过不间断地对目标区域进行影响,干扰气流运动、凝聚水汽、增加凝结核,达到增雨(雪)和防雹的作业效果。

永登县城关炮点人工增雨燃气炮

人工增雨燃气炮最大的特点是不用申请作业空域,所需液化石油气、压缩空气催化剂等价格低廉,且为非火工品以及环保、实用、易维护。该系统在工作时无爆炸物或残骸产生,因此安全性较同类产品显著提高。燃料燃烧仅产生少量的碳、一氧化碳、二氧化碳和水,没有其余固体废物。冲击波间隔时间可调,操作简单,智能化集程度高,用户仅需定期观察气体压力即可。全系统采用模块化设计,任何模块出现故障都可通过更换模块快速修复。

(五)带电粒子"催化"人工降雨(雪)试验

人工增雨是大气水资源开发的主要技术手段。传统人工增雨主要是基于20世纪40年代发展起来的播云技术,其基本原理是通过飞机、火箭等向云中播撒碘化银、干冰等催化剂,促进云滴迅速凝结或碰并增大成雨滴,形成降雨。进入21世纪以来,欧美发达国家相继开展基于电效应的新型人工降雨技术研究,并在墨西哥、阿联酋、阿曼等干旱地区成功进行了外场试验,证实了在晴空且相对湿度低至30%条件下,也能实现有效的人工造雨。其基本原理是使空气中部分气溶胶粒子带电,这些带电气溶胶粒子的静电场对其他中性水分子簇团存在极化效应,产生带电气溶胶粒子对被极化的水分子簇团的非接触电场凝聚力,促使其凝结速率增大,促进降雨的形成。

兰州大学、华中科技大学和甘肃省人工影响天气办公室专家等多次对乌鞘岭试验点进行考察,在祁连山地形云外场试验区建成带电粒子催化装置一套,开展带电粒子"催化"人工降雨(雪)新原理新技术及应用示范项目试验研究。

乌鞘岭建成的带电粒子催化装置布局(左)和装置内部结构(右)

第六章 人工影响天气重大建设项目

甘肃每年因气象灾害造成的经济损失占所有自然灾害损失的88.5%(高出全国平均18.5个百分点),平均每年因气象灾害造成的经济损失占GDP的4%~5%,影响甘肃的气象灾害主要有干旱、冰雹、霜冻等天气。其中,干旱成灾面积每年近66.7万hm^2,每年约有50多个县(区)13.3万hm^2农田遭受冰雹危害,给农业造成几亿甚至几十亿元的经济损失。因此,提升人工影响天气作业的科技能力,开展人工增雨抗旱、防雹减灾、防霜冻等研究是人工影响天气科研的主要课题。近50年来,祁连山区气温呈上升趋势,降水量呈增加趋势,气候突变出现在20世纪80年代中期,气温的线性拟合增长率为0.26 ℃/10 a,降水量的线性拟合增长率4.8 mm/10 a。

2014年1月,经国务院同意,国家发展改革委印发《甘肃省加快转型发展建设国家生态安全屏障综合试验区总体方案》。2015—2020年,甘肃以疏勒河、黑河、石羊河流域及哈尔腾苏干湖水系为重点,构建祁连山区内陆河流域生态安全屏障;以中部沿黄河地区和甘南高原地区为重点,构建黄河上游生态安全屏障;以南部秦巴山地区为重点,构建长江上游生态安全屏障;以泾河、渭河流域为重点,构建黄土高原生态安全屏障。祁连山水源涵养型生态保障区18.5万km^2,加快人工增雨(雪)体系建设,有利于对冰川、湿地、森林、草原进行抢救性保护,有利于加强河西走廊内陆河区地下水超采治理,维持合理的地下水水位。

全国干旱分布

人工影响天气工作是一项横跨多学科、科技含量高、专业技术性强的工作。人工增雨是最直接、最有效，也是投入成本最低的一种增加降水的措施，它实际上起着调节云水资源季节性和地区性分布不均的作用。研究表明，只要具备一定的天气条件和适合的云物理条件，人工增雨作业可在自然降水基础上增加雨量10%～20%。人工影响天气主要对地形云、对流云、层状云、积状云和层积混合云进行催化剂播撒作业，合适的作业时机、合适的作业部位、合适的催化剂量是人工影响天气作业取得良好效果的核心。

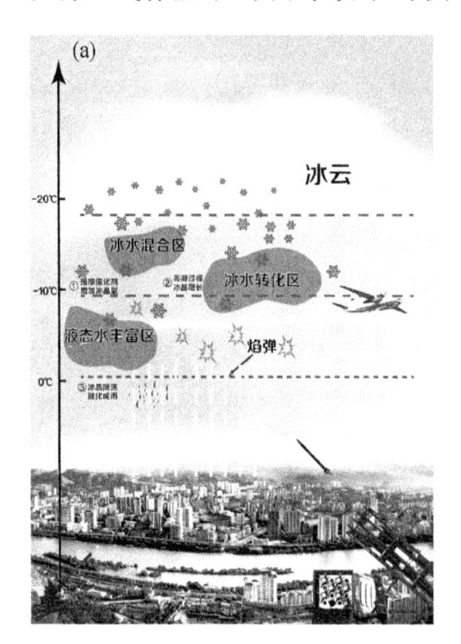

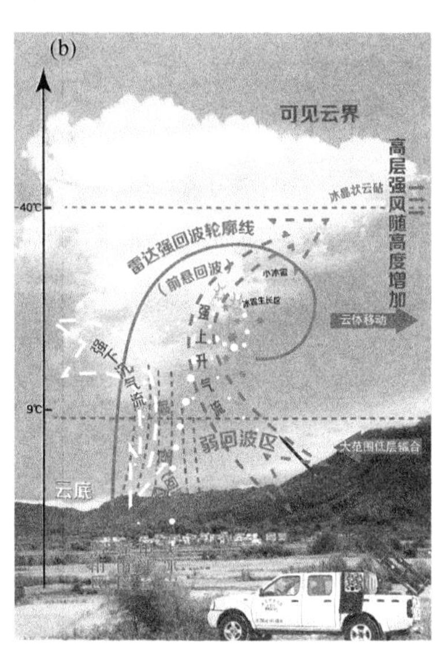

人工增雨(a)、防雹(b)原理示意图

随着国家、地方各级政府及社会对人工影响天气工作的逐渐重视和科技投入的逐步增加，甘肃省人工影响天气工作者通过辛勤工作和不懈努力，在开展常规人工增雨、防雹防灾减灾的同时，还先后承担和参与国家自然科学基金项目和多个科技部项目，在人工影响天气科学研究、技术开发和业务能力建设等多方面取得了显著的成绩。特别是党的十八大以来，现代化集约高效的甘肃人工影响天气业务系统已经初步建成，人工影响天气工作已不单是为了缓解干旱引起的缺水或防御冰雹，而且在保障交通安全、森林防(灭)火、水力发电、城市蓝天保卫、生态环境保护等方面发挥着越来越重要的作用，实现了从常规的防灾、减灾向修复生态的飞跃。其中，包括依托气象常规地基和空基观测、天气气候预测预报、雷达实时观测信息，运用云物理特种观测技术和设备以及云数值模式等为手段的作业条件监测和预报方法，建立甘肃省CINRAD/CC雷达冰雹预警和防雹作业指挥系统；建立省级飞机人工增雨作业，市、县级高炮、火箭等地面人工增雨、防雹作业决策指挥系统；初步形成以飞机作业为主，以高炮和火箭等作业为辅的空地一体化协同人工影响天气作业体系。另外，西北云水资源开发利用、西北地形云结构及降水机理、人工增雨(雪)关键技术、人工防雹消雹技术、人工防霜冻技术研究等方面也取得了许多重大科研成果。

第一节　甘肃省人工增雨防雹作业体系

一、建设规模

为了增强主动抗旱能力，2000年8月甘肃省人民政府和中国气象局批准立项的“甘肃省人工增雨防雹作业体系工程"开始建设。项目建成以现代化监测系统为基础，以省、地两级人工增雨防雹作业指挥决策中心为核心，以飞机人工增雨基地和防雹(增雨)示范区为重点，以现代化综合业务技术系统为依托的人工增雨、防雹作业体系。在原有增雨、防雹作业点的基础上，科学规划，合理布局，新增100个作业点，增雨范围覆盖黄河上游和甘肃省旱作农业区，面积由原来的14.5万km^2增加到15.5万km^2，计划年增水量达到6亿m^3，防雹作业点覆盖甘肃省主要冰雹路径上的重灾区，覆盖面积由原来的1.1万km^2增加到2.5万km^2；积极试验探索冬春季增雪新途径，在祁连山等山区开展冬春季人工增雪，有效增加冬春季自然降水量和内陆河来水量；扩建现有中川飞机人工增雨基地；与此同时，建立、完善省、地、县三级自动化程度较高的人工增雨、防雹作业决策指挥中心，完善省、地、县三级人工增雨、防雹作业业务支持系统，使甘肃省人工增雨、防雹作业的规模、效益和现代化水平得到大幅度提高。

二、建设内容

甘肃省人工增雨(雪)、防雹作业体系建设主要包括增雨(雪)防雹作业实施系统建设，现代化监测系统建设，通信传输系统建设，省、地、县决策指挥系统建设，飞机人工增雨(雪)基地建设，人工防雹示范区建设，冬春季人工增雪试验区建设，业务支持系统建设，土建工程以及增雨(雪)防雹科研等。

(1)人工增雨防雹作业实施系统。在原有200个作业点基础上，新建作业点100个。在有条件的地方，优先选用高效火箭作为作业工具。在人工防雹示范区新增37 mm高炮18门，更新5门，新增固定火箭发射点3个，流动火箭发射点3个；在增雪试验区新增火箭发射架6个，火箭运载车3辆。飞机人工增雨(雪)以中川机场为基地。作业区为张掖市以东地区，总面积20多万km^2，主要受益面积约15.5万km^2。

(2)现代化监测系统。由雷达监测网、闪电定位网、机载探测设备等组成。

雷达监测网：分别在张掖、武威、兰州、天水、西峰布设5部雷达。兰州选用能探测云内气流结构的多普勒气象雷达，天水布设具有部分多普勒功能的714CD雷达，其余3地对原711雷达进行数字化改造。

闪电定位网：分别在张掖、武威、兰州、临夏、岷县、天水、静宁、西峰防雹示范区布设8台闪电定位仪。

机载探测设备：新建PMS云粒子测量系统，增设机载温湿测量仪2台，双通道微波辐射计1套。在人工防雹示范区增设气象卫星地面接收系统1套。

雹云监测仪器：新增自动雨量站30个，在人工防雹示范区增设雹雨分测仪10台，新增测雹板1000个。

完善GPS全球定位系统。飞机人工增雨基地新建GPS全球定位系统1套。

(3)通信传输系统。省地之间主要依靠甘肃省9210工程建设已经完成的卫星通信系统；地县之间通过加入CHINAPAC网，建立远程微机终端，并辅之以专用电话等；县到作业点和作业点到作业点之间更新短波无线通信系统或新建VHF、UHF或扩频微波通信系统；在人工防雹示范区内增设防雹专用电话6部，新建作业点需增设短波(或VHF、UHF)电台18台，更新10台。省级决策指挥中心与省政府、兰空、民航等部门之间建立专用计算机网络终端和专用电话。

(4)省、地、县决策指挥系统。在甘肃省气象局、14个地(市、州)气象局和部分县气象站分别建立人工增雨防雹作业决策指挥中心，分别负责全省和本地区人工增雨(雪)、防雹作业的综合分析、指挥调度和科学决策。

(5)飞机人工增雨(雪)基地。为加强飞机人工增雨作业系统建设,提高飞机增雨(雪)的科学性,提高增雨效果,引进使用云水微物理探测、分析的有关设备;进一步改善基地与省级决策指挥中心、空域管制部门、省政府以及有关业务部门之间的通信传输条件,改进基地的业务支持系统。

(6)人工防雹示范区。示范区拟选取兰州市,覆盖永登、皋兰、榆中3县。示范区主要进行高炮和火箭防雹作业布点规则、作业流程、作业效果、效益以及设备使用情况等方面的示范,同时通过具体防雹作业,使该区域冰雹灾害所造成的损失降低到最低。

(7)冬春季人工增雪试验区。拟选取河西的张掖市或山丹县,中部的兰州市,东部的天水市或平凉市等3个不同地区进行增雪试验,重点开展河西地区冬春季人工增雪试验。

(8)业务支持系统。采取分级、分项目建立包括信息采集、分析处理、运行保障等方面的业务支持系统,重点是依托各级气象业务现代化建设成果,建立人工增雨(雪)防雹分析判别系统、综合分析系统、集成显示系统、作业效果评估系统、运行保障系统等。

(9)土建工程。本项目计划完成土建共2300 m^2,其中新增炮点土建18处各50 m^2,多普勒雷达站土建500 m^2,714CD雷达站土建400 m^2,飞机增雨基地土建500 m^2。

三、投资预算和进度

整个工程建设一次性总投资4527.5万元,每年运行费用350余万元。项目建设本着"边试验、边建设、边作业、边受益"的原则实施,总体建设周期为3年,即从1999年10月至2002年10月。

第二节 西北地区人工增雨(一期)工程

一、建设任务和建设规模

2001年,为改善和治理黄河上游荒漠化,中国气象局批准建设西北地区人工增雨(一期)工程。项目建设甘南州人工影响天气基地指挥中心大楼,总面积3780 m^2,四层"带帽",集产业、人工影响天气平台为一体,包括合作国家基本气候站自动站建设及综合改造,玛曲国家基本气候站人工影响天气平台及其综合改造和自动气象站建设。

人工增雨基地地面观测和探测网建设。包括6套7要素自动气象站和5套单要素自动雨量站建设,建成后纳入甘肃省大气监测自动化项目进行管理实施。

人工增雨识别分系统、通信传输分系统中部分建设项目的建设任务,包括中规模同步卫星接收系统以及卫星接收系统附件、计算机、打印机等,飞机增雨轨迹传输显示系统。

二、资金来源与使用

2001年中央预算内基本建设项目投资计划中拨付甘南、玛曲、合作人工影响天气基地建设共计130万元。其中,甘南、合作人工影响天气基地建设资金85万元,玛曲人工影响天气基地建设资金45万元。其余部分单位自筹和职工集资建设完成。

甘肃省气象局共计下拨36万元建设经费,全部用于甘南州夏河、临潭、卓尼、碌曲、迭部、

甘南地级人工影响天气指挥中心

GPS 飞行轨迹传输系统

舟曲等 6 个 7 要素自动气象站土建等。

三、工程进度

甘南人工影响天气指挥中心综合楼、合作人工影响天气基地建设从 2002 年 9 月 25 日开工至 2003 年 10 月 25 日竣工，玛曲国家基本气候站人工影响天气基地建设从 2002 年 4 月 22 日开工至 2002 年 6 月 30 日竣工。6 个自动气象站自 2003 年 7 月底运行。GPS 增雨飞机飞行轨迹传输显示系统 2003 年 1 月建成并投入业务使用。

四、建设效益

西北地区人工增雨(一期)工程甘南建设项目的建成，为甘南州经济建设、防灾减灾以及甘南州气象事业的发展起到了重要作用。

第三节　祁连山人工增雨(雪)体系工程建设项目

2012 年 3 月，祁连山人工增雨(雪)体系工程建设项目立项，2012 年 12 月 23 日甘肃省发展改革委员会批复了祁连山人工增雨(雪)体系工程 2013—2014 年实施方案。工程概算总投资 1164.85 万元。

建成包括地面、高空、机载监测系统的综合业务技术系统，以省级人工影响天气指挥中心、飞机增雨基地、地面增雨基地和人工影响天气作业指挥平台为依托，集飞机、火箭及地面碘化银燃烧炉等多种作业方法为一体，能够全年在祁连山开展人工增雨(雪)作业的科学化、规模化体系。

一、总体结构和功能

项目建设内容主要包括人工增雨作业系统、人工增雨监测系统、人工影响天气作业决策指挥系统、人工影响天气作业效果评估系统和人工影响天气信息传输与运行保障系统 5 个部分。项目的核心功能是对祁连山区进行飞机与地面匹配的人工增雨作业。对重点区域实施人工防雹作业，围绕核心功能设计的气象监测、指挥、飞机和地面作业、效果检验、信息与保障，同时可为各级政府提供气象灾害监测、突发事件气象应急保障等功能。

二、总体布局和选址

项目建设依托甘肃现有的气象业务体系和站网布局，针对祁连山区实施人工增雨作业的需要开展建设，主要工程项目建设在重点作业区、配合作业区域的监测区，以及省、地、县级的气象人工影响天气业务部门。

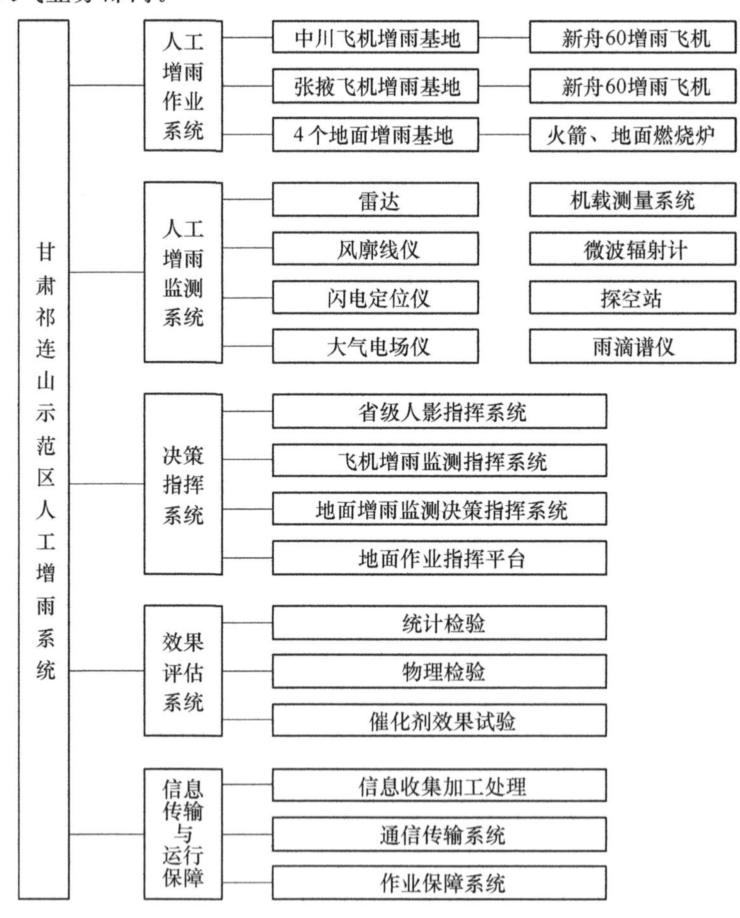

项目总体建设内容结构

三、总体业务流程

为满足甘肃防灾、减灾和地方经济建设对人工影响天气的服务需求，省级人工影响天气工作要在国家级人工影响天气业务系统的指导下，充分依托甘肃现有的气象基本业务系统，建设成统一协调、上下联动、区域联防、现代化水平较高的空中水资源综合开发业务技术体系。总体业务流程分为省级、市级和县级人工影响天气中心3级。

省级人工影响天气作业指挥中心将作业方案和指导预报分发给市级和县级人工影响天气中心，各级人工影响天气中心制作本级的作业方案和指导预报，同时完成空域申报。作业飞机和地面作业点接收对应级别和上级人工影响天气中心的指令，进行人工增雨或人工防雹作业，并将作业信息反馈至本级人工影响天气中心，汇集到省级人工影响天气作业指挥中心。省级人工影响天气作业指挥中心根据效果检验外场试验区的观测资料，进行人工影响天气作业的效果评估，并据此改进人工影响天气作业预报方法和作业方案。

第四节　祁连山及旱作农业区人工增雨(雪)体系建设

一、建设目标及内容

(一)建设目标

祁连山及旱作农业区人工增雨(雪)体系建设项目作为甘肃省“十三五”气象事业发展规划的重点建设工程，是以省级人工影响天气指挥中心、飞机增雨基地、地面增雨基地和人工影响天气指挥平台为依托，集飞机、火箭等多种作业方式，能够全年开展人工增雨(雪)作业的科学化、规模化体系。该项目于2018年5月3日获甘肃省发改委批复，项目总投资35190万元。其中，中央投资21231万元，地方投资13959万元。项目建设周期3年(2018—2020年)。

项目建设覆盖河西内陆河生态安全屏障区，并延伸到其他3个生态安全屏障区。根据建设国家生态安全屏障综合试验区的总体要求和重点任务，以水源涵养、湿地保护、荒漠化防治为重点，加快节水型社会建设，实施祁连山生态保护与三大流域生态综合治理，加强北部防风固沙林体系建设，建设绿洲节水高效农业示范区、新能源基地和新材料产业基地；推进重点区域生态保护与恢复。实施祁连山生态保护与综合治理规划，加快人工增雨(雪)体系建设，对冰川、湿地、森林、草原进行抢救性保护，加强河西走廊内陆河区地下水超采治理，维持合理的地下水水位。建立飞机和地面作业、监测、作业指挥、效果检验、技术支撑保障等构成的人工影响天气作业体系，为甘肃生态安全、山区冰川、流域来水、抗旱救灾、森林防火等提供有效保障，为提高农牧业生产能力、服务民生做出更大贡献。

项目建成后，将达到以下的预期目标：在目前年增水12亿～15亿m^3基础上，通过增加作业面积，延长作业时间，年降水增加10%～15%，达到年增水13.2亿～17.3亿m^3的能力，同时显著提高人工防雹保障农牧业生产以及农民增收的能力和水平。

大力提升飞机人工影响天气作业和空中云水资源监测、开发等能力，甘肃飞机人工影响天气作业可覆盖面积由现有23万km^2扩展到33万km^2，作业期由目前的季节性作业拓展到全年性作业，作业对象由现在的层状云、对流云为主拓展到具有西北特点的山区地形云；显著提升地面作业能力，有效匹配资源开展跨区作业，消除农牧业主产区地面增雨、防雹作业盲区，全面提升人工防雹智能识别指挥能力，地面作业的增水面积和防雹可保护面积由 3.18 万 km^2 增大至 8.49 万 km^2；有力地促进甘肃人工影响天气自主创新，特别是人工影响天气作业效果检验和新装备研发等方面，为西北区域人工影响天气业务发展提供科技支撑；建立较为完善的人工影响天气业务系统，形成统一协调、区域联防、跨区作业的人工影响天气业务能力和运行机制，基本实现国家对区域人工影响天气作业的统筹协调和业务指挥。

（二）建设内容

2018 年，地方投资 1500 万元，建设内容主要包括祁连山周边非标准化作业点（高炮或火箭点）20 个、地面烟炉 20 部、高性能自动火箭作业装置 50 部、高炮自动化改造 21 套、物联网无线激光扫描系统 507 套、弹药安全储运箱 87 个、祁连山标准化作业点实景监控系统 20 套。2019 年，地方投资 500 万元，建设内容主要包括省级人工影响天气专用弹药库房维修，高炮自动化改造 45 套，作业点实景监控系统 32 套。2020 年投资 1000 万元，主要建设移动 X 波段双偏振多普勒雷达 1 部、天气现象仪 10 台、微波辐射计 1 台、作业点实景监控系统 30 套、高炮自动化改造 20 套。

二、效益评估

本项目建设完成并投入正常业务运行后，将形成更加科学、统一协调的人工增雨作业体系，可有效提高甘肃省人工增雨作业的能力和水平，重点地区的人工增雨作业将达到全年不间断、空地立体、高密度、跨区域科学作业的要求。作业强度（能力）增大、作业期延长、作业面积扩大、技术支撑提升，使飞机作业由现在 23 万 km^2 扩展到 33 万 km^2，新增 10 万 km^2；地面作业影响不稳定性降水云系的增雨面积，由现在的 2.0 万 km^2 增加到 4.0 万 km^2；人工防雹控制面积由现在的 2.1 万 km^2 提高了增加到 3.2 万 km^2。另外，由于增加了地基和空基降水云系微物理探测系统，因此提高了人工增雨、人工防雹科学作业水平和效率。

目前，甘肃省年增雨（雪）量为 12.0 亿～15.0 亿 m^3，项目建成后将再增加 10％～15％，达到每年人工增雨（雪）13.2 亿～17.3 亿 m^3 的能力，每年平均可增加降水 15.25 亿 m^3，每立方米按 0.5 元效益估算，将直接带来 7.625 亿元的经济效益。目前，甘肃人工防雹每年取得的效益为 47.25 亿元，项目建成后，仅人工防雹作业保护面积增加的 1.1 万 km^2 的效益为 24.75 亿元。本项目建成后，甘肃每年人工增雨、防雹的新增直接经济效益达 32.375 亿元。

通过人工增雨、开发空中云水资源可以保护西部生态环境，促进地表绿地增加和森林生长，保护植被，减少森林火灾，增加土壤水分，减少土地沙漠化，减少水土流失，有效遏止沙尘暴；增加地表和地下水储量，保护地质地貌，稳定地质结构，改善水环境，增加山区冰川面积，增加流域、水库容量；促进对周边地区气候的微调节，提高空气湿度，冲刷空气中的酸性物质，净化大气，促进大气碳循环，改善城市环境和面貌，维持生物多样性等；通过人工防雹可促进农民增产增收，还可为生态移民提供有利条件。

三、总体结构

本项目建设分为 6 部分内容，即飞机人工增雨作业能力建设、飞机人工增雨作业保障基地建设、人工影响天气作业指挥业务系统建设、地面人工影响天气作业能力建设、人工增雨观测系统建设和效果检验外场试验区建设。

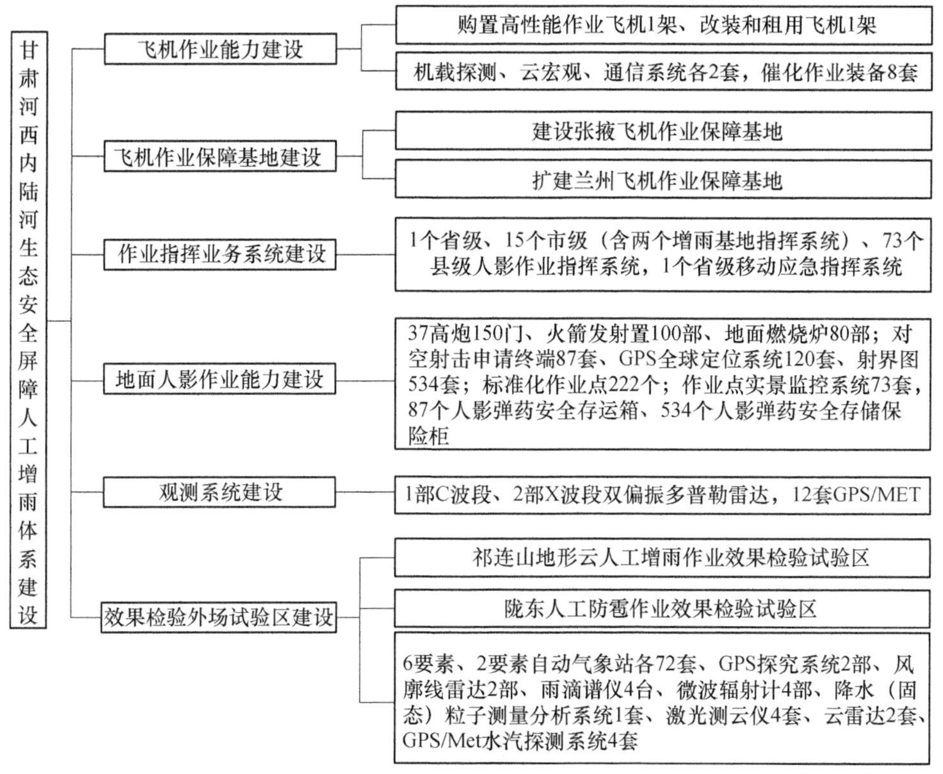

祁连山及旱作农业区人工增雨(雪)体系建设项目组成

项目建设分布于甘肃各级气象部门，其中人工影响天气作业指挥业务系统分为省级、市级、县级共 3 级；作业飞机与飞机作业基地的人工影响天气作业指挥业务系统相连；地面人工影响天气作业装备与作业点所在地(市级、县级)的人工影响天气作业指挥业务系统相连；观测系统设备与设备所在地(省级、市级、县级)的人工影响天气作业指挥业务系统相连；效果检验外场试验区为甘肃全区域人工影响天气作业服务，与省级人工影响天气作业指挥业务系统直接相连。

第五节 西北区域人工影响天气能力建设项目

一、建设背景与必要性

西北区域是我国极其重要的生态环境屏障，自然生态环境十分脆弱，水资源短缺是影响西北区域经济社会发展的主要瓶颈和制约因素。随着气象科技进步，人工影响天气作业日益成为防灾减灾、缓解水资源短缺和改善生态环境的重要措施，国家“十三五”规划纲要明确提出“科学开展人工影响天气工作”“优化水资源配置格局”。

二、建设目标

西北区域人工影响天气能力建设项目覆盖甘肃、陕西、青海、宁夏、新疆(含新疆生产建设兵团)等5省(区)全境及内蒙古西部4个盟市(阿拉善盟、巴彦淖尔市、乌海市、鄂尔多斯市)。通过西北区域人工影响天气能力建设,将形成基本覆盖整个西北区域的飞机和地面作业、综合保障、作业指挥和试验示范等构成的人工影响天气作业体系,全面提升西北区域人工影响天气科技水平和服务能力,年增降水量在现有水平上再增加20亿~30亿 m³,为西北区域生态建设和保护、水资源安全、粮食安全、抗旱减灾、森林防火等提供有力保障。

三、建设内容与布局

该项目于2017年1月17日获批(发改农经〔2017〕118号),经费总估算110208万元,其中甘肃经费估算17984.42万元,占项目总经费的16.32%(国家投资13627.32万元,地方投资4357.1万元)。根据全国人工影响天气规划有关布局要求,结合西北区域人工增雨(雪)业务现状,本工程各项建设内容统筹布局于祁连山水源涵养型生态保障区、三江源生态保障区等,以及祁连山地形云人工增雨(雪)试验示范基地、天山地形云人工增雨(雪)试验示范基地、三江源地区人工增雨(雪)试验示范基地。

西北区域人工影响天气能力建设项目属于国家重点投资工程项目,建设周期为3年(2017—2019年)。该项目是中央与地方共建项目,中央投资主要集中在4架国家作业飞机及其机载设备的购置、改装和集成,国家作业飞机保障能力建设,区域级人工影响天气作业指挥系统建设,省级人工影响天气指挥系统的部分系统平台建设,试验示范基地人工影响天气专项观测系统建设等。地方投资主要解决地方作业飞机的改装和集成、地面作业能力建设,以及人工影响天气作业指挥系统中的市、县级人工影响天气作业指挥系统及作业点综合智能终端建设。

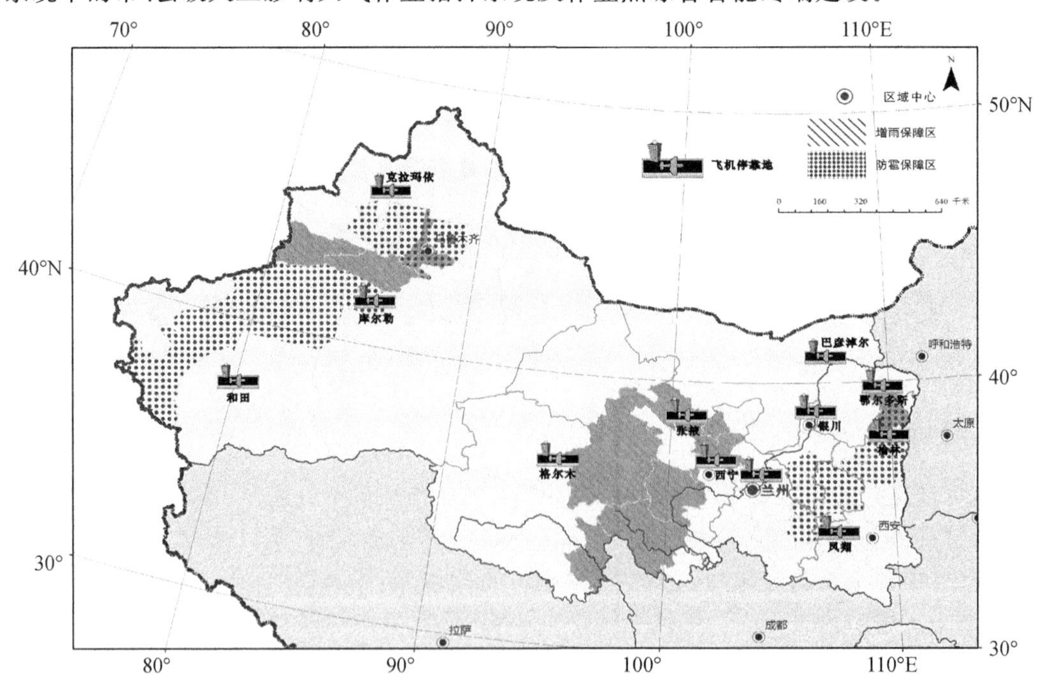

西北区域12架人工影响天气作业飞机联合作业规划布局

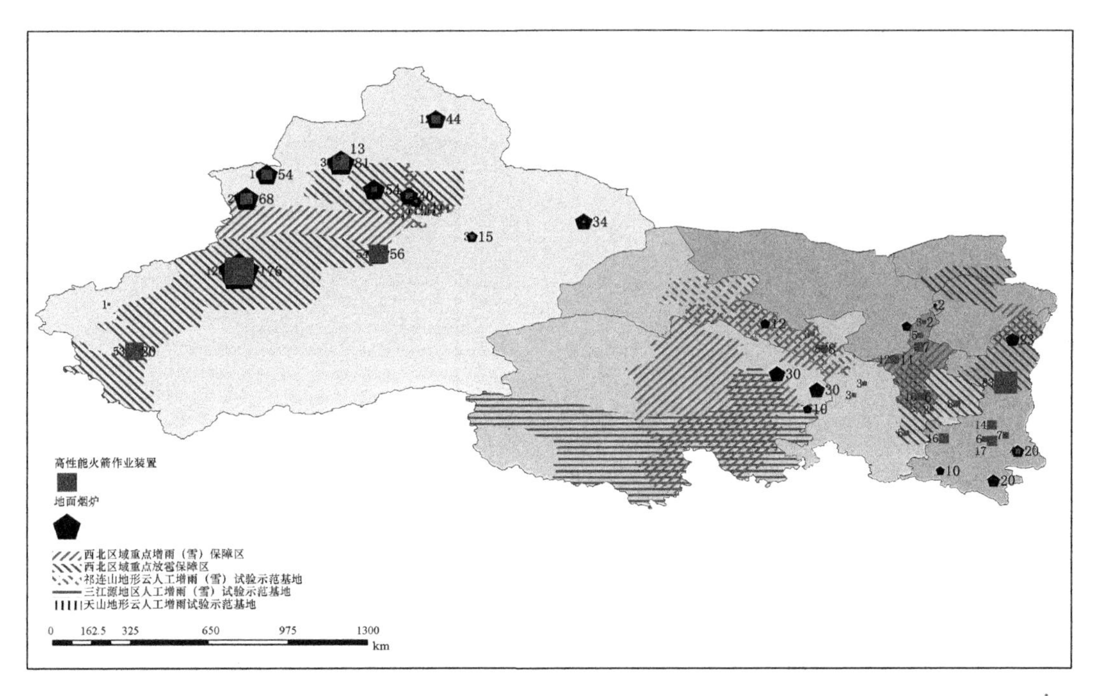

西北区域地面人工影响天气作业能力建设布局示意

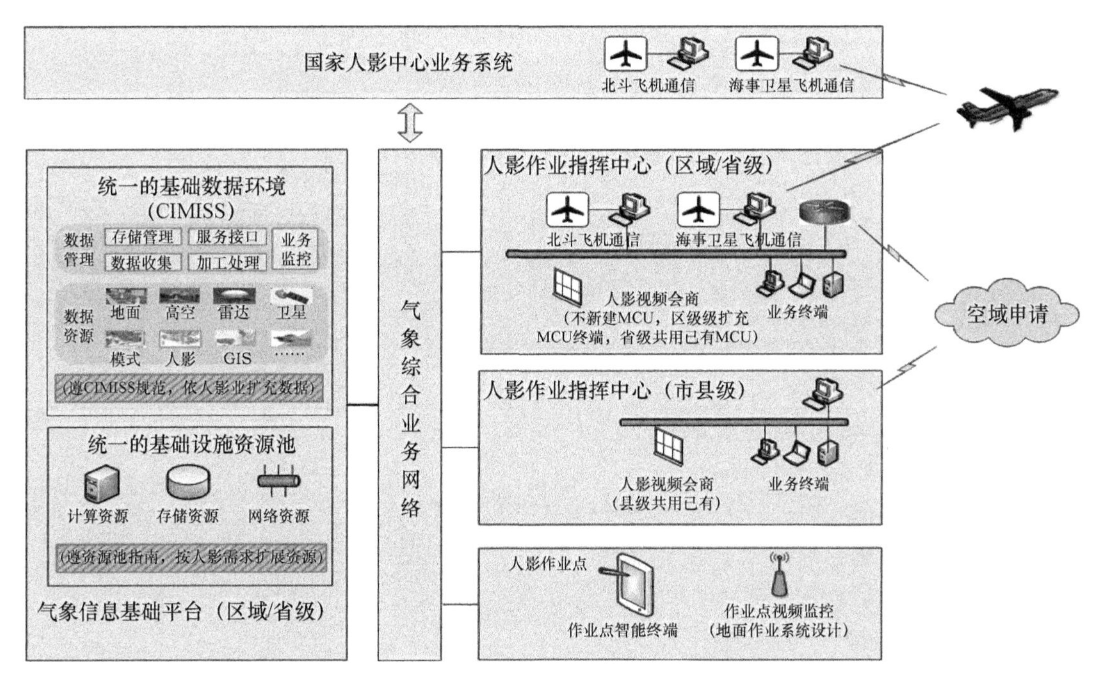

西北区域人工影响天气作业指挥系统结构

截至 2019 年底，西北区域人工影响天气能力建设甘肃分项目基本完成了中央投资的建设任务，主要仪器设备和布局见下表。

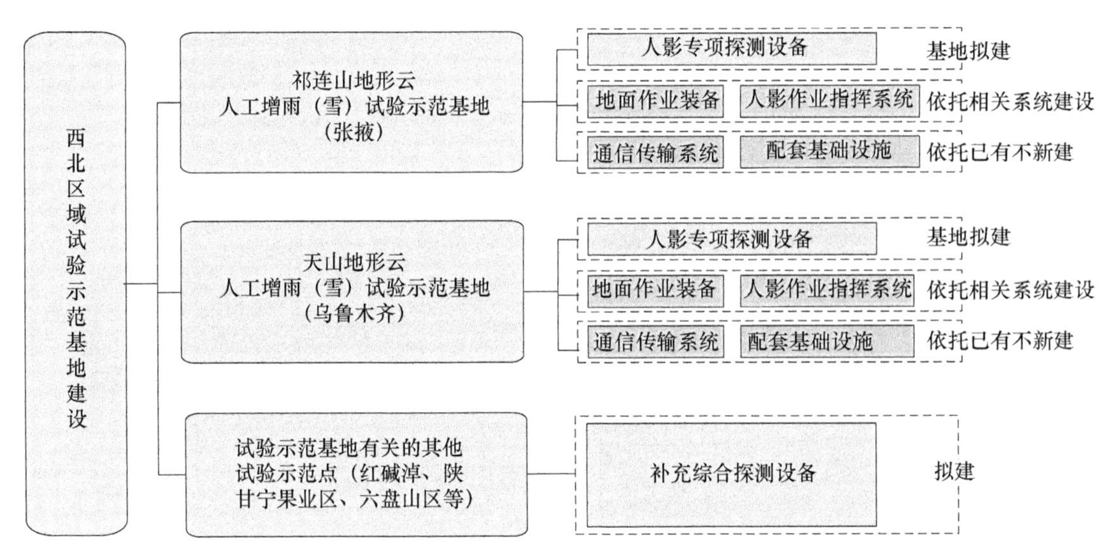

西北区域人工影响天气试验示范基地组成示意

西北区域人工影响天气能力建设甘肃省项目主要设备和布局

年份	设备名称	数量	布局
2017	6要素自动气象站(祁连山试验示范基地)	13	张掖6,金昌3,兰州4
	降水类天气现象观测仪(祁连山试验示范基地)	12	张掖8,金昌3,武威1
2018	基于北斗卫星导航系统/GPS的气象探测火箭系统	2	张掖2
	移动式毫米波云雷达	1	张掖1
	全球导航卫星系统气象观测(GNSS/MET)站	10	张掖2,金昌2,酒泉1,武威1,庆阳2,临夏1,定西1
	6要素自动气象站(陕甘宁果业试验点)	8	平凉2,庆阳6
	车载C波段双偏振多普勒天气雷达	1	张掖1
	微波辐射计	2	张掖2
	中川基地附属改造工程(包括天然气工程、基地锅炉、电教系统、空调、储弹柜等)	1	中川基地
2019	兰州国家作业飞机驻地环境保护设施建设	1	中川基地
	人工影响天气专用设备检测试验设备	1	中川基地
	机载烟条播撒设备	1	中川基地
	北斗地面端通信设备	1	中川基地
	人工影响天气作业保障车	2	中川基地2
	西北区域作业指挥中心(兰州)建设	1	兰州
	飞机作业指挥中心	1	中川基地

第六节　祁连山地形云人工增雨试验研究

根据西北区域人工影响天气能力建设项目初步设计中的研究试验内容，甘肃省人工影响天气办公室联合兰州大学组成任务团队，重点在祁连山试验区开展作业天气背景条件分析、综合观测对比试验、增雨作业技术验证试验以及观测资料融合应用等研究试验工作。2019—2021年，祁连山地形云人工增雨技术研究试验项目，包括祁连山地形云综合观测试验和祁连山地形云人工增雨作业技术试验，以祁连山地形云人工增雨作业天气背景条件分析、综合观测对比试验、增雨作业技术验证试验和观测资料融合应用等研究为重点，分4大类7个分项和26个子项目。

一、总体目标

项目充分发挥祁连山地区人工影响天气特种观测设备的作用，提供连续可靠的试验示范基地雨量场、流场资料；摸清祁连山地形云水资源的现状及地形云的分布及其结构特征；提高祁连山地形云人工增雨实施过程中关键技术环节的科技含量；建立祁连山地形云人工增雨工程建设规划；给出祁连山地形云人工增雨作业效果判断方法；通过参与试验项目研究，在甘肃省、市、县三级锻炼成长起来一批高水平的人工影响天气人才队伍。

通过本项目建设，一是提升甘肃省综合飞机人工影响天气作业和空中云水资源监测、开发等能力。二是有利于促进甘肃人工影响天气作业手段创新和业务发展、人员培训等能力。三是提高保障农业生产、农民增收的能力和水平，为保护和建设甘肃生态安全，实现祁连山生态保护、粮食增产目标做出更大贡献。

二、技术路线

根据祁连山试验区设计原则和依据，在祁连山设立地形云人工增雨作业效果评估试验区，在本项工程建设完成后，通过开展人工增雨作业试验，为整个工程建设效益发挥提供结果和相关依据的同时，通过开展一个时期的定点试验，积累各类云探测数据和作业相关信息，为开展各种方法的效果检验和评估提供外场试验基地。

祁连山试验区地面观测系统包括降水现象仪12台，6要素自动气象站12个；全自动国产GPS探空系统2部；C波段移动车载雷达1部、云雷达1部，微波辐射计2部，GNSS/MET水汽探测系统6套。

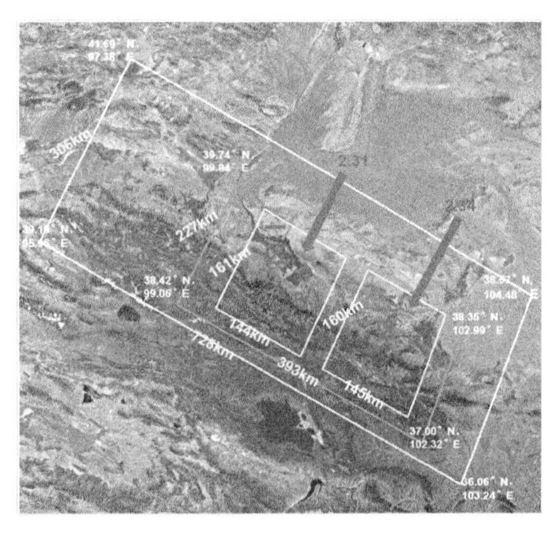

祁连山地形云人工增雨(雪)外场试验区

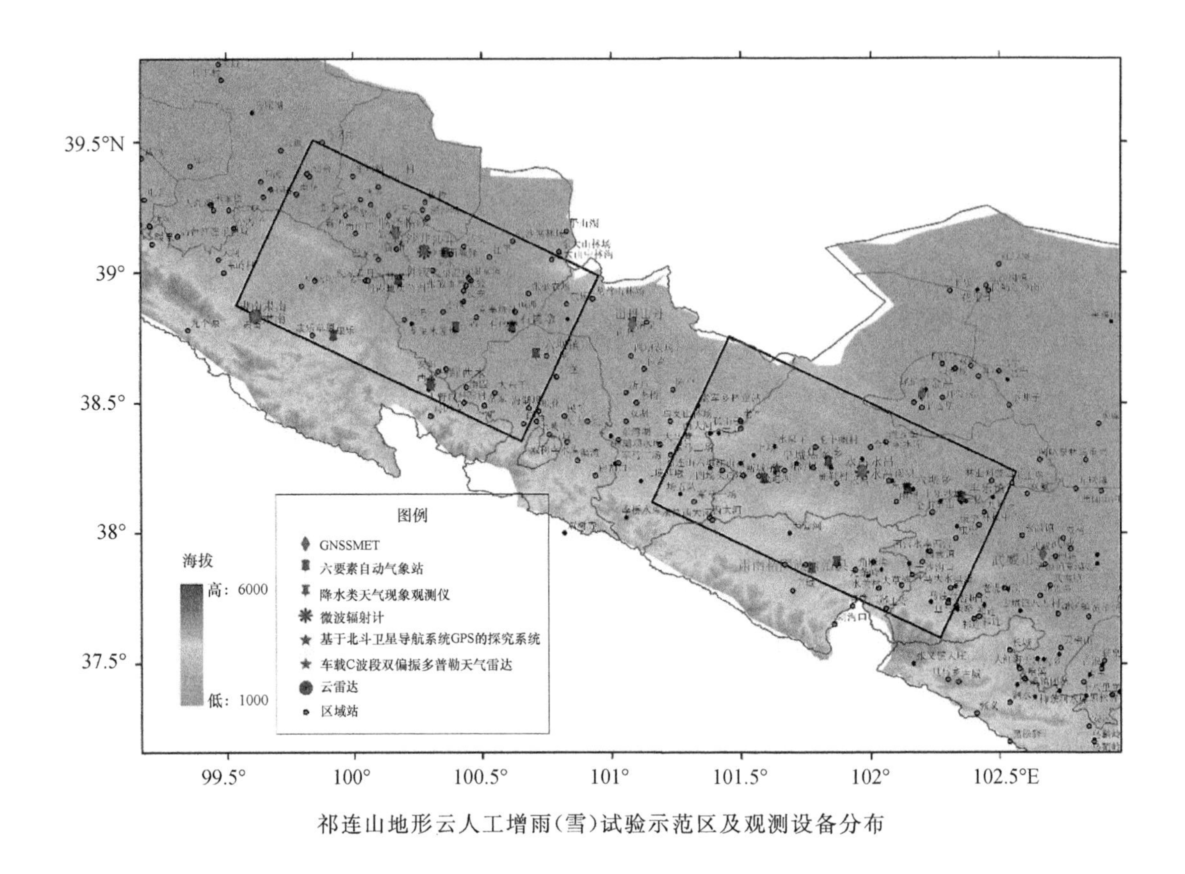

祁连山地形云人工增雨(雪)试验示范区及观测设备分布

(一)祁连山地形云人工增雨(雪)作业天气背景分析

依托祁连山地区原有的及本工程建设的自动气象站、高空观测站、基于北斗卫星导航系统/GPS的气象探测火箭系统、车载C波段双偏振多普勒天气雷达、降水类天气现象观测仪等，进行观测资料及再分析资料的误差分析和质量控制，建立数据集。利用历史探空及再分析资料，对高空天气形势进行月、季、年以及年代际特征分析，归纳并分型影响试验区的降水天气系统，得到一个精细化的雨量场、流场资料。

(二)祁连山地形云人工增雨(雪)综合观测对比试验

通过开展地形云水汽综合观测对比试验，建立主要水汽观测仪器的观测规范和资料应用方法，掌握垂直探测水汽设备的误差及修正算法，提供优化的地形云水汽综合观测、分析方法。依据主要试验区地形云水汽场气候分布特征等，提出祁连山地区地形云降水概念模型，形成新型人工影响天气技术外场催化试验报告。

(三)祁连山地形云人工增雨(雪)作业技术验证试验

通过开展地形云作业指标验证试验，在主要天气系统背景下，建立适宜对祁连山地形云降水云系实施人工增雨(雪)作业宏观条件(时机、部位)的综合技术指标体系。全面提升祁连山地形云人工增雨(雪)作业水平，显著增强祁连山空中云水资源开发利用能力、生态环境修复与保护能力。

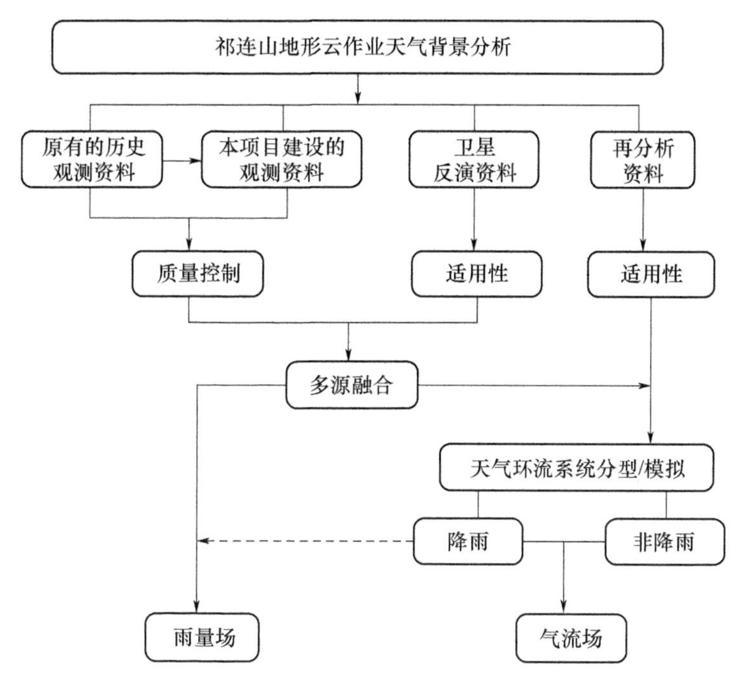

祁连山地形云人工增雨(雪)作业天气背景分析流程

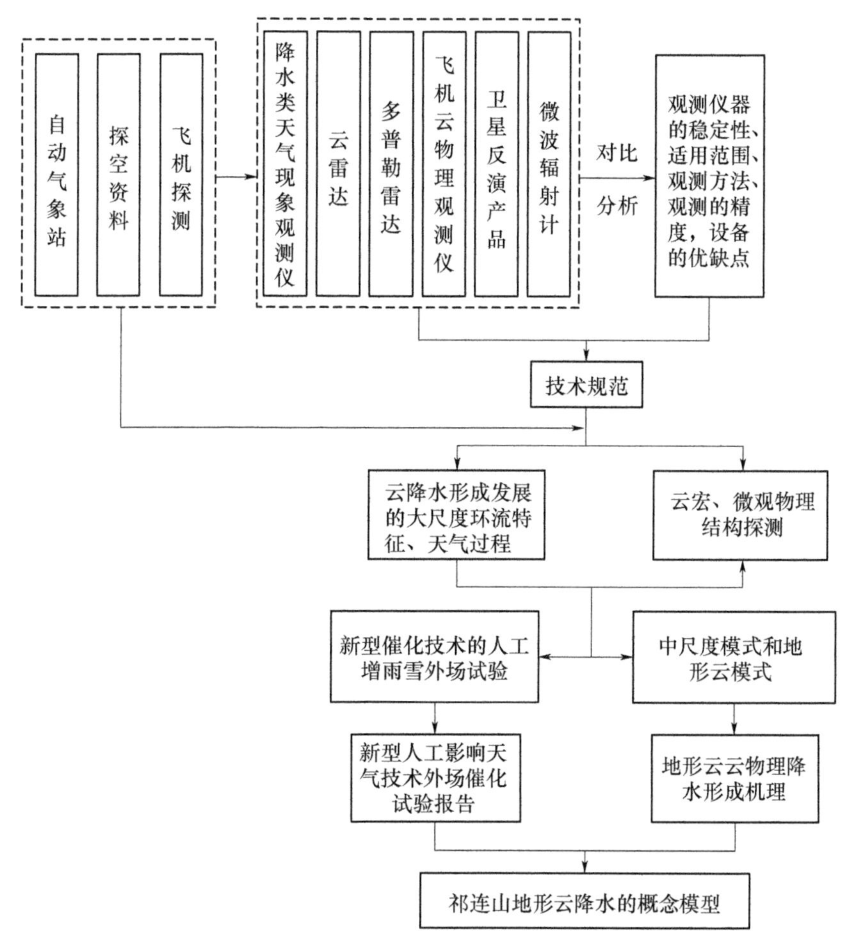

祁连山地形云云物理特征综合观测对比试验技术路线

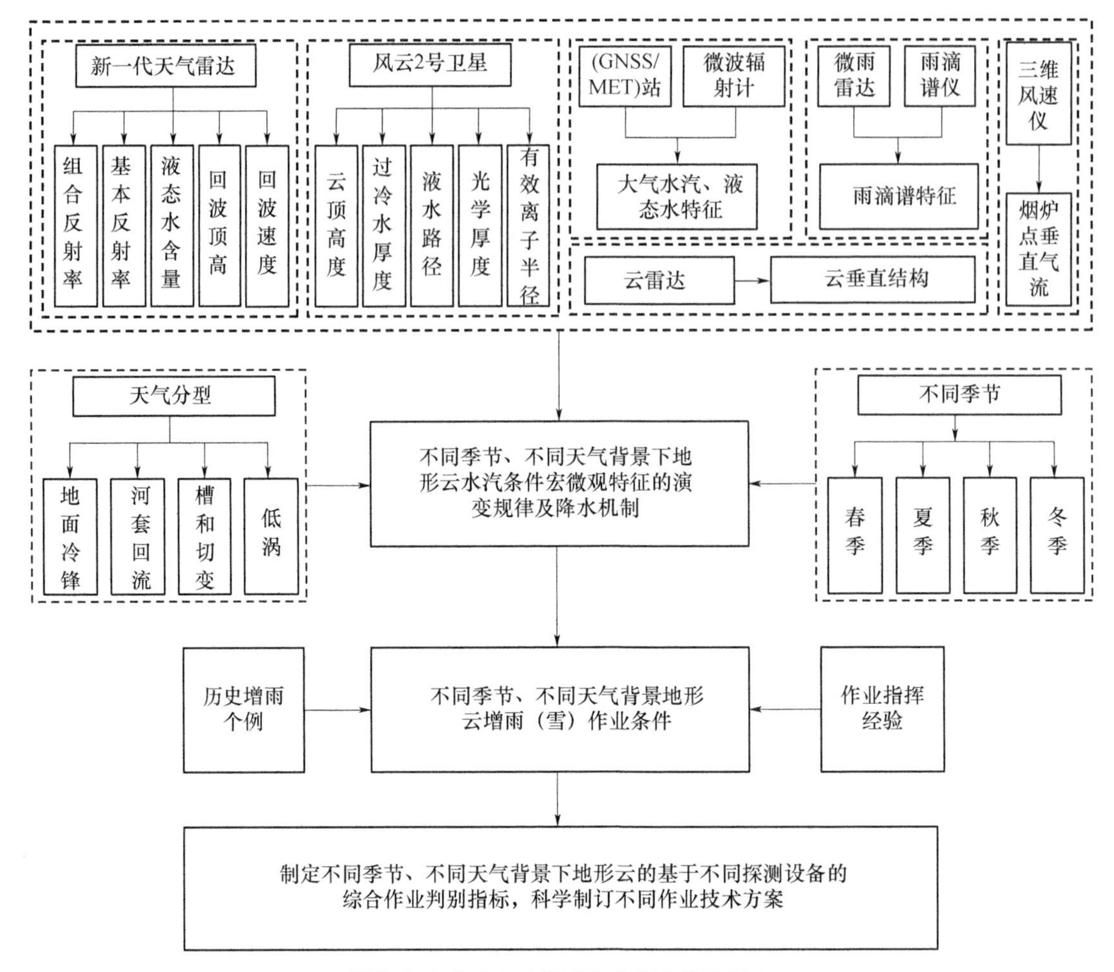

祁连山地形云人工增雨作业概念模型研究

开展飞机和地面高炮、火箭、烟炉等不同作业装备对地形云催化作业效果的验证试验，建立催化作业概念模型，为本工程试验示范提供技术支撑，促进本工程建设实施，提高工程建设效益。

（四）祁连山新型资料云数值模式融合试点应用

利用卫星、机载和地面探测数据，开展多源数据融合分析，获取对地形云宏、微观物理规律及可播性特征参数的科学认识。建立基于数值天气研究预报模式（WRF）的祁连山试验示范区模拟系统。在WRF模式本地化参数化方案对比优化的基础上，利用新型多源探测资料融合分析产品，改进云数值模式中微物理参数化方案，提高作业条件预报准确性。开展祁连山复杂地形区域高分辨云降水数值预报试验，实现对云数值模式优化改进、新型探测数据模式融合的评估调试，为地形云人工增雨（雪）提供时、空连续的可播性特征参数，最终服务于作业指挥系统。

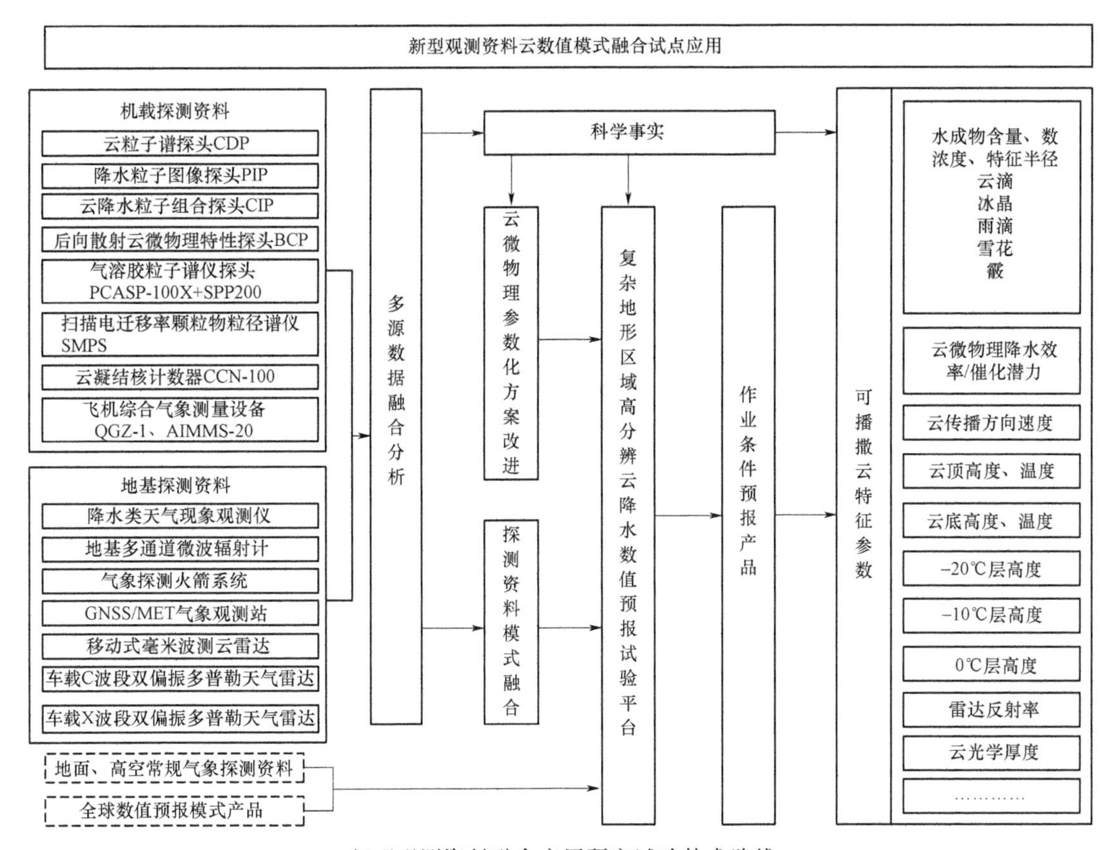

新型观测资料融合应用研究试验技术路线

第七节　大型无人机增雨(雪)试验研究

一、总体目标

2018年初甘肃省副省长宋亮指示要发挥无人机的新技术优势，在祁连山地区开展生态修复型无人机人工增雨工作。2018年全国“两会”期间全国政协委员提交了《关于加快推进祁连山生态修复型人工增雨(雪)作业能力建设的提案》。2018年3月7日，宋亮副省长访问中国气象局，矫梅燕副局长会见宋亮副省长一行，就加快推进祁连山生态修复型无人机增雨(雪)能力建设进行了会谈。2018年7月26日，甘肃省气象局向甘肃省人民政府上报《关于祁连山生态修复型无人飞机人工增雨工作有关情况的报告》。

无人增雨飞机续航能力应达到1000 km、巡航时间大于5 h；能适应各季节播云的高度，最大飞行高度不低于6000 m；巡航速度大于200 km/h，起飞着陆抗风能力大于9 m/s，空中抗侧风能力达到20 m/s；有效控制半径不小于200 km，在控制范围外应可以实现定制航线飞行。

北方人工影响天气作业云系以冷云为主，云层中存在大量过冷水滴，在一定温度条件下易使飞机表面结冰，对作业飞机飞行安全造成威胁，要求无人机具备防除冰的能力或结冰自救能力。易于改装，能装载多种作业播撒装备和探测仪器，有效载荷200 kg左右。由于其具有成本相对较低、无人员伤亡风险、生存能力强、机动性能好、使用方便等特征，是未来人工增雨技术发展的必然趋势。利用无人机挂载气象探测仪器及人工影响天气作业装备，开展大规模、全季节的人工增雨具有广阔前景。

二、技术路线

2019年3月20日，甘肃省常务副省长宋亮召集甘肃省气象局、省委军民融合发展委员会办公室和天水飞机厂等单位的主要负责同志，安排部署无人机增雨的相关工作，会议确定由省委军民融合发展委员会办公室牵头推进此项工作。4月，甘肃省委军民融合办公室牵头，成立了组织机构，由甘肃省副省长宋亮和中国气象局副局长余勇担任领导小组组长，省委军民融合办公室主任王国志、省气象局局长鲍文中、中国气象局人工影响天气中心主任李集明担任副组长，成员由省科技厅、省气象局、空军兰州基地等12个军地部门组成，领导小组办公室设在省委军民融合办公室。为落实责任、细化分工，还成立了需求提报组、系统研发组、试飞运营组、协同保障组、重大专项组等5个专项工作组，分别由相关省直单位牵头负责。6月21日，省政府召开甘肃省无人机影响天气暨无人机产业化专项工作领导小组第一次全体会议，印发了《甘肃省启动无人机影响天气工程暨无人机产业化实施方案》，安排部署了相关工作。

甘肃省政府召开大型
无人机人工增雨项目领导小组会议

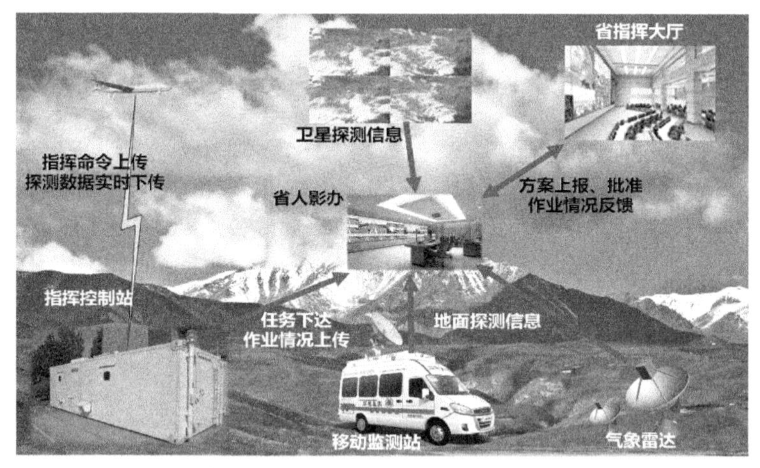

甘肃翼龙-Ⅱ型无人机人工增雨作业流程

甘肃省气象局组织专家编制无人机项目可行性研究报告，研讨制定无人机改装方案、试验方案、试飞方案、祁连山山区增雨方案、地面指挥方案等技术方案。在翼龙-Ⅱ型人工增雨试验技术对接工作中，省气象局从无人机增雨作业流程、无人机实施增雨工作技术需求和人工影响天气装备技术参数方面给出了具体要求，并且结合翼龙-Ⅱ型无人机的性能参数，以及祁连山山区高空风场、气温、湿度和地貌特征等要素绘制了祁连山地区无人机人工增雨作业的作业区和禁飞区坐标边界。在无人机平台改装工作中，制定无人机人工影响天气作业流程，根据历史气象数据统计，为无人机平台确定防除冰设备、飞行环境、起降机场条件等提供基础技术支撑。为无人机人工增雨平台与各设备载荷的交联提供最主要功能的优化。

2019 年 10 月 20 日完成了试验方案论证，翼龙-Ⅱ型无人机机载大气探测系统、人工影响天气作业系统、地面控制系统和综合保障系统等四大系统定型，以及机载仪器、通信设备、指挥系统设备选型及应用软件系统研发。特别是高空防、除冰技术取得突破，已顺利结束防除冰风洞实验。12 月 20 日，翼龙-Ⅱ型无人机人工增雨系统改装完成，在宁夏固原军用机场成功实施了首飞。

甘肃翼龙-Ⅱ型无人机人工增雨系统首飞成功

第八节　人工影响小气候防霜冻技术研究

一、人工防霜冻重要性及原理

近十几年来，由于全球变暖，春季的天气更加多变，终霜日变得更不稳定，这就使得农作物、果树等开花提前，抗寒力降低，如果遇到倒春寒天气，温度剧降，很容易发生霜冻害，使农业和林果业遭受霜害的危险加大。现代农业和特色林果业，作物产量高、经济效益高、投入成本大，一场霜冻可能造成作物减产或绝收，导致支柱产业的垮塌，农户致贫返贫。如 2013 年 4 月 8 日，天水市麦积区出现霜冻天气，全区果树受灾严重，林果产业经济损失达 2.24 亿元。因此，霜冻害的防御对农业生产具有十分重要的意义。

霜冻是指空气温度突然下降，地表温度骤降到 0 ℃以下，使农作物受到损害，甚至死亡的现象。随着我国现代农业和特色农业的发展，熏烟、灌溉和覆盖等传统的人工防霜冻方法因费时费力效果有限，并且易造成环境污染，不能适应现代农业发展需要。因此，开发研究新型环保高效的现代防霜冻设备等就显得尤为迫切。

2013 年，甘肃省人工影响天气办公室以天水林果气象服务试验示范基地为依托，在天水南山万亩果园建立人工防霜基地，针对霜冻给甘肃林果业造成的危害，开展人工防霜冻观测试验研究，首次揭示了霜冻天气过程前近地层逆温（1～10 m）为 4～6 ℃的科学事实。甘肃省气象局和天水市政府联合组织天水锻压机床（集团）有限公司、天水风动机械有限责任公司研制一套能够适应不同霜冻天气、不同地形的人工影响农田小气候防霜系统，并进行了防霜机现场试验对比观测，编写防霜机行业标准。

实验研究发现，当发生霜冻时，近地面存在逆温现象。在逆温条件下，离地面 6～10 m 高度空气层温度比地面平均温度高 2～4 ℃。防霜机利用一种特制的风扇，架在离地面 5～20 m 以上高处，当霜冻发生时，一是通过机械运动增强近地面对流运动扰动，将逆温层温度较高的空气不断吹送至地面，提高近地面温度，达到防御霜冻的目的；二是通过搅动近地空气，降低空气含水量，减缓化霜速度，减轻植物的二次冻害。

天水市果园防霜机试验示范基地

高架人工防霜机

二、人工防霜机结构及效果

通过防霜机试验评估表明，防霜机开启后，机械动力扰动作用造成低层空气上下流动增强，逆温层消失，近地层气温升高，相对湿度降低，有效地防止了霜冻生成。防霜机开启后，距防霜机 20 m 左右是强风速扰动影响区，距防霜机 3 m、2 m 和 1 m 距离的风速分别为 4.0、2.1 和 1.6 m/s，呈依次减小趋势。防霜机有效保护范围水平 20～100 m；按照风速大于 0.6 m/s 即可有效扰动空气起到防霜冻保护计算，每台高架防霜机的有效保护面积为 1.73～3.07 hm^2。该研究为人工防霜冻提供了理论依据。该项目获得甘肃省气象局科技进步二等奖。依托人工防霜冻技术研究成果编著出版《人工防霜冻技术研究》，参与编写《北方果园霜冻防御》。

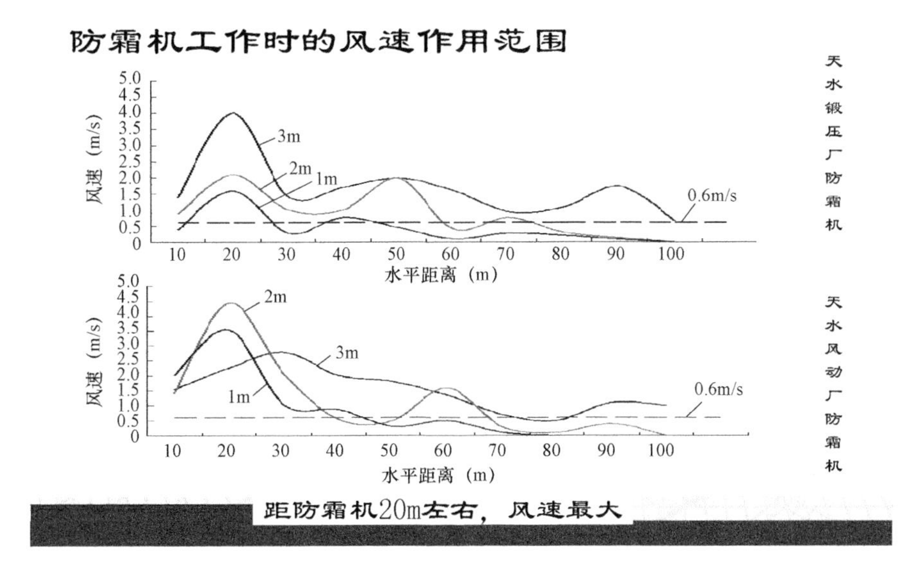

高架人工防霜机作业效果对比试验

通过防霜机试验评估研究，为人工防霜冻和国内首台高架长叶片防霜机研制提供了理论依据。该试验研究创新发展了气象防灾、减灾的工程技术方法，拓展了我国人工影响天气的新领域。近年来已在北方地区推广防霜机 300 多台，每台防霜机保护面积约 3.07 hm^2，评估分析得出一次霜冻天气过程就可以减少果农经济损失 8 亿多元。

第七章　创新建成现代化人工影响天气业务系统

近 60 年来，甘肃省人工影响天气工作围绕防灾减灾、缓解水资源短缺、保障粮食安全、促进生态文明建设等国家重大项目建设，综合利用卫星、雷达、地面立体的大气监测技术和 GIS 等信息技术，建立了飞机、火箭、高炮人工增雨（雪）、防雹、防霜冻预报的关键技术指标体系，综合集成研发了人工影响天气作业指挥系统，包括作业空域申报系统、作业方案设计技术、作业预报预警系统、作业指挥系统等。在国内首家创新开发出三维回波云立体分析系统，解决了人工影响天气业务的技术难题，填补了甘肃（或国内）空白，并取得 5 项国家计算机软件著作权。

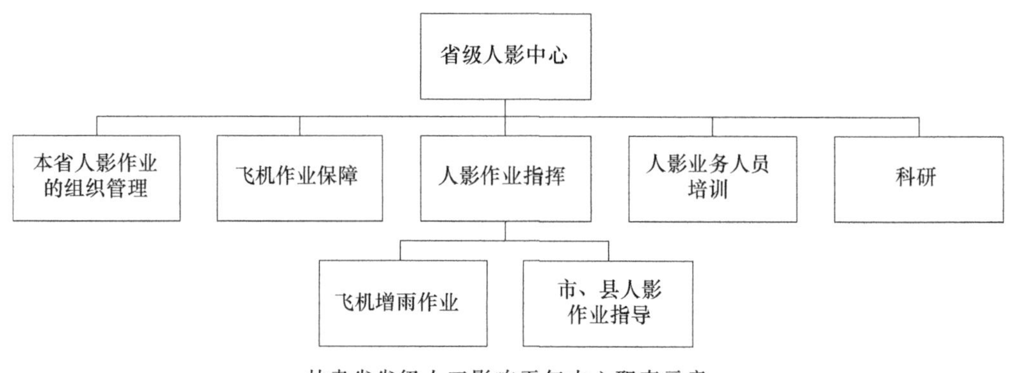

甘肃省省级人工影响天气中心职责示意

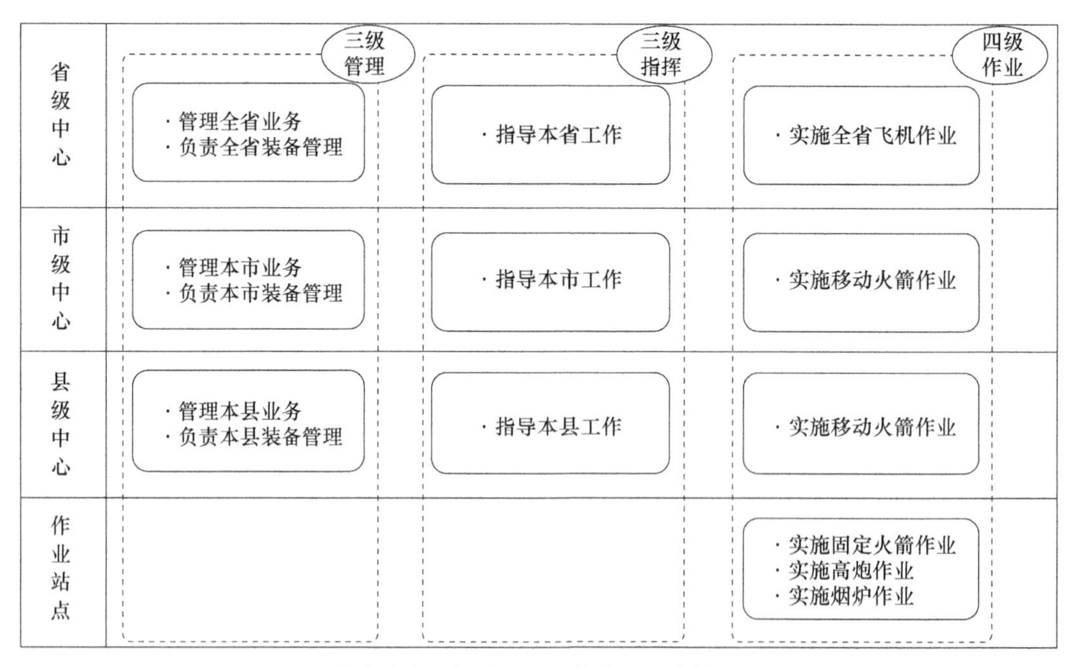

甘肃省人工影响天气业务管理工作体系

现代化人工影响天气平台项目的建成，为保障甘肃经济社会健康发展、提升省级人工影响天气决策指挥水平奠定了良好的基础，基本满足了日常人工影响天气作业指挥、重大应急作业的快速反应保障等业务。同时，项目成果通过在新疆、云南、吉林、山西、青海、宁夏等7省(区)推广应用，大幅度提高了人工增雨、防雹作业效果，取得了显著的经济社会效益。

第一节　甘肃省人工增雨防雹作业决策指挥系统

甘肃省人工增雨防雹作业决策指挥系统于2004年年底开始设计和建设，2005年6月经过修改投入运行。该系统依托3S技术把地理、遥感、天气、人工影响天气等信息综合分析、集成显示，提高了分析结果的准确性和客观性。主要由人工影响天气作业装备管理子系统、作业装备查询子系统、大气探测分析子系统、作业预警子系统、决策指挥子系统、效果评估子系统组成。特别是利用地理信息系统(GIS)提供的二次开发控件，在Windows平台上开发接口软件，通过现代化通信和计算机网络，实时获取全省4部多普勒雷达、风云气象卫星、闪电定位网和区域数值模式资料以及人工影响天气作业信息，生成人工增雨和人工防雹的作业指导产品。能够把各种信息在人工影响天气地理信息平台上自动加工分析，最终通过围区算法(权重)给出预警决策指挥指令，通过手机短信平台和计算机通信网络，辅以可视化会商系统，进行人工影响天气预警、决策和指挥，向市、县级发布人工影响天气作业指导，指挥飞机、高炮、焰弹、火箭等实施作业。进一步提升了人工影响天气作业的科技水平，降低了作业的盲目性，对抗旱减灾和改善生态环境都有非常重要的意义。

甘肃省人工增雨防雹作业决策指挥系统的6大关键技术是：

(1)基于雷达、卫星资料反演技术，研发了人工影响天气作业指挥系统。

(2)创新开发出国内首家三维立体多种人工影响天气分析系统。

(3)人工影响天气作业指挥系统采用多年气象观测资料、天气实况、区域自动气象站等资料，研究得出了冰雹云一级声音预警VIL(柱液态水含量)指标、冰雹云指数HI产品等，提高了防雹作业等自动预警效果，实现了增雨防雹作业的科学性和实用性，取得了显著经济、社会效益。

(4)利用雷达观测资料开展了适合干旱地区的人工增雨指标研究，发现当雷达回波强度大于20 dBz、回波顶高大于4 km、大于20 dB回波半径大于5 km、VIL(柱液态水含量)大于0.3 kg/m^2、催化作业区温度为−24～−5 ℃、负温层厚度大于1 km时，有利于人工增雨作业。

(5)开展了适合干旱地区的防雹指标研究，提出了出现冰雹预警阈值，当回波强度大于40 dBz、回波顶高大于8 km、大于40 dB回波内径大于5 km、强中心强度大于45 dBz、强中心高度大于5 km时，有可能出现冰雹天气，应及时开展防雹作业。

(6)通过建立的指标体系在祁连山东段武威人工增雨等效果检验结果表明，实施人工增雨作业后，8年平均累计增加降雨量131.5 mm，平均相对增雨率为26%。

第二节　甘肃省省级人工影响天气综合业务平台

甘肃省省级人工影响天气综合业务平台主要由4个平台和11个分系统构成。4个平台分别是人工影响天气数据平台、业务平台、共享平台和管理平台；11个分系统分别为数据采集与处理、数据存储与管理、决策支持、作业指挥、效果检验与评估、数据展现与产品制作、应用集成、信息共享与公共服务、基础计算、系统监控与管理和人工影响作业资质管理分系统。

数据平台负责为人工影响天气数据采集(存储)等提供统一的数据环境;业务平台是人工影响天气决策服务平台的核心,负责为甘肃省人工影响天气业务提供决策支持、作业指挥和效果评估等功能;共享平台负责提供面向气象部门用户、行业用户和公共用户的信息共享与公共服务;管理平台负责为提供统一的计算资源调度和系统综合管理。这4个平台相对独立,有各自的内涵和任务;又相互协同和支撑,构成一个完整的人工影响天气决策与指挥服务体系。

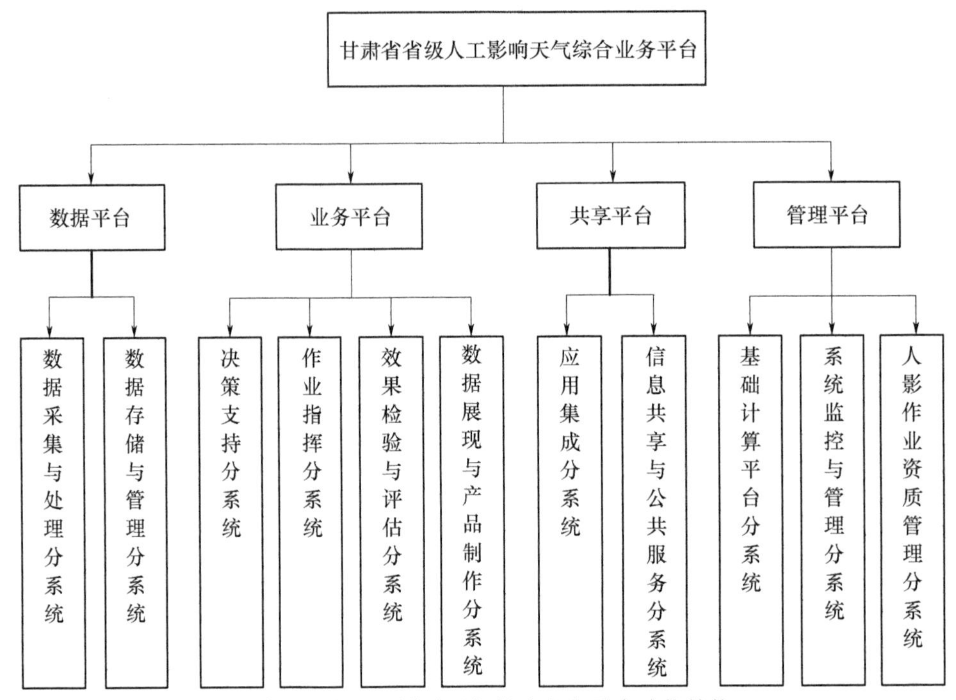

甘肃省省级人工影响天气综合业务平台功能结构

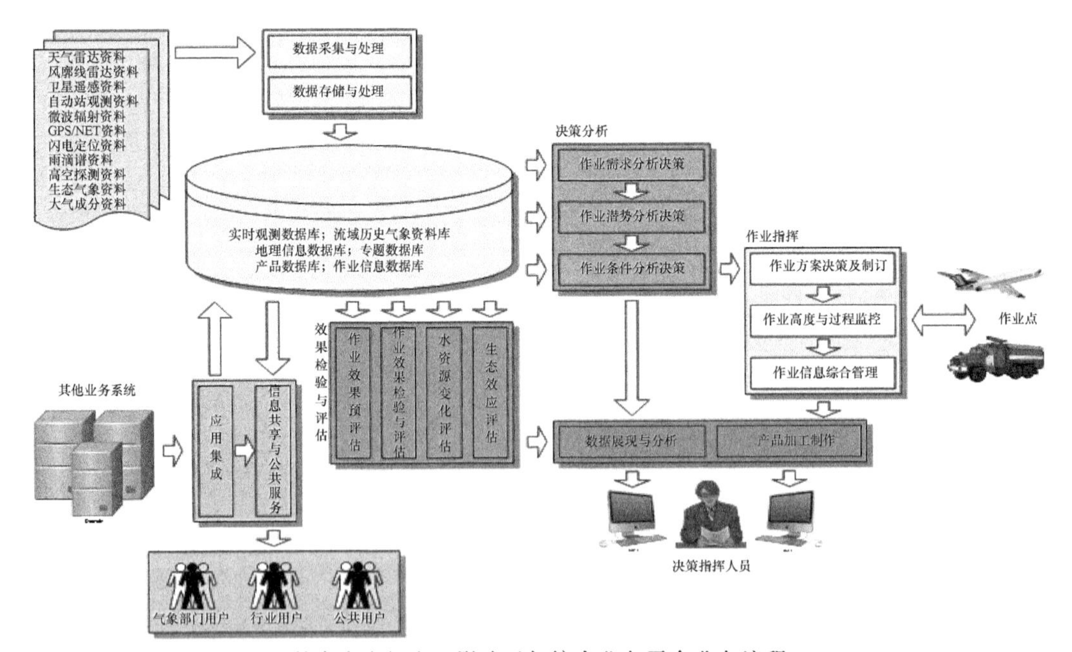

甘肃省省级人工影响天气综合业务平台业务流程

甘肃省省级人工影响天气综合业务平台的人工影响天气作业指挥模型由 5 个模块组成，分别是：

(1)数据采集与处理分系统。从甘肃省气象信息中心及探测中心获取和处理相关的观测资料和数据，并在数据存储与管理分系统的支撑下完成相应的数据库管理。

(2)决策支持分系统。从平台数据环境中获取业务运行所需的数据，并基于相关算法/模型为决策指挥人员提供作业需求分析、作业潜势分析和作业条件分析所需的业务产品，在数据展现与产品制作分系统的支撑下支持决策指挥人员完成对人工影响天气作业的相关决策。

(3)作业指挥分系统。依据决策支持分系统的输出结果完成作业方案的决策与制定，并在此基础上为决策指挥人员提供作业指挥调度、作业过程监控、作业信息综合管理所需的业务产品，支持决策指挥人员完成对人工影响天气作业的指挥。

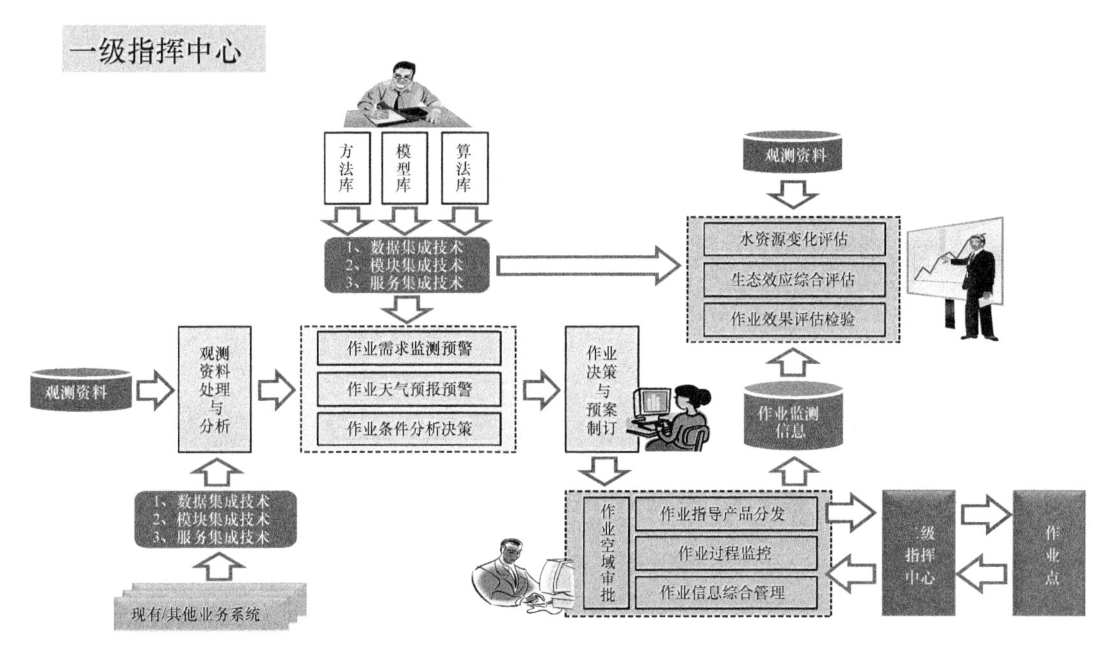

甘肃省人工影响天气作业指挥模型

(4)效果检验与评估分系统。从平台数据环境中获取业务运算所需的数据，并基于相关算法和模型为决策指挥人员提供作业效果预评估、作业效果检验、水资源变化评估和生态效应评估所需的产品，支持决策指挥人员完成对人工影响天气作业的效果评估。

(5)信息共享与公共服务平台分系统。一方面基于相应的应用集成模块完成对甘肃省气象局其他业务系统的集成，为甘肃省人工影响天气作业提供辅助性决策支持；另一方面以多种方式为不同用户提供人工影响天气决策支持产品、作业指挥产品、效果评估产品以及甘肃省气象局其他业务系统所生成产品的信息共享与公共服务。

第三节　现代化人工影响天气五段业务成果应用

2018 年，随着西北区域人工影响天气中心的成立，根据甘肃省人工影响天气业务特点，结合《甘肃人工影响天气业务现代化建设三年行动计划》，依靠科技创新，建成了以科学精准催化人工影响天气作业为核心，首次建立了五段式的人工影响天气实时业务，包括作业过程预报和作业计划制定、作业潜力预报和作业预案制定、作业条件监测预警和作业方案制定、跟踪作业指挥和作业实施以及作业效果评估。

目前，基本建成“横向到边”的五段业务流程，初步形成全流程的“纵向到底”的现代化业务系统，形成国家（区域）—省—市/县—作业点四级管理、五级指挥、六级作业“纵向到底”的完整现代化业务体系。利用大数据和云计算，实现逐级业务指导、产品指令发布、作业信息上报等服务和信息流转，业务指导和作业指挥能力以及跨区域联合作业的集约化、科学化水平明显提高。

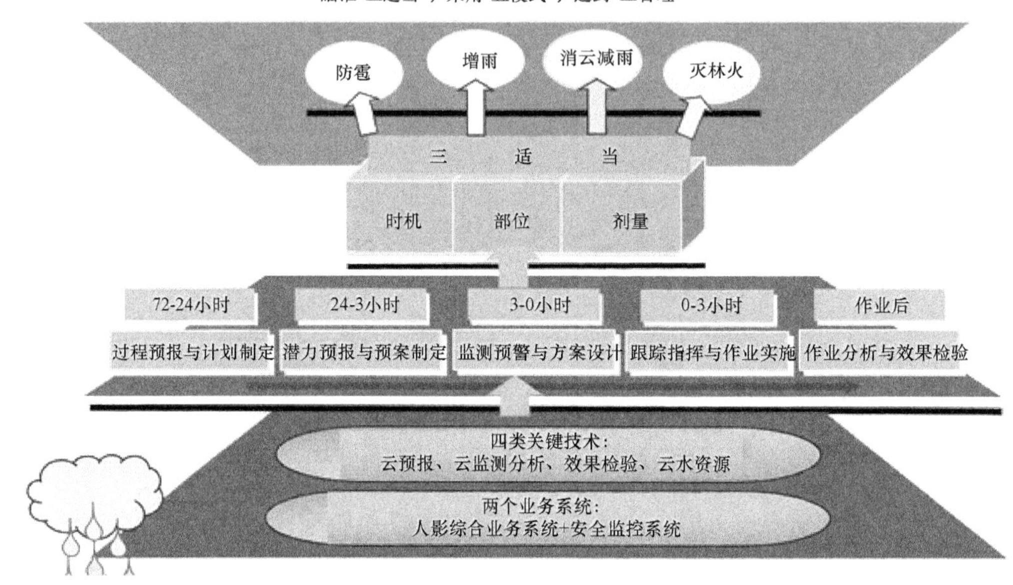

甘肃省新型人工影响天气业务系统

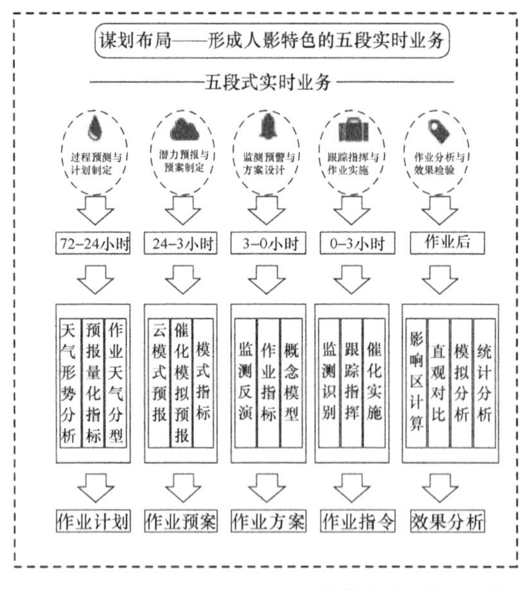

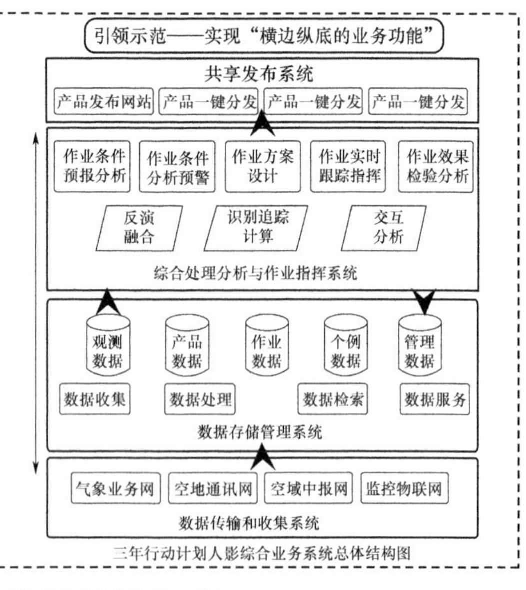

甘肃省人工影响天气业务系统“五段”业务功能

第四节　甘肃省人工影响天气物联网管理系统

一、建设目的

2017年，为贯彻落实《全国人工影响天气发展规划(2014—2020年)》精神，大力推进建设安全可靠、技术先进和功能适用的人工影响天气弹药作业监控系统，强化人工影响天气弹药从出厂验收、弹药储运、装备年检和到期报废等全过程安全质量管理，提高人工影响天气作业安全管理的科技水平和业务现代化程度，进一步提高甘肃省人工影响天气弹药全程监管能力，为人工影响天气科学调度指挥作业和客观评价作业效果提供基础支撑和辅助决策信息，利用新技术、新方法对人工影响天气弹药装备科学监控管理和作业安全提供技术支撑和保障，提高作业科学性，有效降低安全隐患，基于有源/无源射频识别(RFID)：二维码技术和条形码技术、通信技术及互联网平台，开发出适合甘肃省的全流程信息化监控管理的现代人工影响天气弹药装备物联网管理系统。

二、建设内容

(1)开发1套省级人工影响天气弹药监控应用软件，部署相应的综合处理服务器、存储设备和网络通信设备，依托气象系统专网、3G/4G网和北斗卫星网，实时汇聚甘肃省人工影响天气弹药管理信息和人工影响天气作业信息，建立省级人工影响天气弹药信息数据库，统一入库管理，提供分角色、分权限共享使用，并基于地理信息系统实现人工影响天气弹药的转运位置实时跟踪、库存动态查询统计分析与综合展示，实现省内人工影响天气地面作业的实时跟踪、作业动态和统计分析的综合展示。

(2)配置1套省级库人工影响天气弹药信息感知手持终端。实时采集省级库人工影响天气弹药出入库信息，并把采集的信息实时上传到省级人工影响天气中心系统。

(3) 配置1套市级和1套县级弹药转运专用运输车信息感知手持终端。实时采集市/县级库人工影响天气弹药出入库信息，并把采集的信息实时上传到省级人工影响天气中心系统。实时采集弹药转运信息，该终端可以集约利用库房手持终端，并把采集的信息实时上传到省级人工影响天气中心系统。

(4) 配置1套作业点弹药信息感知手持终端。实时采集作业站点临时库人工影响天气弹药出入库信息，并把采集的信息实时上传到省级人工影响天气中心系统。实时采集移动作业信息，该终端可以集约利用库房手持终端，并把采集的信息实时上传到省级人工影响天气中心系统。

三、项目建设时间及效益

项目于2017年建设完成。项目投入使用后实现了对全省人工影响天气信息(人员、装备、弹药、作业信息等)的采集、传输、数据管理及服务的自动化智能化管理，提高了人工影响天气安全效率和信息化水平。

第五节　甘肃省人工影响天气作业点安全射界图制作系统

一、项目建设需求及必要性

地面人工影响天气作业所采用的主要催化剂播撒载体是37 mm高炮炮弹和各型人工影响天气火箭弹，均属火工类产品，发射时在一定程度上可危及航空或地面人员、物资的安全，制定高炮安全射界图和火箭安全发射通道，规避人工影响天气作业引发事故势在必行。由于不同作业装备的性能、弹道轨迹和因此产生的危险因素不同，确定安全射界时考虑的参量和具体数据有很大差异，必须进行较为细致的分析和估算，制定更加安全、规范的人工影响天气安全射界。项目以人工影响天气作业现行使用的37 mm高炮、WR-98火箭为主，考虑制定甘肃省人工影响天气安全射界的关键因素、数据估算、制作方法和软件开发工作。

二、项目建设内容与规模

(1)完成甘肃省高炮作业点及火箭作业点的安全射界图底图的收集，建立人工影响天气作业安全射界数据库。编写程序读取甘肃省高分辨率卫星影像图的数据，并将影像进行坐标校正，根据地面作业点的经纬度，通过坐标转换，在影像图上准确定位作业点的位置。计算出在顺风、逆风、侧风等风向条件下，37 mm高炮炮弹未爆时的落区及WR-98火箭残留物落区，确定安全射击的角度和密位数据，完成甘肃省基于高分辨率底图的人工影响天气安全射界图的制作。在完善以上制作方法的基础上，本项目建立甘肃省高分辨率卫星影像人工影响天气作业数据库，能够快速便捷地制作基于高分辨率卫星影像的人工影响天气安全射界图。

(2)研制基于Web的甘肃省人工影响天气安全射界图制作综合软件平台。通过该项目的实施，可完成基于高分辨率卫星影像的人工影响天气安全射界图制作技术方法的研究工作；建立甘肃省基于高分辨率卫星影像的人工影响天气作业数据库；开发综合软件平台，更快速便捷地制作基于高分辨率卫星影像的人工影响天气安全射界图。

三、项目建设时间及效益

项目于2017年完成建设。项目科学给出了各个作业点高炮和火箭的安全射界对应的射击方位角、仰角范围等，实现了全省人工影响天气作业点、安全射界图的统一和规范化管理，确保人工影响天气作业安全高效。

第六节　甘肃省人工影响天气地面作业空域申报系统

一、建设目的

为了提高人工影响天气作业的效率，缓解人工影响天气地面作业与空中飞行器在空域安全上的矛盾，确保空域安全使用，减轻军地双方人工影响天气地面作业管理工作压力，最大限度地提高人工影响天气地面作业的自动化、信息化、规范化的监控能力，急需搭建人工影响天气作业适用的空域申请、审批及作业监控，以及实用、可靠的射击管理信息系统，实现县、市、省各级人工影响天气指挥部门和空中管制中心之间有效的空域信息自动生成、处理、传递和动态监控、显示，实现空域资源优化、管理体制协调、人工影响天气作业保障高效双赢的目标。

2017 年 10 月 31 日，空军兰州基地参谋部航管气象处(原兰空航管处)邀请甘肃、宁夏、青海省(区)人工影响天气办公室召开人工影响天气工作座谈会。为了提高空域申报的自动化水平和批复效率，会议上空军兰州基地要求各省部署空域申报系统，2018 年 3 月 1 日以后兰州基地管制区不再受理电话空域申报。

为了配合空军兰州基地的工作，解决甘肃省电话申请自动化程度低、不便监管、方言不易听懂等问题，提升甘肃省地面作业空域申报的现代化水平，开展本项目的建设。

二、建设内容

甘肃省人工影响天气地面作业空域申报系统的建设范围为兰州飞行管制分区内(平凉、庆阳隶属西安空军指挥所管辖域，批复系统已建成运行；张掖、酒泉、嘉峪关隶属鼎新基地空域申报系统，正在协商)甘肃省有地面人工影响天气作业空域需求的省、市、县各级人工影响天气作业单位。甘肃省人工影响天气地面作业空域申报系统的主要建设内容包括兰州管制分区空域审批终端，省、市、县各级申报终端软件的开发，省气象局至空军兰州基地专线建设。

三、功能布局

甘肃省人工影响天气地面作业空域申报系统包括 1 个管制分区人工影响天气作业空域批复终端、1 个省级空域申报终端、10 个市级空域申报终端和 40 个县级空域申报终端、1 条省气象局至空军兰州基地通信专线及防火墙建设。

人工影响天气作业空域批复终端部署在空军兰州基地，主要负责人工影响天气作业空域批复、人工影响天气作业空域安全监控等。

省级人工影响天气作业空域申报终端部署在甘肃省人工影响天气办公室，主要负责与作业空域批复终端的数据交互，并具有空域申请、空域批复、报文转发、全省作业空域状态监控等功能。如具备条件，可引进空管输出的空情监视信息，直接进行作业空域安全监控。

市级人工影响天气作业空域申报终端部署在市级人工影响天气办公室，主要负责与县级人工影响天气作业空域申报终端进行数据交互，具有辖区内作业点空域申请、空域批复、报文转发、辖区内作业空域状态监控等功能。

县级人工影响天气作业空域申报终端部署在县级人工影响天气办公室，主要负责辖区内作业点空域申请、接收空域批复、作业安全警示。

空域由市(州)人工影响天气办公室统一申请的，县级人工影响天气办公室可不再建设空域申报系统。没有作业任务需求的县，可不建设空域申报系统。平川区、山丹军马场、临夏县等地人工影响天气机构的空域申报系统是否建设，由所在市(州)人工影响天气办公室确定。

四、建设进度及投资预算

项目于 2018 年完成。甘肃省人工影响天气地面作业空域申报系统总预算为 67.5 万元，其中人工影响天气作业空域批复终端 4.5 万元(总经费 13.5 万元，由甘肃、青海、宁夏共同承担，各自 4.5 万元)；省级空域申报终端 1 套，单价 8.0 万元；市级空域申报终端 10 套，单价 1.8 万元，合计 18.0 万元；县级空域申报终端 40 套，单价 0.9 万元，合计 36.0 万元；省气象局至空军兰州基地专线租用费 1 万元。

第八章　人工影响天气科研技术成果

60年风雨兼程，甘肃各级人工影响天气部门在省气象局的正确领导下，深入贯彻落实党的路线、方针、政策，始终坚持把气象防灾、减灾服务放在各项工作的首位，坚持气象现代化建设不动摇，紧密结合甘肃省天气、气候特点，建立了不同天气系统人工增雨和防雹作业指标，不断提升气象防灾减灾、科技创新和技术保障能力建设，人工影响天气业务实现了跨越式发展，各项工作成绩斐然，为甘肃省经济、社会发展做出了重要贡献。先后获得省部级人工影响天气科研奖7个、厅局级人工影响天气科研奖7个、人工影响天气实用专利及软件著作权13个；飞机人工增雨作业覆盖面积达到23万km^2，年增水12亿～15亿m^3，地面作业防雹保护面积3.18万km^2，飞机人工增雨作业的经济效益为1：30，为甘肃防灾减灾、促进农业增产、保障生态安全做出较大贡献，受到甘肃省副省长冉万祥、王玉玺等领导的肯定与表扬。

第一节　人工影响天气关键技术指标研发

西北区域包括甘肃、陕西、青海、宁夏、新疆(含新疆生产建设兵团)等5省(区)全境及内蒙古自治区西部4个地市(阿拉善盟、巴彦淖尔市、乌海市、鄂尔多斯市)，面积约353万km^2。西北区域是我国生态功能区最集中的区域，也是重要的农业经济作物生产区，区域内水源涵养型国家重点生态功能区数量占全国的50%。

甘肃省是全国气象灾害最严重的省份之一，气象灾害损失占自然灾害总损失的85%以上，其中旱灾占气象灾害损失的50%以上。在全球气候变化背景下，气象灾害的突发性、异常性、不可预见性日益凸显，全省年降雨量仅为50～500 mm，雨热同季，降水时、空分布不均，干旱、冰雹、森林草原火灾等多发、频发、重发。因此，加强甘肃人工影响天气工作，防止和减轻干旱、冰雹等灾害造成的损失和影响，加强农作物生长发育关键期和重要农事季节的人工影响天气作业，可以缓解干旱威胁和减少雹灾损失，创造有利于农作物生长的气象条件，对实现粮食高产稳产、保持农业农村经济持续稳定发展具有重要作用。

甘肃人工影响天气工作者通过多年不懈的努力，提出了人工影响天气作业指标体系，确定了云水资源的分布特点，掌握了冰雹发生、发展和移动路径，划分了人工影响天气作业的基本云系。建立了人工增雨作业概念模型，开发了作业指挥系统，丰富了作业手段，创新了作业技术。

一、人工增雨(雪)

60年来，甘肃人工影响天气工作实现了从百姓的百年愿望到常态化、制度化、规模化、现代化发展的飞跃，从常规的增雨、防雹减灾拓展到生态文明、生态修复、生态扶贫、“一带一路”建设、城市蓝天保卫、交通安全保障等领域。其中，在祁连山脆弱生态区建成人工影响天气作业点 56 个，覆盖面积超过 6000 km^2。从监测情况看，基本保持了祁连山植被相对稳定，一定程度上遏制了生态退化。2012 年以来，石羊河下泄水量增大，民勤沙化绿洲植被逐渐恢复。

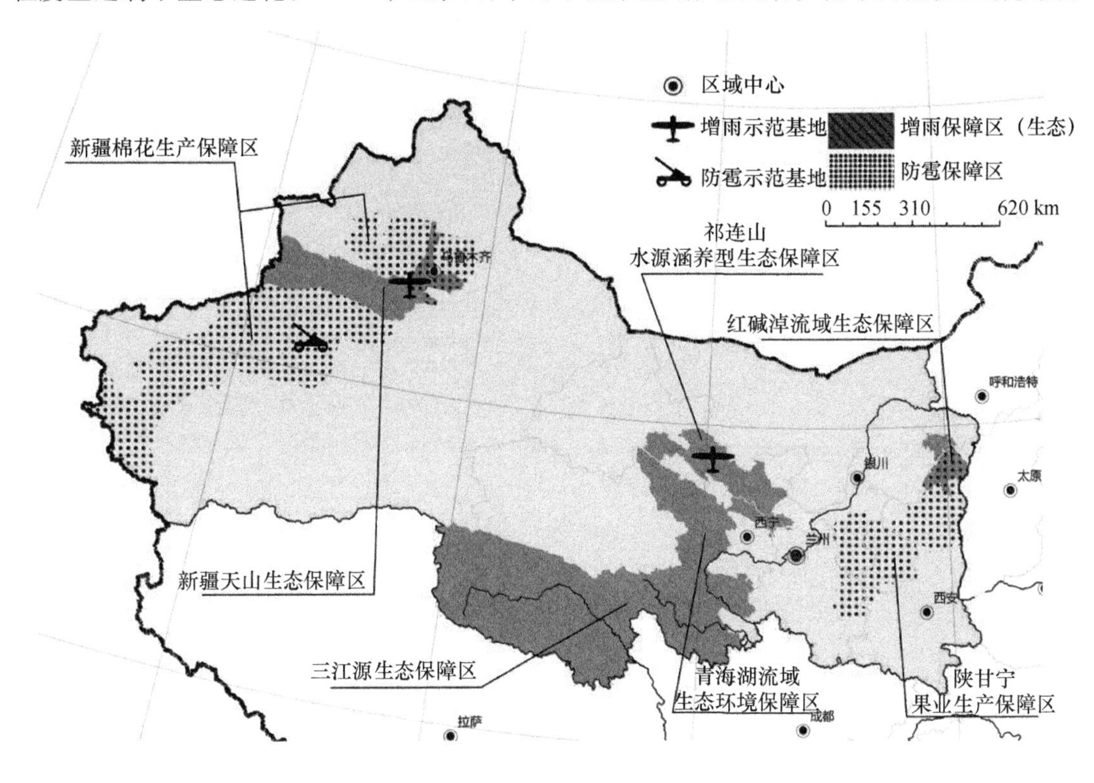

西北区域人工影响天气功能布局示意图

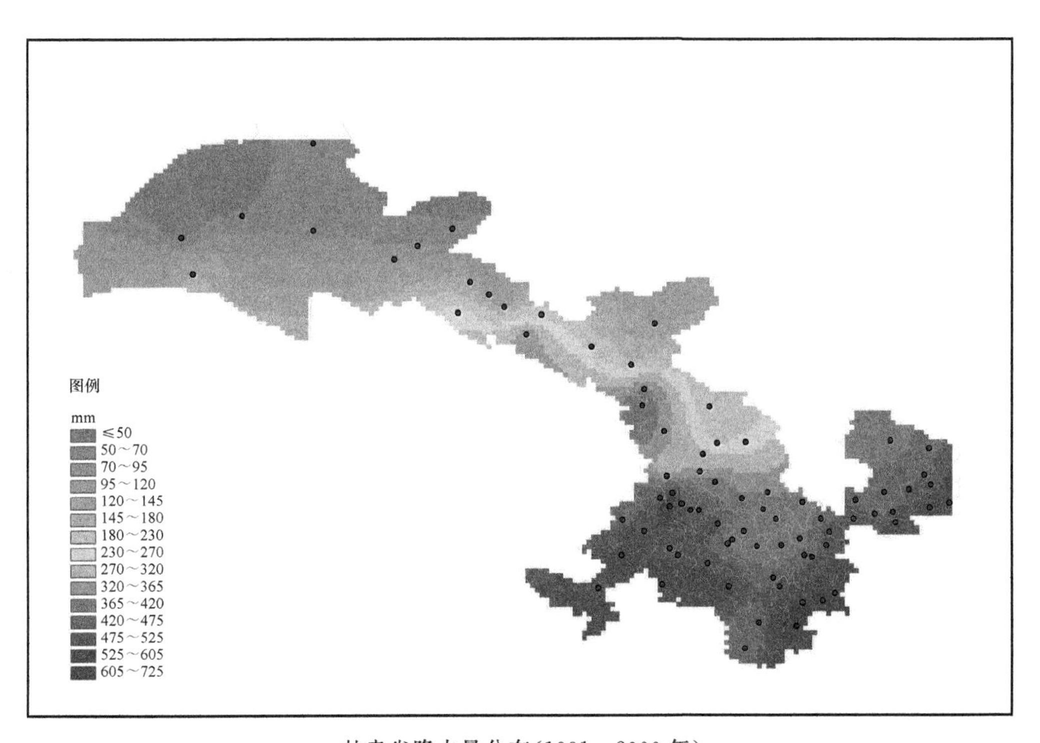

甘肃省降水量分布（1991—2000 年）

（一）云水资源

甘肃各地空中平均液态水含量夏季最高（6—8 月分别为 17.8、23.5 和 22.3 kg/m²），秋季和春季次之，冬季最低（为 3.5～4.0 kg/m²）。从地理分布看，西南部最高（武都区为 19.5 kg/m²），西北部最低（马鬃山为 2.7 kg/m²）。2—7 月是水汽含量的增长期，8 月至次年 1 月是递减期，空中云水资源潜力平均为 72.8%。甘肃大云滴含水量占云中总液态水的 80%以上，小云滴的贡献为 10%，降水效率的时、空变化较大，平均降水率仅 11%，有较大的人工增雨潜力。

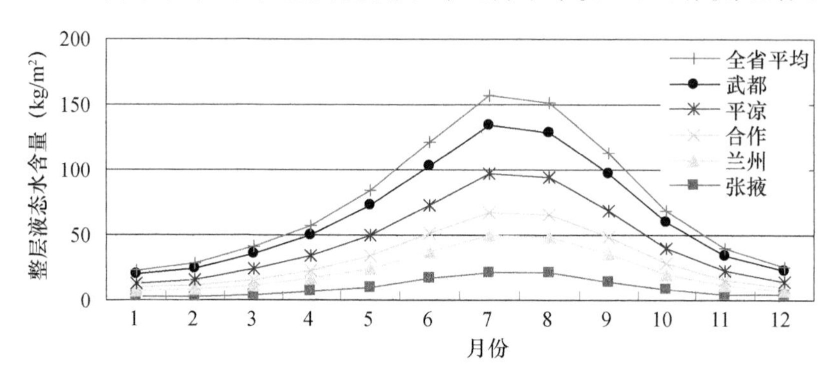

甘肃省各地各月整层液态水含量（kg/m²）

研究表明，甘肃祁连山山区云量较多、总光学厚度和总云水路径含水量丰富，中低云量、总光学厚度和总云水路径年际变化趋势增多。在春、夏、秋三季，祁连山山区上空长期维持一个“湿舌”，西南气流型天气形势低层和高层水汽比较丰富，每年水汽输入量约为 885.4 亿 m³。虽然祁连山山区空中水资源非常丰富，但在自然条件下转化为降水的比例还不到 15%，不仅低于西北地区 15.4%的平均水平，而且远低于全国 34%的平均转化率。

国内外地形云增雨试验研究表明，地形云是最具有增雨潜力的云系，其增雨效果得到世界气象组织的认可。中国气象局和甘肃省气象局联合在祁连山中段进行了 4 年多的地形云野外观测试验表明，祁连山山区的水汽、天气、地形及微物理条件都十分有利于人工增雨（雪）工作的开展，尤其是当地丰富的地形云资源，空中云水资源有着巨大的开发潜力。祁连山山区夏季云量丰富，平均云量在 6 成以上，特别是西南气流天气背景下总云量多达 8 成。夏季平均液态水含量最高（7 月为 23.5 kg/m²），秋季和春季次之，冬季最低（4.0 kg/m²），空中云水资源潜力平均为 72.8%。

在自然降水的基础上，甘肃按增雨潜力 10%～15%、增雨概率 40%计算，其可增雨量为 279.65 亿～419.48 亿 m³。

（二）有利人工增雨（雪）天气模型

甘肃云水资源转化为有效降水的天气过程主要包括高原低槽型（28%）、西风低槽型（22%）、副热带高压型（19%）、西北气流型（18%）、平直气流型（13%）。对地面降水贡献率最大的是高原低槽型、西风槽型（锋面）、副热带高压型层状云系，这类稳定、连续、大范围降水天气非常适宜于实施飞机增雨作业和地面作业。

高原低槽型。该天气类型一般以稳定性降水为主，其天气形势为：新疆、河西走廊、青藏高原中西部为低压槽区，河套或华北为一高压脊区。在槽前脊后，从青藏高原东南部到河套一

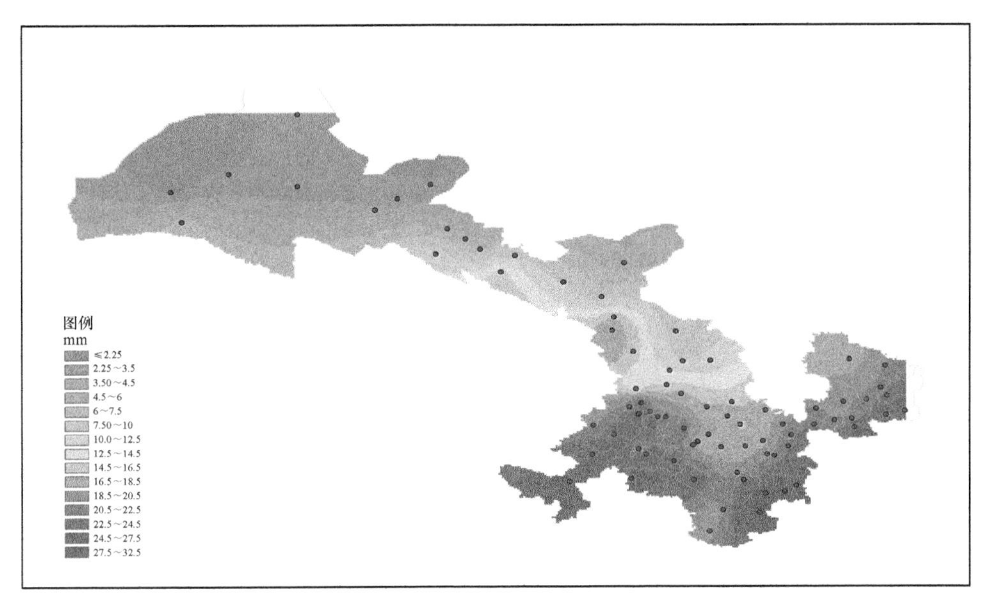

甘肃省1990—2000年人工增雨潜力15%估算年均最大降水量(mm)分布

带，有一支南北纬度跨度很大的西南气流。地面冷锋明显，移动速度慢，降雨天气主要发生在冷锋附近及锋后，雨区随系统缓慢东移，影响青藏高原中东部、河西走廊、陕西、宁夏。云系以中云为主，云层深厚，大气整层湿度高，以暖云降水为主。一般情况下，大气层结稳定，系统移动缓慢，降水强度小、时间长、范围广，是进行飞机人工增雨的理想天气系统，甘肃全境任意时间均可进行增雨作业。

西风低槽型。西风低槽定义为沿35°～50°N纬度带，经河西走廊东移的短波槽。西风低槽的路径有两个，一是短波槽经中亚(咸海、巴尔克什湖一带)和我国新疆、河西走廊东移；或从中亚低压(槽)中分裂出短波槽，进入新疆，经河西走廊东移，这类冷槽及冷空气路径是典型的西方路径。另一种是冷槽经蒙西山地南下到新疆东部，而后转向东移，经河西走廊影响黄河中游。此类系统云系多以中云为主，云层深厚，地面雨区多呈带状，位于地面冷锋和700 hPa槽线之间；地面有气旋配合时，雨区呈气旋型雨带。从四川盆地有一支偏南气流北上，中低层均有水汽输送，水汽充足，云层厚。但是在这种形势下，当系统到来之前，午后到前半夜容易形成对流性云系，且降水时间较短，应选择槽后及时进行飞机人工增雨作业。

副热带高压型。西北地区东部处于副热带高压外围的西南气流中，冷暖空气在西北地区中东部相遇，形成甘肃中东部、陕西、宁夏大范围的连续性降水。副热带高压与河套高压脊或华北高压脊叠加时，形成东高西低型的一个特例，降水的区域和强度均有较大变化。这种降水的云系往往是由稳定性云和对流性云组成的混合云系，在过程开始前，有时伴随着强对流性天气，降水时间以西北区东南部最长。飞机人工增雨应选择在降水开始以后云层转入稳定时进行。

特殊地形天气影响系统。西北地区远离海洋，海洋潮湿气流不易到达西北地区，大部分地区降水极度稀少，地形复杂多样，祁连山、天山、昆仑山、阿尔泰山等山脉有利于地形云的生成、发展。大量人工增雨试验结果表明，地形云是人工增雨效率较高的催化作业云系，只要云的物理条件、催化部位和催化剂选择合适，增雨量可达10%～15%，并可以明显增加山脉地区的河流径流量。从水资源管理方面来说，地形云人工降水作业可将增加的水储存在水库、河流或高海拔的冰雪区，缓解水资源短缺。

甘肃飞机人工增雨作业天气分型与降水率（尹宪志 等，2015）

环流分析	占比(%)	平均日降水时间(h)	降水率(%)	平均飞行高度(m)	飞机入云率(%)	适应人工增雨区域
高原低槽型	28.7	6.6～8.8	90～96	5388	74	陇东及陇南
副热带高压型	19.0	6.2～8.9	65～99	5421	95	兰州以东
平直气流型	12.9	4.5～6.9	75～81	5346	56	兰州以东
西北气流型	18.1	4.6～5.7	79～89	5346	79	陇东及陇南
西风低槽型	21.6	3.8～7.0	65～96	5457	95	河西及中部

甘肃机载粒子探测要素及降水催化潜力比较（庞朝云 等，2016）

日期	环流分型	探测高度(m)	探测层温度(℃)	0 ℃层高度(m)	K(s)	K_1(s)	η(%)
2006年8月23日	高原低槽型	6000～6300	−3.2～−1.7	5770	1017	876	86.1
2007年8月23日	西北气流型	5800～6100	−7.5～−5.0	4650	2427	557	23.0
2007年8月29日	西南气流型	6000～6300	−6.0～−4.3	5130	1333	993	74.5

注：K，在负温区总飞行时间；K_1，负温区中过冷水含量＞0.1 g/m^3 的飞行时间；η，具有过冷水含量的云层占整个探测云层的百分比。

（三）人工增雨（雪）作业指标

鉴于自然云系的多变性和复杂性，在飞机人工增雨催化方法相同的条件下，人工增雨效益的高低与气象条件密切相关，特别是作业云系及催化部位、时间和方法的科学选择非常重要。因此，人工增雨（雪）天气学概念模型重点参考了云物理研究和探测试验等成果。研究发现，甘肃冬春季人工增雨（雪）的目标云系是高层云效果最好，其次为层积云；地面风速≤5 m/s（静风和偏东风），雷达回波≥25.0 dBz，相对湿度≥60%，水汽压≥1.6 hPa 的天气条件下，人工增雨（雪）率可以大于30%。高空低槽是甘肃省最主要人工增雨作业天气系统之一，在其影响下主要作业目标云是过冷水含量更为丰富的积层混合云，其次是对流云，最次是层状云。

- 层状云

层状云系由高层云和层积云组成，层状云云顶高度大于4～6 km，云底高度小于2 km，云顶温度为−4～−24 ℃之间，0 ℃层高度小于4 km、温度露点差小于2 ℃时，有利于飞机人工增雨作业。甘肃层状云中液态水含量变率较大，夏季过冷水含量最大值和平均值都较大，最大值达0.482 g/m^3（2006年8月17日），仅次于河北，平均值范围为0.007～0.172 g/m^3，大于其他省份，可见，甘肃省夏季层状云中过冷水含量比较丰富。

层状云增雨作业概念模型：云水含量＞0.05 g/kg，冰晶数浓度＜50个/L 为可播区，云水含量＞0.1 g/kg，冰晶数浓度＜20个/L 为强可播区。

甘肃典型层状云飞机人工增雨作业判别指标

名称	指标	方法
云底高度	＜2 km	地面观测
云顶高度	4～6 km	卫星反演
云厚	＞2.0 km	探空及卫星资料反演
云顶温度	−24～−4 ℃	卫星资料反演

续表

名称	指标	方法
露点温度差(T-T_d)	<2 ℃	探空
e-E_i	>0	探空资料计算
0 ℃层高度	<4.0 km	探空资料计算
云水含量(q_c)	>0.05 g/kg	飞机探测
冰晶浓度	<50 个/L	飞机探测
垂直累积过冷水	>0.5 mm	卫星资料反演
总水成物	>0.1 g/kg	飞机探测
回波强度	>20 dBz	雷达观测
回波顶高	>4 km	雷达观测
>20 dB 回波半径	5 km	雷达观测
VIL(垂直累计液态含水量)	>0.3 kg/m^2	雷达观测

* 注:T 为气温,T_d 为露点温度,e 为水汽压,F_i 为冰面饱含水汽压。

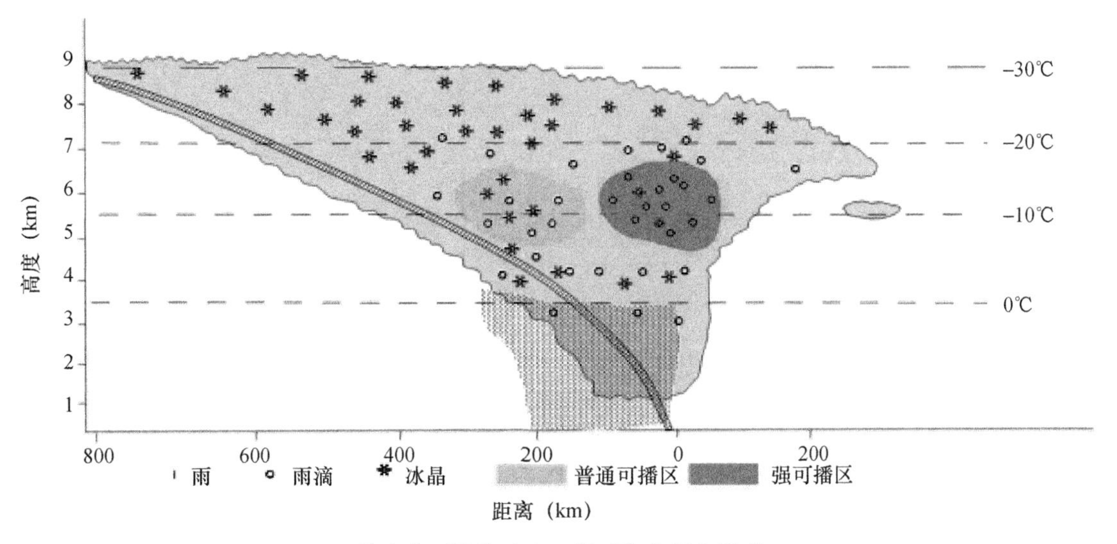

甘肃典型层状云人工增雨作业概念模型

- 积层混合云

积层混合云是西北地区主要的降水云系之一。积层混合云由层状云和积状云组成,云系中层状云和对流云特征差异较大,空间尺度和降水强度较大的云系多为积层混合云。

积层混合云增雨作业概念模型:积层混合云系内容易受气流波动影响,沿气流上升阶段会在大片层状云中形成若干对流单体,温度在 0 ℃以下、液态含水量丰富、冰晶数浓度较低的积层混合云入流上升区是最佳播撒位置。

甘肃积层混合云人工增雨作业判别指标

类别	具体指标			
回波结构	回波强度≥40 dBz	回波顶高 6～8.5 km	垂直积分液态水 含量≥7 kg/m^2	回波中心位于云体中上部,回波顶部反射率梯度大且向上增长

续表

类别	具体指标		
水成物条件	整层水汽>25 mm 平稳变化	整层液态水>0.13 mm 出现陡升	过冷层厚度>2 km
抬升条件	垂直速度<0	不稳定条件 K 指数>30 动力条件 低涡切变	
相态条件	水汽向液水转化		

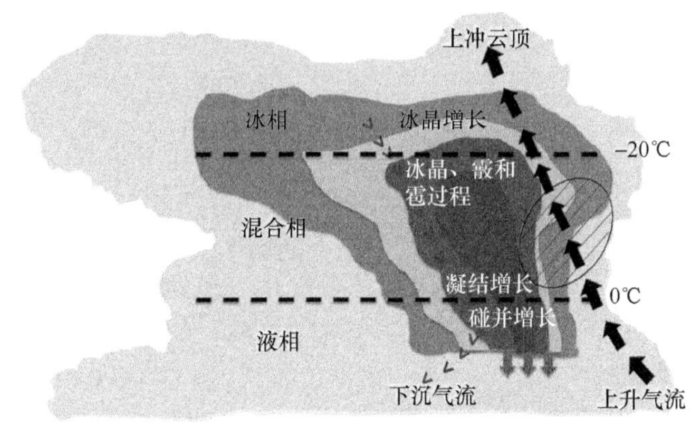

1. 向对流云播撒碘化银能够获得增雨正效果。
2. 云雨自动转化和霰粒子融化是两个最重要的成雨机制。
3. 催化增加的霰粒子抑制冰雹形成，增强了向雨滴转化（通过霰粒子融化机制），促进二次对流发展，增加入云水汽通量和云水含量，加强云雨自动转化及碰并增长，增加了降雨。

◈典型对流云降水模型

甘肃积层混合云人工增雨作业概念模型

- 对流云

对流云增雨作业概念模型：在数值模拟和探测资料分析过程中发现，云雨自动转化和霰粒子融化是两个最重要的成雨机制。

甘肃人工增雨作业综合指标

要素	指标	方法
云状	Ns-As，As-Sc	地面观测
云底高度	<2 km	地面观测
云顶高度	>4～6 km	卫星反演
云厚	>2.0 km	探空及卫星资料反演
云顶温度	−24～−4 ℃	卫星资料反演
T-T_d	<2 ℃	探空
e-E_i	>0	探空资料计算
0 ℃层高度	<4.0 km	探空资料计算
云水含量(q_c)	>0.05 g/kg	飞机探测
冰晶浓度	<50/L	飞机探测
垂直累积过冷水	>0.5 mm	卫星资料反演
总水成物	>0.1 g/kg	飞机探测

续表

要素	指标	方法
回波强度	＞20 dBz	雷达观测
回波顶高	＞4 km	雷达观测
＞20 dB 回波半径	5 km	雷达观测
VIL	＞0.3 kg/m^2	雷达观测

利用雷达观测资料发现，当雷达回波强度大于 20 dBz、回波顶高大于 4 km、大于 20 dB 回波半径大于 5 km、VIL 大于 0.3 kg/m^2、催化作业区温度为 −24～−5 ℃、负温层厚度大于 1 km 时，有利于人工增雨作业。

二、人工防雹

根据甘肃省不同区域雹云特征和人工防雹业务及试验研究需要，分别在陇东区域以及临夏、定西等市(州)建成黄土高原防雹、丘陵防雹、山地防雹试验示范基地，建立不同区域典型作业云系的雹云概念模型与防雹作业模型，形成针对不同地域、不同天气类型和云系特征、不同季节开展人工防雹作业的成套技术，进行人工防雹作业示范，提高甘肃省人工防雹作业水平和效益。

(一)冰雹分布特征

冰雹灾害几乎每年都有发生，冰雹通常伴随着狂风、暴雨，虽然一般持续时间不长，但对农业、牧业、交通、通信、建筑设施，甚至人民生命财产安全造成严重影响。在农业生产主要自然灾害中，雹灾所造成的损失仅次于水灾。

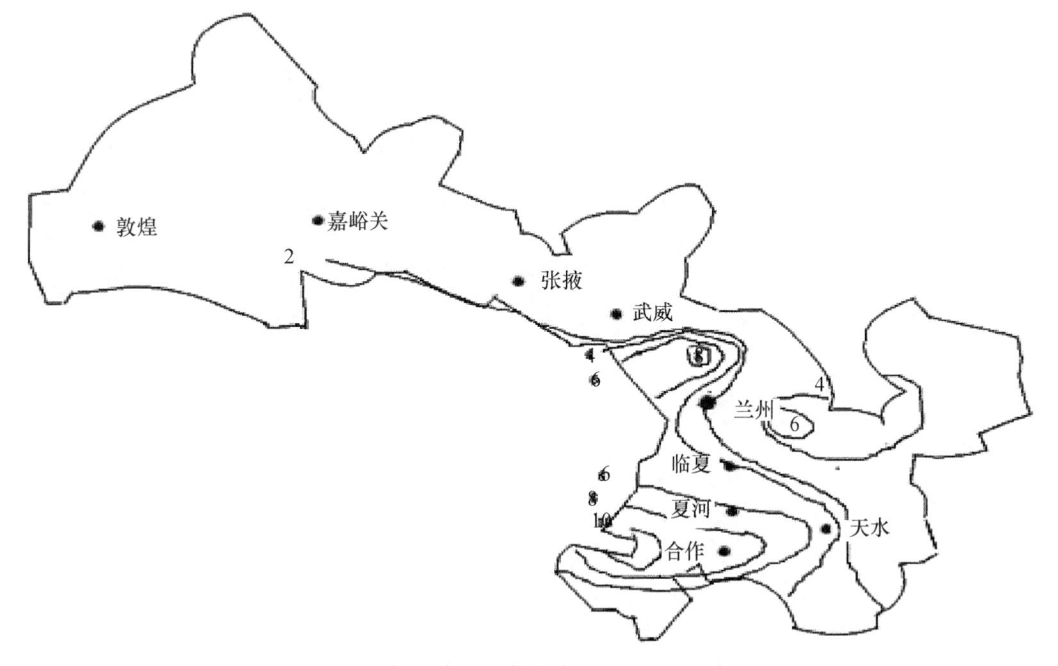

甘肃省年均冰雹日数分布(1961—2010 年)

冰雹是甘肃夏季常见的气象灾害之一，冰雹降自强对流单体的特定部位，范围仅几千米至几十千米，具有明显的局地性。冰雹日数的空间分布与海拔高度、地形和下垫面性质等密切相关，总的分布特征是高原和高山多，河谷、盆地、沙漠和平川少。甘肃省甘南高原、祁连山东段为多冰雹区，年平均雹日 5～18 d，这个多雹区是青藏高原中部多冰雹区向东延伸的部分，仅次于青藏高原中部多雹区，为全国第二个多雹区。这个多雹区处在夏季切变线、低涡等系统活动最频繁的地区，加之这一带又是地形复杂的高原和海拔高的山区，因此冰雹特别多。甘肃河东区域冰雹日数为 1～2 d。冰雹日数最少的河西走廊平均不到 1 d。玛曲、乌鞘岭、华家岭、肃北和马鬃山为冰雹日数大值中心，年平均冰雹日数分别为 9.0、5.4、3.0、1.3 和 1.1 d。

甘肃省冰雹日数从时间分布上看，集中出现在 4—10 月。6 月最多占 22.35％，5 月次之；11 月至次年 2 月未出现过冰雹，13—19 时是冰雹的高发时段。从年代际变化来看，甘肃省冰雹日数呈下降趋势，特别是 20 世纪 90 年代中期以来均少于多年平均。研究发现，多雹年北半球 500 hPa 极涡强、位置偏东，副热带高压面积小、强度弱、位置偏南，乌拉尔山至巴尔喀什湖高度场为正距平，雅库茨克至贝加尔湖高度场为负距平。

冰雹砸坏的农田秧苗

研究还发现，干旱地区强对流云单体最大柱液态水含量在演变过程中均是先增加后减少，在时间序列曲线中表现为单峰型特征。冰雹云单体最大柱液态水含量存在爆发式增长及突然降低现象，这是区别于雷雨云单体的一个重要特征。单体最大柱液态水含量和最大柱液态水含量最强下降区与地面最大降雹区的位置基本一致，且冰雹最大半径越大，一致性越好，但最大柱液态水含量最强下降区与地面最大降雹区的位置比最大柱液态水含量区更接近。

（二）防雹概念模型

影响甘肃冰雹的天气系统共有 3 类，即低槽型、西北气流型和低涡切变型。通过对水汽条件、不稳定条件、动力条件等 47 个物理量进行相关分析，筛选出相关较强的 10 个物理量，分区域（高原边坡、甘肃中部、陇东）、分月份确定了冰雹天气发生的物理量阈值，结合冰雹个例和雷达探测资料，建立冰雹天气学概念模型。

根据雷达回波指标进行防雹预警，并对作业点作业方位角、仰角、用弹量进行自动计算。利用人工影响天气指挥平台发布人工影响天气作业指挥产品，在每次作业开始前，由作业平台自动生成作业指挥单，通过电话、短信、微信等联系方式指挥全省科学合理开展防雹作业。

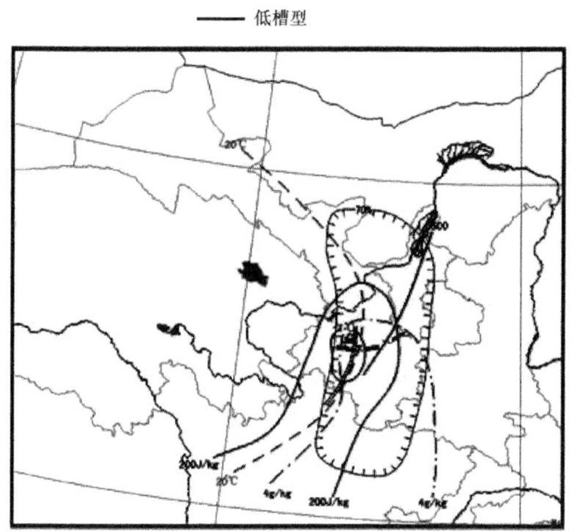

■500 hPa为相对湿区，700 hPa相对较干，比湿在4 g/kg;
■$T_{700\text{-}500}$温差大于20℃；$T_{700\text{-}300}$温差大于40℃；
CAPE不是很大，但U通常<0℃。

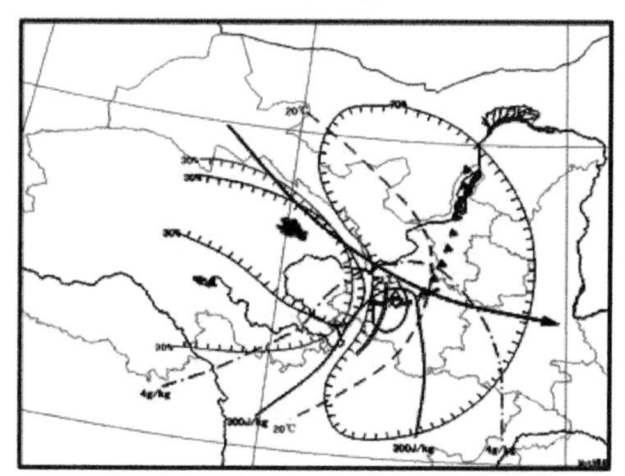

■斜压性强，高空冷平流较明显（但有时可能不清楚）；下暖上冷的层结不稳定特征最为明显；$T_{700\text{-}500}$温差大于20℃；$T_{700\text{-}300}$温差大于40℃；
CAPE未必很大，但U通常<0℃；
■500 hPa为相对湿区，700 hPa直对较干，比湿在4 g/kg，在冰苞落区的上游中低层均有干区；
■冰苞落区通常在700 hPa切变线或地面辐合线附近。

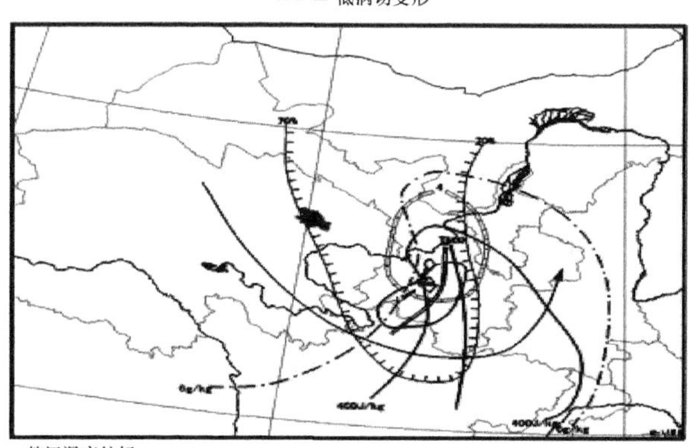

■整层湿度较好；
■整层正涡度大，500 hPa达到$4\times10^{-5}s^{-1}$以上；
■CAPE较前两种类型略有增大；U依然<0℃；
■高低空系统配置有时存在前倾结构；冰雹落区在切变线后侧与地面辐合线之间。

甘肃省3类冰雹天气的概念模型及预警判据

（三）防雹预警及防雹作业指标

雷达防雹作业指标

要素	指标	方法
回波强度	＞40 dBz	雷达观测
回波顶高	＞8 km	雷达观测
＞40 dB回波直径	＞5 km	雷达观测
强中心强度	＞45 dBz	雷达观测
强中心高度	＞5 km	雷达观测
最强中心强度	＞50 dBz	雷达观测
VIL	＞10 kg/m^2	雷达观测

当回波强度大于 40 dBz，回波顶高大于 8 km；大于 40 dBz 回波直径大于 5 km；强中心强度大于 45 dBz，强中心高度大于 5 km 时，有可能出现冰雹天气，应及时开展人工防雹作业。

三、防霜机人工防霜冻

(1)在逆温条件下，防霜机作用区内逆温现象消失，气温发生逆转，近地层升温明显，对果树园有升温效果，尤其是对 1 m 高度处的升温效果较明显，升温达到 1.5 ℃。

(2)防霜机开启后，较大风速主要集中在距防霜机 20 m 左右。按照风速大于 0.6 m/s 即可有效扰动空气起到防霜作用计算，防霜机有效保护面积为 1.73 hm^2。

(3)当强寒潮天气造成逆温层气温在 0 ℃以下时，单靠防霜机不能发挥作用，需要在地面采取点燃辅助热源或烟源、覆盖、滴灌、喷洒防霜液等综合手段。

(4)防霜机作业效果分四个等级，见下表。

防霜机人工防霜冻作业效果等级

等级	标准	效果
一级	好	距地面 2～4 m 处升温及去湿效果特别明显，影响区域内外温差平均值>2 ℃，相对湿度差平均值>25%，瞬时风速差平均值>5 m/s，植物未受霜冻害
二级	较好	距地面 2～4 m 处升温及去湿效果明显，影响区域内外温差平均值为 1～2 ℃，相对湿度差平均值为 15%～5%，瞬时风速差平均值>4 m/s，植物未受霜冻害
三级	一般	距地面 2～4 m 处升温及去湿效果比较明显，影响区域内外温差平均值为 0.5～1 ℃，相对湿度差平均值为 5%～15%，瞬时风速差平均值>2 m/s，植物受轻霜冻害
四级	差	距地面 2～4 m 处升温及去湿效果不明显，影响区域内外温差平均值<0.5 ℃，相对湿度差平均值<5%，瞬时风速差平均值<2 m/s，植物受到不同程度的霜冻害

第二节　人工影响天气科研项目

一、历年完成或承担的人工影响天气科研项目

多年来，甘肃研发了云水资源评估技术、作业条件识别技术，总结形成了具有地域特点的多类人工影响天气作业指标模型，发展了多种作业效果检验技术等，人工影响天气现代化水平显著提升。据统计，甘肃省气象局及省人工影响天气办公室先后承担和完成国家级人工影响天气科研项目 6 个、省部级人工影响天气科研项目 5 个、厅局级人工影响天气科研项目 15 个见下表。

国家级人工影响天气科研项目

序号	起止时间	项目名称	任务来源	经费(万元)	参加人员	研究内容
1	2006年1月—2009年12月	西北地形云结构及降水机理研究(项目编号:40533015)第一专题——祁连山空中云水资源开发利用研究	科技部重点基金	12(总经费:150)	陈添宇、李照荣、付双喜、李国昌、陈乾等	(1)祁连山云降水物理过程综合观测;(2)祁连山地形云人工增雨(雪)催化效率试验研究;(3)祁连山区人工增雨(雪)催化方案研究;(4)祁连山地形云概念模型的探索研究
2	2006年1月—2008年12月	强雷暴天气云和降水粒子分类及应用研究(项目批准号:40575008)	国家自然科学基金面上项目	44	楚荣忠、王致君、王涛、宋新民、付双喜、李照荣、李小平、贾伟	以多普勒偏振雷达获取的强雷暴天气云和降水的反射率因子、差分反射率因子、差分相移梯度和偏振互相关系数等回波数据和探空获取的云内不同高度的环境温度场数据为基础,依据散射理论及云和降水物理有关知识,研究3 cm波长多普勒偏振雷达实时识别云和降水局部优势水成物粒子类型的方法,并探讨这种分类在冰雹云识别和灾情评估、暴洪监测和预警以及雷电探测和预报方面的应用问题。强雷暴天气是形成冰雹、局地暴雨、雷电等气象灾害的主要天气系统,由于它具有局地性,预报困难,通过对其云和降水的水成物粒子实时识别和分类研究,可了解它的微物理变化过程,这对于云和降水物理学科以及积云模式的发展,对认识这些气象灾害的形成机理和发展新的防治技术都是非常重要的,也为发展我国天气雷达技术及其应用提供经验
3	2009年1月—2013年12月	玛曲空中水资源的转化潜力和催化技术研究、人工增雨催化效果评估	国家科技支撑计划——黄河重要水源补给区(玛曲)降水资源调控技术研究(项目编号:2009BAC53B02)子专题	60	陈添宇、付双喜等	玛曲空中水资源的转化潜力和催化技术研究,人工增雨催化效果评估技术研究

续表

序号	起止时间	项目名称	任务来源	经费(万元)	参加人员	研究内容
4	2009年11月—2017年10月	地形云结构和人工增雨(雪)关键技术研究(项目编号:GYHY200906024)	财政部公益性行业(气象)科研专项	381	陈跃、陈添宇、张国庆等	夏季在祁连山建立外场观测试验点进行综合探测,在以往地形云观测试验的基础上,加强地形云风场(尤其是高空垂直风场)和水汽场的观测,开展地形云人工催化试验,结合地形云模式对地形云结构和人工增雨(雪)关键技术进行以下研究:1)地形云结构的综合观测试验;2)地形云动力结构特征分析;3)地形云演变过程的水汽变化特征分析;4)地形云人工增雨(雪)催化技术的研究
5	2016年7月—2020年12月	大气水资源时空分布与人工降雨(雪)选址和时机研究	科技部国家重点研发计划项目——带电粒子“催化”人工降雨(雪)新原理新技术及应用示范(天水计划)(项目编号:206YFC0401000)03课题	350	尹宪志、付双喜、李宝梓、张丰伟、丁瑞津等	传统的人工增雨主要是采用播撒催化剂,如碘化银、干冰等,以改变云滴的大小、分布和性质。对冷云的人工增雨,常常是播撒致冷剂和结晶剂,增加云中冰晶浓度,以弥补云中凝结核不足,达到增加降雨的目的,对暖云的人工增雨,则通常是向云中播撒吸湿剂,加强云中碰并,促使云滴增大,实现人工增加降雨。 华中科技大学利用静电场来促进水汽的凝聚效应,开展了基于带电粒子静电催化人工降雨新技术的研究。与传统方法相比,静电催化降雨的优势在于原理上是基于静电场对水分子的电极化效应,这种电极化形成了带电离子的气溶胶对于水汽非接触的电场凝聚力,并且对温度、湿度等气象条件的要求宽松。试验已经证实,在晴空且相对湿度降低到30%条件下,也能实现有效的人工降雨 在祁连山地形云外场试验区布置带电粒子催化装置一套,开展带电粒子催化降水试验,对带电粒子增雨技术进行探索
6	2020年1月—2022年12月	半干旱区边界层顶的界面交换过程及其对边界层发展的影响	国家自然科学基金青年基金项目	27	王蓉	以往由于观测资料的限制,对边界层形成机制的研究多集中于陆面能量过程,而对边界层顶界面交换的作用关注较少。本项目基于黄土高原半干旱区开展的野外加密观测试验资料,利用大涡模拟技术手段,在分析半干旱区边界层结构特征和演变规律的基础上,研究热力和动力机制对半干旱区边界层与自由大气之间物质、能量交换和输送的作用,揭示半干旱区边界层顶的界面交换过程对边界层发展的影响机理

省部级人工影响天气科研项目

序号	起止时间	项目名称	任务来源	经费(万元)	参加人员	主要成果
1	2008年1月—2009年10月	西北地区冰雹监测、预警技术研究(项目编号:CMATG2007Z08)	中国气象局气象新技术推广项目面上项目	28	张强、陶健红、王遂缠、康凤琴、杨建才、刘治国、李照荣、付双喜,侯建忠、刘维成、张杰	冰雹云特征分析,冰雹云影响因素的数值模拟研究发展,西北地区冰雹监测、预警业务系统,“业务系统”的推广和应用
2	2009年1月—2010年4月	冰雹云CINRAD/CC雷达预警及防雹作业指挥系统技术推广(项目编号:CMATG2009MS38)	中国气象局气象新技术推广项目面上项目	10	付双喜、陈添宇、李照荣、何金梅、张久林、王卫东、李宝梓、庞朝云、郑泳宜	移植优化完成“冰雹云CINRAD/CD雷达预警及防雹作业指挥系统”平台。该系统具有集基数据浏览、气象产品自动生成、冰雹云自动识别报警和作业指挥于一体的CINRAD/CD雷达实时防雹作业指挥系统,最终向作业人员提供科学的人工防雹作业指挥信息——作业工具、作业时间、作业方位、仰角(云体催化部位)及用弹量等相关信息——通过短信平台实时发布。系统对雹云具有实时监测预警性;冰雹云的雷达判别指标VIL及冰雹指数产品算法优化;用弹量的改进计算
3	2012年1月—2014年9月	冰雹云CINRAD/CD雷达预警及防雹作业指挥系统集成应用(项目编号:CAMGJ2012M52)	中国气象局气象关键技术集成与应用面上项目	13	付双喜、尹宪志、何金梅、王伏村、丁瑞津、张丰伟、陈祺	统计出甘肃庆阳、天水冰雹云雷达常规识别参数;建立了不同区域、不同季节CINRAD/CD雷达识别冰雹云的VIL阈值范围,为系统对冰雹云的声音预警提供量化参数;由于VIL对冰雹的存在有较好的指示作用,优化了冰雹云指数产品算法,在冰雹云识别模式中融入了VIL指标,进一步提高了冰雹云识别的准确性。系统在移植优化中,对软件核心部分——冰雹云识别预警VIL、雹云指数HI产品进行优化以及参数设置等的开放,以适应不同区域、不同季节对参数的修改;对软件的帮助文件、使用说明进行了更新、修改和扩充,推出了新的升级版本,以适应不同CINRAD/CD雷达用户对软件的使用
4	2013年1月—2016年3月	陇东地区典型冰雹云三维结构探测与流场特征研究(项目编号:1208RJZA237)	甘肃省自然科学基金项目	3	付双喜、何金梅、王伏村、陈祺、李宝梓、黄山、杨增梓	研究典型雹云回波初生、发展、成熟、消亡各阶段的结构和流场演变特征,分析其发展与背景场的关系,找出其发展成典型雹云的回波特征(参量)指标。依据典型雹云回波各发展阶段反射率因子强度、流场等特征,总结出风暴发展各阶段的结构和流场三维概念模型

续表

序号	起止时间	项目名称	任务来源	经费(万元)	参加人员	主要成果
5	2019年1月—2021年12月	祁连山北坡地形云人工增雨(雪)技术研究试验(项目编号:RYSY201901)	中国气象局西北区域人工影响天气建设研究实验项目	800	尹宪志、张文煜、程鹏、张武、李照荣、左洪超、刘治国、邵爱梅、李宝梓、袁铁、任余龙、付双喜、王毅荣、张丰伟、庞朝云、黄山、王田田、王研峰、王卫东、丁瑞津、王蓉、陈祺、罗汉、刘莹	集中开展作业天气背景条件分析、综合观测对比试验、增雨作业技术验证试验等研究工作,研究祁连山北坡作业天气背景条件;对比试验区复杂地形精细化雨量场分析;对比试验区复杂地形气流场分析;祁连山北坡综合观测对比试验;地形云水汽和云水的观测分析;地形云云物理特征综合观测对比试验;祁连山北坡增雨作业技术验证试验;地形云作业指标验证试验;不同作业装备对地形云催化作业效果的验证

厅局级人工影响天气科研项目

序号	起止时间	项目名称	任务来源	经费(万元)	参加人员	主要成果
1	2004年1月—2005年12月	冬春季人工增雪试验研究	甘肃省气象局	7	丁瑞津、李生达、薛生粱、王小平、张峰、樊晓春、王俊成、钱莉、李宝梓、杨晓玲	从冬春季人工增雨(雪)的工作需要出发,分析了与冬春季降水关系密切的部分气象要素多年变化特征,统计了有利于甘肃冬春季人工增雨(雪)的4种环流型、云系与降水的关系,并根据它们与冬春季降水的关系分析了有利人工增雨(雪)作业的天气、气候背景。 结果表明,有利作业的天气类型是人工增雨(雪)的先决条件,甘肃省冬春季人工增雪的必要条件是冷空气和暖湿气流。冬春季天气系统4种类型中,南北槽叠加型是实施人工增雪作业的有利环流形势
2	2012年10月—2014年9月	人工影响天气业务体系建设研究	甘肃省气象局	2	尹宪志、丁瑞津、李宝梓、黄山、付双喜、张久林、陈祺、张龙、郑泳宜	该项目通过各种方式调研了国内各省的先进人工影响天气技术、人工影响天气体系、人工影响天气决策指挥平台,总结先进经验,结合甘肃省人工影响天气现状及人工影响天气需求,完成了《甘肃省省级人工影响天气综合业务平台技术方案》《甘肃省人工影响天气综合业务平台建设实施方案(硬件部分)》《甘肃省省级人工影响天气平台建设实施方案》并通过专家论证,为人工影响天气综合平台的建设打下了良好的基础。完成并下发了《祁连山人工增雨(雪)作业指导方案》。在项目的进行过程中积极把项目研究成果应用于实际业务,对祁连山人工增雨(雪)、兰洽会消雨作业、全省火箭增雨作业进行指挥和实施,并对应用情况进行总结,为科研成果的业务应用提供了有益的经验

续表

序号	起止时间	项目名称	任务来源	经费(万元)	参加人员	主要成果
3	2013年5月—2014年12月	甘肃省省级人工影响天气综合业务平台	甘肃省气象局	120	尹宪志、李宝梓、张丰伟、黄山、付双喜、张龙、陈祺、张久林、丁瑞津、任余龙	完善建立了一套更加现代化、可视化程度更高、自动化程度更高，同时具备前瞻性、实用性、科技性、观瞻性的高炮防雹和飞机增雨作业业务决策与指挥综合业务工作平台。该平台由4个分平台构成，分别是数据平台、业务平台、共享平台和管理平台。这4个分平台相对独立，有各自的内涵和任务；又相互协同和支撑，构成一个完整的人工影响天气决策与指挥服务系统。其中，数据平台负责为整个人工影响天气决策服务平台提供统一的数据环境；业务平台是整个决策服务平台的核心所在，负责为甘肃省人工影响天气业务提供决策支持、作业指挥和效果评估等业务处理功能；共享平台，负责为整个决策服务平台提供面向气象部门用户、行业用户和公共用户的信息共享与公共服务；管理平台，负责为整个决策服务平台提供统一的计算资源调度和系统综合管理
4	2013年5月—2014年9月	人工影响小气候防霜机综合系统研发究	甘肃省气象局	13	尹宪志、贾效忠、付双喜、张丰伟、王研峰、丁瑞津、黄山、姚晓英、李宝梓	研发人工影响小气候工作防霜机系统：指导企业研制适合不同地形、不同作物、不同高度和功率的防霜机；研究不同地形条件的逆温状况、不同作物的耐霜冻临界值；研发不同低温天气条件下的加热放烟、覆盖、滴灌、防霜液喷洒等综合手段；建立低温气象预警、防霜预案启动响应、采用预案措施的综合防霜机制；开发和建设人工影响小气候防霜机系统，提高防御霜冻的能力，减少霜冻灾害损失
5	2015年1—12月	甘肃地区层状云微物理特征研究	甘肃省气象局	3	黄山、尹宪志、庞朝云、王研峰、张丰伟、陈祺、付双喜、丁瑞津、李宝梓、王蓉、王田田	获2016年甘肃省气象局科学研究与技术开发二等奖。课题先后发表5篇相关科学技术论文。其中一级核心2篇，二级核心3篇。完成甘肃省空中云水资源评估报告1份。从增雨作业前期需水情况、天气形势、数值模拟、作业条件及航线设计，增雨作业情况，作业效果等几个方面对2013年4月28日甘肃省开展的一次飞机人工增雨作业过程进行分析，利用人工增雨飞机搭载的云粒子探测仪器获得了连续的层状云云滴大小、浓度、含水量等微观资料，为甘肃地区云物理研究提供了重要的事实依据

续表

序号	起止时间	项目名称	任务来源	经费(万元)	参加人员	主要成果
6	2017年3—12月	甘肃省人工影响天气作业点安全射界图制作系统	甘肃省气象局	30	尹宪志、黄山、王田田、李宝梓、杨凡、张丰伟、罗汉、丁瑞津、庞朝云、王蓉	基于甘肃省人工影响天气作业点、地理信息数据等多种采集资料，主要利用抛物动力学和深度算法，自动识别村庄、学校、工厂等敏感背景，自动生成人工影响天气作业安全射界，发展安全射界技术；利用基于B/S结构WEB端和手机APP，开发安全射界指挥综合平台，突破人工影响天气安全射界自动化识别瓶颈，建立人工影响天气作业数据库，实现人工影响天气作业的高效和安全精准
7	2017年	甘肃省人工影响天气弹药装备物联网管理系统	甘肃省气象局	30	尹宪志、丁瑞津、张建辉、庞朝云、黄山、李宝梓	建立省级人工影响天气弹药信息数据库，收集各类人工影响天气弹药管理信息和作业信息，统一入库管理，提供分角色、分权限共享使用；并基于地理信息系统实现人工影响天气弹药的转运位置实时跟踪、库存动态和查询统计分析的综合展示，实现省内人工影响天气地面作业的实时跟踪、作业动态和统计分析的综合展示。配置的2套省级库人工影响天气弹药信息感知手持终端可实时采集省级库人工影响天气弹药出入库信息，并把采集的信息实时上传到省级人工影响天气中心系统。配置的1套市/县级库人工影响天气弹药信息感知手持终端可实时采集市/县级库人工影响天气弹药出入库、报废(销毁)信息，并把采集的信息实时上传到省级人工影响天气中心系统
8	2018年	西北干旱半干旱区大气边界层特征模拟研究	甘肃省气象局	3	黄山	开展了西北干旱半干旱区大气边界层特征模拟研究，发表论文2篇
9	2018年1月—2019年12月	甘肃省人工影响天气综合业务平台推广	甘肃省气象局	5	李宝梓、张建辉、尹宪志、丁瑞津、张丰伟、罗汉、黄山、王研峰、陈祺、王蓉	开展人工影响天气关键技术研究，建立典型层状云增雨(雪)作业概念模型和冰雹云作业概念模型，优化和完善甘肃增雨(雪)、防雹作业指标体系，开展人工影响天气产品检验及云水资源评估；完善业务流程和产品；依托甘肃省人工影响天气综合业务平台，开展作业天气过程预报和制定作业计划、作业条件潜力预报和制定作业预案、作业条件监测预警和设计作业方案、跟踪指挥和作业实施、作业效果检验；实现与CIMISS的对接，方便资料的获取

续表

序号	起止时间	项目名称	任务来源	经费(万元)	参加人员	主要成果
10	2018年1—12月	甘肃省人工影响天气地面作业空域申报系统	甘肃省气象局	67.5	尹宪志、丁瑞津、张丰伟、庞朝云、黄山、程鹏、王蓉、王田田、罗汉	开发完成《甘肃省人工影响天气地面作业空域申报系统》,实现地面作业空域申请、地面作业空域批量申请、地面作业空域批复、地面作业空域批量批复、作业停止、作业提前结束、未作业通报、空域批复权限移交等功能;实现作业空域安全监控功能,实现地面作业信息服务和辅助管理功能;实现作业状态通报、作业完成信息通报、向国家级人工影响天气终端进行作业通报、作业信息存储、作业状态存储
11	2019年	河西生态脆弱区地形云概念模型开发及应用	甘肃省气象局	3	张丰伟	开展河西生态脆弱区地形云概念模型开发及应用研究,初步建立了地形云概念模型。发表论文2篇
12	2019年1—12月	甘肃省云水资源时空分布特征研究	甘肃省气象局	3	王毅荣、王田田、尹宪志、任余龙、李宝梓、黄山、罗汉、刘惠云	根据天气雷达、云雷达、微波辐射计、气象探测火箭、GNSS-MET和再分析资料等对四维时变水汽场和水成物场进行监测诊断
13	2020年1月—2023年12月	国家重点研发计划专题:祁连山地形云综合观测与催化试验研究	科技部	151.78	程鹏、尹宪志、王卫东、王研峰、张丰伟、庞朝云、李宝梓、丁瑞津、罗汉、黄山、王蓉、陈琪	利用祁连山南北坡地形云大气环境动力和热力综合观测及催化试验获取的观测数据,分析影响地形云发展演变的大气环境动力和热力条件,揭示地形云宏、微观结构特征和动力-热力作用机制;通过外场观测和数值模拟,分析地形云增雨潜力;开展地形云宏微观结构、降水形成机制的敏感性数值试验及催化试验,诊断并改进地面催化方案,提高催化效果,建立适宜祁连山地形云的地面催化技术;基于外场观测、地面催化试验和云数值模拟结果,建立地形云人工增雨作业概念模型及作业指标体系
14	2019年1—12月	多种观测资料在祁连山人工增雨作业技术中的应用研究	中国气象局云物理重点实验室	2.0	程鹏、罗汉、尹宪志、黄山、王蓉、王研峰	通过对雷达、微波辐射计、探空、GNSS/MET等多种观测资料的应用分析,初步得到了祁连山地区水汽场分布特征
15	2019年1—12月	人工增雨作业效果检验技术研究	甘肃省气象局	3.0	程鹏、罗汉、尹宪志、庞朝云、张丰伟、王田田、刘莹	通过应用雷达、卫星、雨滴谱等观测资料,对近10年的地面人工增雨作业效果进行物理检验评估。分析得出催化作业前后云体特征量的变化;对比分析作业云体和对比云体的变化特征,得到了雨量增加的物理证据

二、西北地区人工防雹消雹技术

2003年，由兰州干旱气象研究所牵头，国内外12家单位参与的科技部社会公益研究专项“西北地区人工防雹消雹技术”(2002DIB100046)项目正式启动。项目组综合运用新一代天气雷达、卫星、闪电定位系统等现代探测技术和数值模式产品，首次提炼了西北地区冰雹天气综合实时监测方法和系统，首次发现了西北地区冰雹的发生与地震和地温的密切关系，建成了首个中国西北地区冰雹监测、预警及防雹指挥系统。

通过采用三维冰雹云分档模式，用MM5v3中尺度模式提供冰雹云模拟研究所需的环境大气状况，模拟研究了青藏高原东北边缘及毗邻地区各类冰雹形成和增长的过程。结果表明，温度、云中上升气流、水平风速0线和云中各类水成物、各类冰雹质粒的空间分布满足“穴道”理论描述的配置区域是冰雹颗粒含水量的大值范围，同时显示出小冰粒子($D<1$ mm)、霰和雹胚(1 mm$\leqslant D<5$ mm)、小冰雹(5 mm$\leqslant D<10$ mm)在冰雹形成初期，在$-30\sim-50$ ℃高空存在另外一个大值区域。两个大值区域中间有明显的分割，表明两个区域形成的微物理机制不同，证明了冰雹云中的“穴道”是冰雹形成和增长的有效区域，因此“穴道”区域也是人工防雹消雹的主要区域。

西北地区东部雹云的热红外亮温的变化基本在245 K以下，中红外波段反射率相对较低，基本变化在0.4及以下范围，可见光和近红外波段反射率>0.6。冰雹产生的两个重要条件是高的云光学厚度和大的云粒子有效半径共同出现；西北地区冰雹发生的云顶高度基本在4.5～7 km。根据雹云的光谱特征，确定雹暴指数及其模型阈值为>0.35。

三、祁连山空中云水资源开发利用研究

2004年，由兰州干旱气象研究所、兰州大学大气科学学院、中国科学院寒区旱区环境与工程研究所和甘肃省气象局共同承担科技部国家科技攻关计划引导项目“西部开发科技行动”重大项目计划“祁连山空中云水资源开发利用研究”(2004BA901A16)。该项目在地形云外场科学试验、云水资源监测方法、地形云形成物理模型、云水资源和地面降水的分布特征及影响机制、地形云的微物理特征、祁连山人工增雨概念模型等方面取得的最新研究进展，初步评估了祁连山区人工增雨的效果和效益，讨论了祁连山空中云水资源开发的一些科学问题。

在祁连山石羊河、黑河流域开展了人工增雨外场科学试验，利用多普勒雷达、双通道微波辐射计、XDR测雨雷达、雨量采集点等，进行加密探空、雨滴谱观测及飞机PMS探测，获取了一批很有价值的原始数据资料。分析了祁连山区云团和降水时空分布特征、大气环流和主要天气系统气候特征，分析了大气可降水量、水汽通量和水汽收支演变，分析了祁连山区内陆河流域水循环中各分量的变化特征与趋势，建立了气温、降水、面雨量、径流量和蒸发量等之间的关系。研究了绿洲耗水量与灌溉率的关系，探讨了河西绿洲对祁连山区环境的影响。采用中尺度数值模式，模拟了祁连山地区生态环境恶化后所导致的后果，开展了二氧化碳浓度倍增后的西北区域气候情景模拟研究。开展了卫星遥感监测方法研究，分析了祁连山区地形云、云光学厚度和云粒子有效半径的遥感反演与云水资源的分布特征，提出了数据判识祁连山区积雪方法，进行了祁连山植被地理信息系统分析等。

四、西北地形云结构及降水机理研究

2006—2007年，由中国气象科学研究院、中国气象局大气探测中心和甘肃省气象局等单

位参与的国家自然科学基金重点项目“西北地形云结构及降水机理研究(40533015)”,在祁连山区进行人工增雨(雪)科学试验。

祁连山民乐试验区降水随海拔升高由北向南递增,在祁连山北坡实测最大年降水量511 mm,出现在海拔2500 m的瓦房城。全年7月降水最多,6—8月降水量占年降水量的57%。夏季风向日变化明显,以山谷环流为主,白天多为西北风,夜间为东南偏南风,午后谷风使水汽向祁连山北坡汇集,气流抬升形成对流云,故山区16—20时降水频率最高,有两个雨峰分别出现在午后和半夜,与低云量和积云、积雨云的日变化对应。

夏季祁连山冷龙岭西段云量丰富,平均云量在6成以上。祁连山地形云的水汽主要分布在高度3500～6500 m,对流层中层的西南气流将水汽由南向北输送到祁连山区,西南气流背景下总云量多达8成。祁连山夏季无降水日大气水汽含量非常低,700 hPa以上大气相对湿度大多在20%以下;西南气流背景下祁连山南北侧山谷风的共同作用,气流昼间向山顶辐合,夜间向山谷辐散,当水汽条件充足时,极易抬升形成可以产生降水的地形云。祁连山降水主要由直径小于1 mm的雨滴组成。

按照降水云系的结构,各种雨滴平均粒径由大到小排序依次是对流云系、混合云系和层状云系。降雨强度和雨滴粒子数浓度变化趋势一致。雨滴粒径和降落速度之间有很好的对数关系。观测与实验研究表明,祁连山一带是西北地区平均降水云量最大的地区之一,最大降水量超800 mm,是河西走廊平原降水量的4～16倍。该地区水汽总输送量中只有15%左右形成降水,通过人工增雨(雪)作业,可以有效利用祁连山山区空中云水资源,每年为河西走廊一带内陆河流域增加降水3.7亿～7.4亿m^3。

第三节　人工影响天气科研奖励

甘肃省气象局及省人工影响天气办公室先后获得省部级人工影响天气科研奖7项、厅局级人工影响天气科研奖7项、人工影响天气实用专利及软件著作权14个。

一、省部级科研奖

省部级人工影响天气科研奖励

序号	获奖名称	获奖级别	主要完成人	主要研究内容
1	自动站雨雾凇冻害研究	2015年度第八届全省职工优秀技术创新成果三等奖	尹宪志、张强、胡文超、徐启运、李晓峰、王炜	创新研究解决了发热电子元器件科学准确的温控融冻控制技术,确保自动气象站正常运行及观测资料的准确性,解决并填补了国内自动站防雨凇、雾凇及冰冻冻害技术难题和空白,成果应用效果良好。其中,传感器冻害形成的气象参数、加热融冻的最佳功率、温控电路设计等,相关论文及技术被应用推广。自动气象站自动风传感器防雨凇、雾凇冻害保护装置,2010年4月22日获国家知识产权实用新型专利

续表

序号	获奖名称	获奖级别	主要完成人	主要研究内容
2	三农科技服务金桥奖先进个人	2015年度中国技术市场协会金桥奖	尹宪志	开展人工影响天气作业条件、人工增雨效果研究，在暴雨、水汽、云系等方面形成作业条件指标体系，提出3小时作业效果的概念。在天水万亩特色农业基地建立人工防霜基地，进行果园近地层逆温的分布变化规律研究，利用近地层逆温和人工扰动混合，提升果树空间的气温，联合天水机械制造企业和特色农业基地，开展以防霜机为主要手段的人工影响小气候防霜试验，取得明显效果，主编出版了《人工防霜冻技术研究》。联合企业制造的防霜机取得国家专利
3	人工防霜冻技术研究	2015年度中国技术市场协会金桥奖	尹宪志、贾效忠、付双喜、张丰伟、王研峰、刘民祥、丁瑞津、黄山、陈祺、李宝梓、张久林、姚小英	研究设计出国内首台高架长叶片防霜机，填补了高植株大面积果园人工防霜冻机械空白；获得国家实用新型专利(专利号201320353512.7)。完成我国人工防霜冻技术研究专著《人工防霜冻技术研究》。在天水万亩果园建立人工防霜试验研究基地，开展了果园近地层逆温研究，建立了利用逆温资源扰动防霜的理论。开展了防霜对比试验研究，对防霜机防霜效果进行了评估，得出防霜机扰动升温、风速扩散、保护面积等理论数据。完成“高架防霜机技术规范”编写、在首次系统观测果园气象要素的同时，完成我国人工防霜冻技术研究
4	干旱地区人工影响天气关键技术研究	2016年度甘肃省科技进步三等奖	尹宪志、付双喜、丁瑞津、张丰伟、刘洪兰、王研峰、刘治国	开展了干旱区人工影响天气技术理论创新研究，一是揭示了干旱地区空中云水资源的分布特征；二是建立了干旱地区人工影响天气的作业条件识别等关键技术；三是探讨了适用于干旱区的人工影响天气作业指标体系，增强了人工影响天气科技能力建设。开发了集卫星、雷达、地面等三维立体的集约化甘肃人工影响天气综合业务平台。创新发展了人工影响天气作业装备技术。联合研发了“ZY-1/F101飞机焰条播撒系统”“高炮在膛哑弹液压退弹器”，提高了飞机人工增雨作业的效益。研发了国内领先的人工影响天气作业指挥系统，建立了飞机、火箭、高炮增雨(雪)和防雹等人工影响天气作业指挥系统。拓展了人工影响天气作业效益评估技术。创新了人工影响小气候防霜冻技术。完成人工防霜机理论及效果试验和人工防霜冻技术研究。编写出版《人工防霜冻技术研究》等2部专著

续表

序号	获奖名称	获奖级别	主要完成人	主要研究内容
5	青藏高原东北侧强对流天气探测及人工防雹作业关键技术应用研究	2017 年度甘肃省科技进步三等奖	付双喜、赵果、王伏村、何金梅、张彤、杨金虎、尹宪志	揭示青藏高原东北侧极端强降水的物理机制、水汽来源和收支，凝练强降水、冰雹短期潜势预报和临近预警的指标，总结对流风暴三维结构和流场特征概念模型。优化双线偏振雷达参数，提高雷达测雨的精度。研制联合观测雷暴云内闪电观测系统和外场气象雷达标定系统，扩展双线偏振天气雷达观测功能。建立甘肃中东部雹云雷达预警识别指标 VIL 及 VILD 与冰雹大小的对应关系，优化冰雹指数 HI 产品及人工防雹作业指挥技术。研发“冰雹云 CINRAD/CD、SCRD-X 中频相参雷达预警及防雹作业指挥系统”“防雹作业指挥图像产品生成系统”“714XDP 双线偏振天气雷达体扫数据处理显示软件”
6	脆弱生态修复人工增雨立体作业体系及应用研究	2018 年度甘肃省科技进步三等奖	尹宪志、黄山、王毅荣、程鹏、李宝梓、张丰伟、王蓉、王研峰、王田田、丁瑞津、罗汉、庞朝云、杨瑞鸿、刘莹、杨增梓	揭示脆弱生态环境下人工增雨作业背景条件，创建人工增雨立体作业技术指标体系。构建以催化作业为核心的云物理模型和人工影响天气指挥模型，建立人工增雨的五段业务流程。研发复杂条件下人工影响天气作业安全落区的深度算法和背景识别，开发基于地理信息数据的人工影响天气作业安全射界识别系统。研发人工影响天气作业装备技术和保障手段，发展人工影响天气弹药装备物联网管理技术。发表核心期刊论文 17 篇，获得计算机软件著作权 2 项和实用新型发明专利 1 项
7	一种飞机增雨装置	2019 年度第十二届全省职工优秀技术创新成果优秀奖	尹宪志、杨瑞鸿、李照荣、庞朝云、陈祺、丁瑞津、	从液氮的基本特性及催化原理出发，合理安全改装增雨作业飞机，对平衡、结构强度、性能、动力特性、飞行特性和其他适航性因素做无影响的改装，播撒装置要做到便于操作、使用、维护、拆装，并根据需要有大剂量催化作业的能力。确定了液氮播撒装置的基本功能及设计思路：采用加压喷射方式即直播播撒；实现多喷头同时播撒；有贮运大剂量液氮的能力；设备易安装、维护，便于拆装等优点

二、人工影响天气实用专利及软件著作权

先后获得人工影响天气实用新型专利 3 项及标准 1 个，人工影响天气软件著作权 10 个。

人工影响天气实用新型专利及标准

序号	知识产权名称	国家（地区）	授权号	授权日期	证书编号	权利人
1	一种土壤取样钻头	中国	ZL201320077671.9	2013-08-21	3115381	尹宪志等
2	自动站风传感器防雨雾凇冻害保护装置	中国	ZL201020169590.8	2010-12-01	1614817	尹宪志等

续表

序号	知识产权名称	国家（地区）	授权号	授权日期	证书编号	权利人
3	一种飞机增雨作业装置	中国	ZL201720242607.X	2017-11-10	6599907	尹宪志、杨瑞鸿、张建辉、李照荣、庞朝云、陈祺、丁瑞津、张久林、黄山
4	高架防霜机作业效果评估规范（地方标准）	甘肃	DB62/T 2857—2018	2018年		尹宪志、张丰伟等

人工影响天气软件著作权

序号	名称	授权日期	授权机构	著作权号	完成人
1	冰雹云 CINRAD/CC 雷达预警及防雹作业指挥系统（V1.0）	2013年12月	中华人民共和国国家版权局	2013SR149537	付双喜、何金梅、李宝梓
2	冰雹云 CINRAD/CD 雷达预警及防雹作业指挥系统（V1.0）	2013年8月	中华人民共和国国家版权局	2013SR082042	付双喜、陈添宇、何金梅、张久林、王卫东、陈祺
3	甘肃 CINRAD/CC 多普勒雷达防雹作业指挥图像产品生成系统（V1.0）	2014年7月	中华人民共和国国家版权局	2014SR108686	付双喜、何金梅、尹宪志
4	冰雹云 CINRAD/CD 多普勒雷达防雹作业指挥图像产品生成系统（V1.0）	2014年9月	中华人民共和国国家版权局	2014SR131090	付双喜、王伏村、何金梅
5	甘肃省人工影响天气综合业务平台	2015年1月	中华人民共和国国家版权局	2015SR004585	尹宪志、王卫东、王建峰、李宝梓、丁瑞津、张丰伟、付双喜、黄山、张龙
6	甘肃省人工影响天气指挥空地传输通信系统	2015年1月	中华人民共和国国家版权局	2015SR004575	尹宪志、王建峰、李宝梓、张久林、张丰伟、杨瑞鸿、陈祺、杨增梓、庞朝云
7	甘肃省人工影响天气作业信息管理系统	2015年1月	中华人民共和国国家版权局	2015SR004581	尹宪志、王建峰、丁瑞津、付双喜、王研峰、张建辉、康凤琴、郑泳宜、王蓉、王田田
8	甘肃省人工影响天气作业点安全射界图制作系统	2018年7月	中华人民共和国国家版权局	2018SR550867	尹宪志、黄山、王田田、李宝梓、罗汉、张建辉、丁瑞津、庞朝云、王蓉、张丰伟
9	甘肃省人工影响天气弹药装备物联网管理系统	2018年1月	中华人民共和国国家版权局	2018SR617023	李宝梓、尹宪志、丁瑞津、张丰伟、黄山、程鹏、王蓉、王田田、罗汉、王研峰
10	甘肃省人工影响天气地面作业空域申报系统	2018年3月	中华人民共和国国家版权局	2018SR816007	李宝梓、尹宪志、丁瑞津、张丰伟、庞朝云、黄山、程鹏、王蓉、王田田、罗汉

第九章　人工影响天气助力甘肃经济社会持续发展

1958 年 8 月 8 日，气象部门首次成功进行飞机人工增雨作业，开创了我国现代人工影响天气事业发展的新纪元；同年 9 月，中国科学院地球物理研究所在甘肃省榆中县成功对云进行干冰催化降雨试验，拉开了甘肃人工影响天气的序幕。经过半个多世纪的发展，人工影响天气早已不但是为了缓解干旱引起的缺水或防御冰雹灾害，而且在抗旱防雹增收、保障交通安全、森林防(灭)火、水力发电、脱贫攻坚、生态环境保护等方面发挥着越来越重要的作用。60 年风风雨雨，成就了新中国依靠科技力量自主发展人工影响天气事业的道路；60 年探索实践，谱写了发展甘肃人工影响天气事业的历史篇章。

第一节　人工增雨有效缓解旱情

甘肃是全国气象灾害最严重的省份之一，全省气象灾害损失占自然灾害总损失的 88.5%，高出全国平均值 18.5 个百分点。全省年平均降水量为 300 mm，是全国年平均降水量的 47%，干旱灾害是甘肃气象灾害之首，每年因旱成灾面积近百万公顷。特别是近年来，气候变化幅度高于全国平均水平，祁连山雪线上升、民勤绿洲退缩、甘南草场退化等生态环境问题日趋严重，各类极端天气、气候事件频繁发生，造成的经济损失和影响不断加重。对此，全省人工影响天气工作者抓住一切有利时机，积极开展飞机、火箭、焰弹和高炮人工增雨(雪)作业，有效缓解了旱情。

开展飞机人工增雨作业

目前,甘肃现有飞机人工增雨基地1个,租用作业飞机1架,14个市(州)的75个县(区、市)开展人工影响天气作业,从业人员1200余人,每年3—10月开展飞机增雨作业,年平均作业30架次,增加降水10亿～12亿 m^3,作业覆盖面积约23万 km^2。全省14个市(州)及中牧山丹马场开展地面增雨(雪)、防雹作业,有高炮、火箭作业点近500个,每年发射高炮人雨弹约4.5万发,火箭弹约4000枚,作业保护面积约6.2万 km^2,人工影响天气工作得到了社会各界的充分肯定,受到了人民群众的普遍欢迎。

一、人工增雨抗旱减灾

天水市2005年5月发生严重春旱,市政府拨50万元专款用于人工增雨。天水市气象局抓住有利时机,组织开展了大规模的火箭、高炮联合增雨作业,全市3次增雨作业共发射火箭108枚、人雨弹1309发。作业后,全市普降中雨,局地大雨,部分地区旱情基本解除。天水电视台、《天水日报》进行了跟踪报道,《兰州晚报》以"天水市政府50万元向天买雨"为题目报道了这次增雨过程。2006年7月,天水市又出现突破历史记录的高温少雨天气,天水市人工影响天气办公室适时组织实施了增雨作业,作业后全市出现中到大雨,部分乡镇出现暴雨,有效缓解了前期干旱。由于增雨效益突出,市政府一次性增拨人工影响天气经费20万元。

2006年6月14日,敦煌市气象局实施人工增雨作业2点次,共发射火箭12枚,增雨效果明显,敦煌市过程降雨量达10 mm。此次降水过程主要是人工增雨作业的影响,截至当天11时,未实施人工增雨作业的肃北和瓜州的降水量仅有0.9和3.0 mm。

2007年5月24日,甘肃中东部地区,尤其是庆阳、平凉等发生50年不遇的干旱,农田墒情普遍降到40%以下,环县甚至出现深1.0 m的干土层,持续的干旱严重影响了小麦生长。据统计,甘肃受旱农田达100.3万 km^2,共有87万人和78.5万头牲畜出现饮水困难。为抗旱保生产,21—23日,先后出动人工增雨飞机3架次,对旱情严重的庆阳、平凉、武威、兰州、天水、定西、临夏、白银等地实施人工增雨作业,同时在地面32个点次利用高炮、火箭作业,发射炮弹、火箭共336枚(发),使甘肃中东部地区,尤其是庆阳、平凉等地旱情得到缓解。

2008年11月开始,甘肃省降水持续偏少,气温普遍偏高,旱情日益加重。截至2009年2月17日,甘肃省受旱耕地面积达到154.2万 km^2。2009年2月24日开始,省气象部门组织大范围人工增雪作业,52点次地面作业共发射火箭弹、炮弹、焰弹1317枚(发),作业区内降水明显。甘肃省中东部普降中到大雪,定西、临夏、兰州、平凉、庆阳等市(州)出现大雪,中部局部地区降水量超过10 mm。3月11日,甘肃省又抓住有利时机,人工增雨飞机在兰州、白银、庆阳、平凉和宁夏南部首次进行了跨区增雨(雪)作业,共飞行作业2.26 h,使用烟条10根,液氮180 L,总共增水达0.62亿 m^3。为了提高增雨效果,甘肃省人工影响天气办公室同时组织兰州、天水、平凉、庆阳、陇南等地进行地面作业,地面火箭、高炮作业26点次,发射火箭弹、炮弹共计169枚(发),作业区普遍出现了0.5～9 mm的降水,最大降水量达9.4 mm(正宁),宁夏南部降水量也超过5.0 mm。为春播提供了较好的墒情,缓解了旱区人、畜饮水困难。

2013年2月下旬开始,甘肃降雨持续偏少,气温快速上升,气候干燥,武威以东地区旱情持续发展,河东大部分地区达中到重度干旱,截至4月2日,全省作物受旱面积47.87万 km^2,96万人和50万头牲畜饮水发生困难。4月28—29日,省人工影响天气办公室在进行2架次飞机人工增雨作业的同时,组织6个市(州)开展地面增雨作业,乌鞘岭以东普遍出现小到中雨,全省27个县(区)出现了10 mm以上降水,旱情普遍得到缓解。甘肃省副省长冉万祥给予肯定。

2014 年针对酒泉市连续 209 d 无降水的干旱，甘肃省人工影响天气办公室按照省气象局领导指示，积极联系沟通兰州空军、机场等部门，做好飞机人工增雨准备，酒泉市人工影响天气办公室抓住有利时机，组织实施了全市联合人工增雨作业，作业区域内过程降水量 3～10 mm。

车载火箭人工增雨作业

2016 年 5 月 20—23 日，针对大范围降水天气过程，甘肃省人工影响天气办公室抓住有利时机，及时组织武威、定西、张掖、酒泉、金昌、兰州、白银、天水、陇南等市（州）开展全省跨区域地面、高空联合立体作业，期间地面作业近 80 点次，消耗人雨弹约 230 发、火箭弹约 660 枚；开展飞机增雨作业 3 架次，累计飞行约 13.5 h，累计覆盖面积 21 万 km^2，增水量约 3.4 亿 m^3。此次大范围联合作业效果显著，对农作物及牧草生长、缓解干旱区人畜饮水困难、净化空气等，尤其对前期定西、天水等地的旱情缓解发挥了重要作用。

2018 年 5 月，围绕生态修复人工增雨需求，甘肃省人工影响天气办公室组织西北区域 6 省（区）33 个市（州、盟）开展联合作业，各省（区）积极响应联合作业指令，共组织实施人工增雨飞机跨区域飞行作业 7 架次，影响区覆盖内蒙古中西部、陕西中北部以及甘肃东部，累计飞行约 18.8 h；配合实施地面高炮、火箭增雨和防雹作业，共计发射弹药约 1960 发（枚）。本次联合作业，飞机和地面高炮、火箭作业影响区面积共约 5 万 km^2，区域内共增加降水约 5.16 亿 m^3；发布作业指挥产品及总结 5 期，经评估分析，增雨效率为 6.2%～23.6%，作业效果明显。6 月，针对金昌市严重的春末初夏气象干旱，省人工影响天气办公室积极应对，制定了《金昌市抗旱救灾人工增雨作业实施方案》，有序组织在张掖、金昌、武威等地联合开展两次大规模空地立体增雨作业，效果显著，有效缓解了旱情。据统计，6 月 19 日至 7 月 3 日，金昌市上游东西大河来水 4216 万 m^3，较 2017 年同期增加 1317 万 m^3。

二、人工增雨（雪）增加水资源

从 2014 年 12 月 9 日开始，庆阳市宁县持续 49 d 无有效降水，全县旱情严重，对人畜饮水、农作物越冬和大气质量等带来严重影响，风干物燥，森林火险等级居高不下。为了缓解旱情，2015 年 1 月 27 日，宁县气象局密切关注天气，提前做好准备，抓住有利时机开展了人工增雪作业，有效增加降雪量，28 日 08 时宁县降雪量 2.6 mm，积雪深度 2 cm，达到中雪量级。

自2016年10月下旬开始，甘肃省永靖县气温较历史同期持续偏高、降水特少，超过百日无有效降水，导致全县干旱范围明显扩大、旱情加重，森林草原火险气象等级处于高度危险状态。受冷空气影响，2017年2月20日夜间，永靖县辖区内出现零星降雪天气过程，永靖气象局紧紧抓住这一有利条件，积极实施人工增雪作业，在自然降雪和人工增雪的共同作用下，全县普降小到中雪，局地大雪，最大降水量达4.8 mm，积雪深度6 cm，人工增雪效果显著。此次降雪在一定程度上缓和了当时旱情，对改善空气质量、降低森林火险等级起到积极作用。

2019年入冬以后，在祁连山地形云探测和外场试验研究的基础上，甘肃省人工影响天气办公室积极组织开展针对性人工增雨（雪）作业。11月开始，河西5市及兰州市共开展增雨（雪）作业20点次，其中地面烟炉作业2点次，使用烟条70根；火箭作业18点次，发射火箭73枚。通过人工增雨（雪）作业，祁连山区12月12—13日、16—17日天气过程普遍出现小雪，局地出现中到大雪，积雪深度最大5 cm，河西区域墒情改善。12月24—25日，甘肃省多地再度抓住有利时机开展人工增雪作业，肃北县、阿克塞县、敦煌市和肃州区共出动5辆作业车，发射增雪火箭弹59枚。据统计，此次过程酒泉市普降小到中雪，祁连山区达到大雪标准，有效提高了土壤墒情，净化了空气。

第二节　人工防雹减轻了冰雹灾害

雹灾是甘肃第二大气象灾害，主要冰雹路径有8条，每年约有12万 km^2 的农田遭受冰雹危害。为此，甘肃积极开展防雹作业，取得了明显效果。“十五”以来，甘肃共实施地面人工防雹作业7600点次，发射人雨弹14万发，取得了显著的社会、经济效益。

2007年6月23日晚，临夏州有5个县相继遭受冰雹袭击，临夏州人工影响天气办公室及时申请空域，组织和政、康乐、临夏3县实施高炮防雹联合作业，历时70分钟，耗弹254发，将冰雹灾害降到了最低。其中，和政县由于作业指挥得当，防雹效益显著，县领导在人工影响天气简报上批示：“前一阶段防雹工作扎实有效，特别是6月23日效果更为明显，应该充分肯定。”

2007年11月，兰州市安宁区安宁堡街道领导来到兰州市气象局，送来一个“感动桃乡”的牌匾，感谢多年来人工增雨防雹使桃乡取得显著的经济效益。兰州市安宁区安宁堡是著名的桃乡，其白凤桃以个大、汁多、味甜而闻名省内外，是兰州农产品的知名品牌。安宁堡又是都市休闲、旅游度假的胜地，山清水秀，环境优美，有仁寿山、天斧沙宫等自然景观，每年的桃花会和蟠桃会吸引了数万名游客。然而，正是这样一个有着优良经济作物和丰富旅游资源的地方，却是冰雹频发区，每年4—10月都是当地强对流天气和冰雹天气的频发时段。1996年以前，冰雹灾害年年发生，严重时使即将收获的累累果实化为乌有。当地老百姓每逢雷雨天气，就会担惊受怕、求神拜佛，乞求老天不要下冰雹。为了保护人民财产不受损失，兰州市政府、兰州市气象局和安宁区农业局在1996年共同建成了安宁区安宁堡人工增雨防雹炮点，开展人工防雹作业。自炮点建成以来，安宁桃乡基本没有发生雹灾。人工增雨防雹为地方特色农业服务做出了贡献，当地群众赞誉“防雹高炮隆隆响，防灾减灾保桃乡”。

2016年6月3—13日甘肃省大部分地区出现冰雹天气，甘肃省人工影响天气办公室作业指挥人员全天候值守，密切关注省级人工影响天气指挥平台各类潜势预报预测产品及雷达回波动态，及时发布人工防雹预警信息和作业指令。期间，甘肃10个市（州）共开展地面防雹作业500

余点次，发射人雨弹约 1.4 万发、火箭弹 500 余枚；部分市（州）抓住有利时机开展地面增雨作业 20 余点次，发射人雨弹 800 余发、火箭弹 70 余枚，有效预防和减轻了冰雹灾害损失。

第三节　人工增雨助力扑灭森林火灾

除了防雹、增雨之外，人工影响天气还为扑灭森林大火做出了重要贡献。继 1997 年 9 月 10 日甘肃利用飞机人工增雨扑灭腊子口持续数天的森林大火之后，成功扑灭 2003 年 4 月迭部森林大火是又一个典型范例。

2003 年 4 月 15 日 12 时许，甘肃迭部县达拉林场因风刮倒电线杆支架，输电线路短路引发重大森林火灾。甘肃省人工影响天气办公室抓住有利气象条件，积极实施了飞机人工增雨作业。共飞行 6 架次，历时 17.25 h，航程 0.65 万 km。期间，还配合省林勘院、省电视台、省测绘局人员，2 次飞到迭部火点上空进行火情探查。在飞机增雨作业的同时，省人工影响天气办公室及时组织有关市（州）的流动火箭发射装置前往迭部县达拉乡森林火灾现场，进行火箭作业 10 点次，发射火箭 120 枚，为这次森林灭火工作做出了积极贡献，得到了省政府领导及森林灭火现场指挥部有关领导的充分肯定。此外，省气象局的 EOS/MODIS 卫星接收系统准确及时地提供了火灾的位置和面积，机载 GPS 轨迹探测系统准确引导增雨飞机到达火灾现场，对火灾的监测和增雨灭火起到了积极作用。

2016 年 3 月 3 日，白龙江林管局迭部林业局达拉林场发生火灾，火场风力已达到 7 级，火灾迅速蔓延，难以有效控制。初步估算，过火面积已达 180 hm^2。甘肃省气象局启动迭部林火扑救气象保障Ⅰ级应急响应。在灭火过程中省人工影响天气办公室派出两名人工影响天气技术专家现场技术指导。在选取人工增雨作业点，绘制火箭作业落区图的同时，及时调配弹药、协调空域，保障增雨作业。与国家人工影响天气中心会商，确定人工增雨灭火作业时机，为森林草原灭火发挥重要作用。

随着一枚枚增雨火箭腾空而起，3 月 8 日晚 20 时 30 分，甘肃省气象局迭部达拉火灾气象保障服务人工影响天气作业组抢抓有利时机，在位于达拉火场上游的扎尕那、达莫山、滋润山、拉路后山 4 个作业点开展人工增雨灭火作业；9 日，再次进行人工增雨灭火作业。3 月 9 日，在迭部达拉林场森林火灾现场指挥部召开的会议上，国家林业局森林防火指挥部副总指挥杜永胜对甘肃气象部门及时准确的气象服务给予充分肯定。他指出，气象部门专业技术力量强，预报准确，服务材料针对性强，为灭火工作争取了宝贵时间。

2016 年 3 月 9 日，甘肃省气象局局长鲍文中（左图左 2）、
副局长张强（右图右 2）指导达拉林场人工影响天气作业灭火工作

3月10日，甘肃省副省长杨子兴对气象部门竭尽全力保障林火扑救的奋战精神表示感谢，对气象部门提供的优质、高效的气象保障服务予以赞扬。他指出，正是由于气象部门准确及时的预报服务和科学的气象决策建议，为达拉林火的扑救争取了宝贵时间，为指挥部科学部署和安排扑救提供了决策依据，为直升机吊桶作业提供了优质的气象服务保障，同时人工影响天气为达拉林火扑救创造了有利的气候条件。他要求气象部门要进一步加强对风速、风向的准确预报和及时服务，为指挥部抢抓时机、科学部署提供决策依据。

第四节　人工影响天气重大社会活动保障服务

一、防雹减灾深得民心

甘肃省国家级贫困县多，自然灾害频繁，冰雹、干旱肆虐，老百姓的生活非常艰难。在这种情况下，人工防雹和增雨(雪)看似简单，实则影响全局，关乎农民群众的切身利益，直接关系着农民的温饱、农村的稳定，影响着全省奔小康的进程，也关系着党和政府在群众心目中的形象和地位，人工影响天气无疑是一项民生工程、惠民工程、德政工程。因此，防雹、增雨深得老百姓爱戴和拥护。

60年来，甘肃人工影响天气工作在减轻干旱、冰雹对国民经济特别是农业生产造成的损失、缓解水资源短缺、生态环境建设和保护、促进人与自然和谐发展等方面发挥了积极作用，得到了各级党委、政府的充分肯定，深得广大人民群众的信赖和拥护。

临夏回族自治州冰雹、干旱总是不停地威胁着当地的农业生产。1996年，州气象局向州政府提出，用人工防雹增雨的科技手段帮助当地农民群众脱贫致富。在州、县两级政府的大力支持下，人工防雹增雨工作有声有色地开展起来。高炮第一次进点的场面非常感人，乡中老者为大炮披红挂彩，当地群众燃放鞭炮，以示欢迎。逢年过节，当地百姓自带清油、鸡蛋慰问炮手。和政县新庄乡、买家集乡的炮点，最初都选在视野开阔的山顶上，但道路崎岖狭窄，交通不便。村民闻讯后自发组织起来，无偿出工出力，拓修道路，使机动车辆能够直接把高炮和防雹增雨物资运送到炮点上。1997年，防雹增雨高炮降服了肆虐和政县将台村多年的“龙王爷”，村民们朴实的话语令人感动：“大炮是我们一方平安的保护神，求神拜佛没有用，大炮才是真正的‘铁佛爷’！”谁要是想撤走高炮，当地老百姓就不会答应。

二、人工影响天气消雨保障重大社会活动

甘肃省人工影响天气办公室为兰州国际马拉松赛、兰洽会等重大活动多次进行人工消减雨作业，避免或减轻不利天气对重大活动的影响。2013年6月20日是兰洽会开幕日，但“天公不作美”，兰州市气象台预报6月19—20日有明显降水天气，兰州市大部分区域有中雨，局部地区有大雨。为了保证2013年兰洽会开幕式的顺利进行，省气象局紧急启动人工消减雨作业预案。省人工影响天气办公室调集白银、临夏、天水、定西和兰州5个市(州)11部车载火箭架，集中在兰州周边的皋兰山、忠和、七里河、九合和西果园等5个点同时作业，共计发射火箭360枚、炮弹4200发，人工消雨作用后，各地降水减弱为小雨，作业效果显著，保障了兰洽会开幕式顺利进行。

兰洽会开幕式人工消减雨作业甘肃省气象局副局长张强作动员(左图)及作业现场(右图)

2019年8月19—21日，为保障重大活动，在山丹军马场首次开展人工消减雨气象保障服务，积极组织酒泉、嘉峪关、张掖、武威、金昌等市气象局移动火箭作业车辆及作业人员集结待命，并在预定的时间开展消减雨作业，为活动的顺利进行提供保障。10月1日，陕西省政府在西安举行6个省(区)参加的大型庆祝活动，陕西省气象局制定了人工影响天气作业实施方案。西北区域人工影响天气指挥中心发布联合作业指令，甘陕两省开展联合消减雨作业，人工消减雨效果明显，保证了大型活动顺利开展。

三、跨省(区)人工影响天气作业助力经济社会发展

西北区域跨省(区)人工影响天气作业将生态文明建设气象保障服务作为全面推进气象现代化的重要抓手，主动融入地方经济社会发展大局，不断完善气象工作体制、机制，在缓解干旱和防御冰雹、森林防扑火、生态环境保护和生态文明建设方面发挥积极作用，有力促进了经济社会发展。据统计，2009—2013年，西北5省(区)开展跨省(区)飞机人工增雨作业200多架次，增雨90多亿 m^3。

第五节　人工防霜——创新防灾、减灾新手段

甘肃气候类型多样，生态环境脆弱，气象灾害具有重发、多发和频发的特点。随着全省经济林果、设施农业的迅速发展，低温冻害成为仅次于旱灾的季节性灾害。据甘肃省民政厅统计，2013年4月4—14日，低温霜冻灾害造成天水、平凉、陇南、临夏、酒泉等9市(州)29个县(区、市)204.6万人受灾，300余人需生活救助；农作物受灾17.15万 hm^2，绝收0.75万 hm^2；直接经济损失20.7亿元。对此，省政府高度重视，7月4日甘肃省气象灾害防御指挥部迅速成立果园防霜冻设备研发协调领导小组和办事机构，省人工影响天气办公室按照省气象局的工作部署，研究制定“人工影响小气候防霜机系统开发建设方案”时，调研指导相关企业研制适合不同地形、不同作物、不同高度和功率的防霜机。

省气象局、省人工影响天气办公室以天水林果气象服务试验示范基地为依托，在天水麦积区南山万亩苹果种植基地建成防霜机试验基地。项目组攻难克艰，分析完成不同地形条件的逆温分布状况，研究获得不同作物的耐寒冻临界值，评估不同低温天气条件下加热放烟、覆盖、滴灌、防霜液喷洒等综合手段防霜效果，建立了低温气象预警、防霜预案启动响应、采用预案措施的综合防霜机制，编写了“防霜机气象参数试验方案”。通过反复试验研究，2014年10月19—21日，由省人工影响天气办公室和天水市气象局技术人员组成的试验小组，在防霜机实

验基地进行对比和实验观测的基础上，完成了防霜机效果评估。

一、防霜机防御霜冻的基本原理

当发生霜冻天气时，一般近地面存在逆温现象。在逆温条件下，离地面 6～10 m 高度空气层的温度比地面平均温度高 2～4 ℃。

防霜机利用一种特制的风扇，当霜冻发生时，将上方较高温度的空气不断吹送至下方果树低温空间，提高近地面温度；同时，搅动果园近地空气，吹散水汽，减少露水形成，阻止霜的生成。即使形成霜也可减缓化霜速度，减轻果芽的二次冻害。防霜机实现环保、高效的机械化、自动化大面积防霜。

二、高架防霜机的基本性能

针对果树防霜的高架防霜机，用柴油机或电机驱动，防霜机功率约 120 kW，高度 10 m，风叶直径 6 m。防霜机开启后，较大风速主要集中在距防霜机 20 m 左右，大于 0.6 m/s 的风速能够达到 100 m。按照风速大于 0.6 m/s 即可有效扰动空气，起到防霜作用计算，防霜机的最大保护面积约 3.07 hm^2。

2013 年 4 月 22 日，甘肃省副省长冉万祥（前排左 2）调研防霜机

三、防霜机的效果评估

防霜机开启后，风扇将上层的热空气与下层的冷空气混合，近地面气温升高，风速增大，蒸发加快，相对湿度降低。近地面空气湿度降低，会减少露水形成，阻止霜（水汽凝结形成的冰晶）的生成。强降温天气时，逆温现象非常明显。在逆温条件下，防霜机作用区内逆温现象消失，气温发生逆转，近地层升温明显，尤其是 1 m 高度处的升温效果明显，升温 1.5 ℃，达到防止或减轻霜冻灾害的效果。2014 年 4 月 25 日，天水出现霜冻天气，防霜机保护区减少损失近亿元。

ICS 07.060
A 47

DB62

甘　肃　省　地　方　标　准

DB62/T 2857—2018

高架防霜机作业效果评估规范

Specification of assessment to effectiveness of an elevated wind machine for protection

2018-01-23 发布　　2018-03-01 实施

甘肃省质量技术监督局　发布

获奖证书

三农科技服务金桥奖

优秀项目：人工防霜冻技术研究

申报单位：甘肃省人工影响天气办公室

中国技术市场协会

二〇一五年十一月

证书号：SNJQJ-X097

人工防霜冻取得的重点科研成果

第三篇

甘肃省人工影响天气组织管理及人员情况

第十章　管理机构沿革

1958年，甘肃省人工影响天气办公室成立，挂靠在甘肃省气象局，开展人工防雹、降雨、防霜、消雾等试验研究工作。甘肃省气象局气象科学研究所于1959年6月15日在原兰州中心气象台科研力量的基础上正式成立，承担的研究工作中包括人工控制天气等，设有天气控制室。1960年12月4日，兰州中心气象台与甘肃省气象局气象科学研究所合并(两块牌子一套机构)。

1963年，甘肃省人工影响天气办公室缩减为人工控制天气研究组，由甘肃省气象局台站管理科领导。

1971年，人工控制天气研究组撤销，成立兰州中心气象台研究队，主要从事人工防雹和降雨的应用研究。为改善甘肃省人工防雹科学试验条件，增强人工防雹科学基础，甘肃省气象局同年在永登防雹试验区设立人工防雹科学试验研究基地。

1974年8月，兰州中心气象台研究队划归甘肃省气象局气象科学研究所，成立人工防雹研究组和人工降雨研究组，从南京气象学院、兰州大学、兰州气象学校分配来的大中专生给甘肃省人工影响天气工作增添了新生力量。1979年8月，将人工防雹、人工降水两个研究组分别扩充为研究室。

1982年3月，甘肃省气象局气象科学研究所人工降雨研究室撤销，暂停增雨试验工作。

1986年，应岷县人民政府要求，甘肃省气象局研究所防雹试验基地由永登县打柴沟迁到岷县，基地设在岷县公园，并将原来安装在武胜驿的天气雷达迁到岷县二郎山开展雷达观测。

1988年8月，甘肃省人民政府同意省气象局《关于开展甘肃省人工影响天气工作的意见》(甘政办发〔1988〕82号)，根据通知精神，省气象局下发了《关于省人工影响天气协调领导小组办公室组成的通知》(甘气局人发〔1989〕024号)，成立甘肃省人工影响天气协调领导小组办公室，与甘肃省气象局气象科学研究所合署办公。工作任务是：继续开展全省防雹工作，人工增雨试验开始进行，省气象部门加强科学研究，加强技术指导，把人工防雹、增雨工作更好地开展起来。

1990年9月3日，甘肃省政府下发了《甘肃省人民政府关于成立甘肃省人工影响天气协调领导小组的通知》(甘政发〔1990〕159号)，甘肃省人民政府决定成立甘肃省人工影响天气协调领导小组，组长由副省长路明兼任，下设甘肃省人工影响天气协调领导小组办公室，办公室设在省气象局，办公室主任由气象局局长胡继文兼任。

1991年7月19日，甘肃省编制委员会下发《关于给省气象局增加编制的通知》(甘编〔1991〕079号)，同意给省气象局增加7名地方编制，主要用于人工防雹、增雨的组织和管理工作，人员经费从气象事业费中列支。

1994年10月，鉴于甘肃省人工影响天气协调领导小组已撤销，考虑到人工影响天气工作的重要性，为便于协调空军和民航等部门的关系，借鉴其他省的做法，省气象局认为甘肃省拟设“甘肃省人工影响天气办公室”为宜，上报省政府，经甘肃省人民政府第14次常务会议研究，同意设立甘肃省人工影响天气办公室，隶属省气象局，不增加编制和人员经费，主任由省气象局局长兼任。在主管副省长的领导下，具体负责全省增雨防雹的组织和协调工作。1994 年 11 月，根据省人民政府第 14 次常务会议纪要，省气象局下发《关于设立甘肃省人工影响天气办公室的通知》。

1996 年底，筹建甘肃省人工影响天气指挥中心，建成 MICAPS 气象业务信息综合调用显示系统，引进安装闪电定位仪，建立人工防雹作业、冰雹天气气候规律资料库以及飞机人工增雨档案库，GPS 飞机增雨作业轨迹传输显示系统投入业务运行，在甘肃省中川飞机增雨基地安装 PCVSAT 工作站。

1998 年 6 月，根据《全国各地气象部门机构编制方案》实施的原则意见，省气象局下发甘气人发〔1998〕21 号文，决定将兰州干旱气象研究所人工增雨室移交省人工影响天气办公室管理，人员 6 名，资产移交省人工影响天气办公室管理。1998 年 11 月，按照省气象局下达的《甘肃省人工影响天气办公室机构岗位设置暂行方案》(气人发〔1998〕82 号)，人工影响天气办公室设副主任(正处级)1 名，副主任 1 名，下设办公室、飞机增雨室、新技术开发应用室、高炮管理科。岗位不超过 14 名，科级机构负责人 4 名。人工影响天气办公室的中心任务和工作包括：负责贯彻执行人工影响天气工作政策、法规；制定本省人工影响天气工作有关规定；负责本省人工影响天气的现代化建设和科学研究；负责飞机人工增雨的组织协调和实施；负责全省高炮、火箭防雹增雨工作的管理和组织协调及业务技术指导；负责全省人工影响天气作业高炮、火箭的审批及炮弹的购置、存储和供应。

2001 年，甘肃省各级人工影响天气管理机构基本实现归口到气象部门管理。这是自 1997 年 9 月由省政府组织召开了全省人工影响天气工作会议，并由省政府办公厅下发了《关于加强人工影响天气工作的通知》(甘政办发〔1997〕60 号)文件以后，经过几年努力实现的。

2003 年，设立甘肃省人工影响天气指挥中心，完成多普勒雷达、闪电定位仪、双通道微波辐射计、气象卫星资料反演、省级决策指挥系统、作业系统建设。应用先进的通信、网络、3S 等技术，初步将雷达、卫星、闪电、数值模式等产品投入人工影响天气作业和决策指挥业务化使用。建立了现代化的人工影响天气作业点、作业人员、作业装置和弹药的网络管理系统。

2004 年 8 月 23 日，甘肃省政府办公厅下发《甘肃省人民政府办公厅关于成立甘肃省人工影响天气领导小组的通知》(甘政办发〔2004〕101 号)，甘肃省人民政府决定成立甘肃省人工影响天气领导小组，组长由副省长冯健身兼任，下设甘肃省人工影响天气领导小组办公室，办公室设在省气象局，办公室主任由省气象局局长宋连春兼任。

2006 年，根据中国气象局《关于甘肃省气象局直属事业单位调整批复》(气发〔2003〕64 号)和《关于甘肃省人工影响天气办公室业务技术体制改革实施细则的批复》(甘气发〔2006〕54 号)，甘肃省人工影响天气办公室设常务副主任 1 名(正处级)，副主任 2 名(副处级)，设科室 4 个，分别为综合管理科、人工影响天气作业指挥室、人工影响天气技术开发实验室(高山地区人工增雨技术研究实验室)、飞机增雨基地，每个科室设正科级科长(主任)1 名，共 4 名。甘肃省人工影响天气办公室共设置岗位 20 个。其工作任务为：承担全省人工影响天气业务管理工作；承担人工影响天气技术攻关、业务开发、成果转化、设备引进等任务；承担人工影响天气技术的研究与应用，开展人工影响天气效果评估工作；建立人工影响天气作业条件预报系统，提供作业指导产品，提高作业区作业条件预报水平，开展国家级人工影响天气指导产品的解释应用，加强人工影响天气作业的决策能力，收集全省人工影响天气作业信息，开展国家级人工影响天气作业指导产品检验并逐级上报，开展人工影响天气作业效果评估业务；负责对下级提供指导业务产品，实施全省的飞机增雨作业；建立人工影响天气信息旬月报告制度和重大天气过程人工影响天气信息报告制度并执行；进行森林灭火、水库增水、重点流域增雨和重大活动消雨保障；建立祁连山人工影响天气作业示范基地，重点建设祁连山、黄河上游人工增雨(雪)工程体系，负责高山地区人工增雨技术研究实验室的建设任务，并联合相关单位开展技术开发和研究工作。

2008年，甘肃省人工影响天气办公室调整科室，4个科室分别为综合管理科、作业指挥室、技术开发室、飞机增雨室。

2015年，经甘肃省政府同意，决定在甘肃省气象灾害防御指挥部加挂甘肃省人工影响天气领导小组牌子，并履行职能。领导小组组长由省政府分管副省长担任，副组长由省政府分管副秘书长和省气象局局长担任。领导小组下设办公室，办公室设在省气象局，负责人工影响天气领导小组日常工作。

2017年5月22日，中国气象局印发《中国气象局西北区域人工影响天气中心组建实施方案》(气发〔2017〕33号)，根据《国家发展改革委关于推进西北区域人工影响天气能力建设项目可行性研究报告的批复》(发改农经〔2017〕118号)中“同意国家级人工影响天气中心西北区域中心作为该工程项目法人，负责工程、管理、运行和维护”的要求，为确保西北区域人工影响天气能力建设项目顺利进行和效益发挥，经研究，成立中国气象局西北区域人工影响天气中心。西北区域人工影响天气中心是中国气象局人工影响天气中心的分中心，主要承担区域人工影响天气发展规划编制、西北区域内跨省(区)人工影响天气作业的指挥调度、人工影响天气效果评估等工作。中心主任由甘肃省气象局局长兼任，负责西北区域人工影响天气中心的全面工作；常务副主任由甘肃省气象局分管人工影响天气工作的局领导担任，负责西北区域人工影响天气中心日常工作。西北区域人工影响天气中心下设区域协调办公室和区域作业指挥中心，承担西北区域人工影响天气中心的职责任务。区域协调办公室在甘肃省气象局减灾处加挂牌子，区域作业指挥中心在甘肃省人工影响天气办公室加挂牌子。

机构沿革表

时间	单位名称	下设科室
1958年	甘肃省人工影响天气办公室	
1963年	人工控制天气研究组	
1971年	人工控制天气研究队	
1974年8月	防雹室和增雨室	由省气象局科研所管理
1988年8月	甘肃省人工影响天气协调领导小组办公室	与科研所合署办公
1990年9月	甘肃省人工影响天气协调领导小组办公室	甘肃省气象局直属处级事业单位
1994年11月	甘肃省人工影响天气办公室	飞机增雨室由科研所管理
1998年6月	甘肃省人工影响天气办公室	办公室、高炮管理科、新技术开发应用室、飞机增雨室
2006年	甘肃省人工影响天气办公室	综合管理科、人工影响天气作业指挥室、人工影响天气技术开发实验室(高山地区人工增雨技术研究实验室)、飞机增雨基地
2008年	甘肃省人工影响天气办公室	综合管理科、作业指挥室、技术开发室、飞机增雨室

1990 年甘肃省人工影响天气协调领导小组成员表

职务	姓名	单位及职务
组长	路　明	副省长
副组长	胡继文	省气象局局长
成　员	罗玉和	省政府秘书长
	崔　岩	省计委副主任
	李兆先	省农委副主任
	姚瑜根	省农业厅副厅长
	蒋宗平	省水利厅副厅长
	颜敬东	省财政厅副厅长
	朱祁胜	省邮电局副局长
	李良台	兰空航行处处长
	王福洪	省军区副参谋长
	曹景舜	省民航局副局长

2004 年甘肃省人工影响天气领导小组成员表

职务	姓名	单位及职务
组　长	冯健身	副省长
副组长	梁国安	省政府副秘书长
	宋连春	省气象局局长
成　员	周　强	省发改委副主任
	陆代森	省财政厅副厅长
	尚勋武	省农牧厅副厅长
	刘　斌	省水利厅副厅长
	史振业	省科技厅副厅长
	骆洪元	省林业厅副厅长
	卫孺牛	省农办副主任
	邱　喜	兰州军区空军副参谋长
	杨如彪	甘肃机场集团有限公司副经理
	梁　军	民航兰州空中交通管理中心副主任
	魏益民	中国航油甘肃公司副总经理
	王德新	民航甘肃安全监督管理办公室副主任

第十一章　作业人员管理及人员变化

高炮防雹、增雨作业人员均为当地农民或农场职工，火箭、焰弹作业人员为气象局职工。为严格执行中国气象局的持证上岗制度，杜绝高炮、火箭在人工防雹、增雨、作业中的违规操作，不断提高高炮、火箭人工防雹、增雨的作业效益，依据《人工影响天气管理条例》有关条款，按照中国气象局《人工影响天气安全管理规定》的具体要求，从事高炮、火箭人工防雹（增雨）作业的人员应当持有《甘肃省人工影响天气作业人员上岗证》。县人工影响天气办公室统一组织作业人员的技术培训，市（州、地）人工影响天气办公室组织考核，对考核合格人员由组织考核的单位填写《甘肃省人工影响天气作业人员上岗证审批表》报省人工影响天气办公室，省人工影响天气办公室审核后颁发上岗证。

1991 年，甘肃省人工影响天气办公室独立办公，工作人员共 7 名，分别是李成志、李尚成、杨珍贵、高元德、丁瑞津、王为英、陈可芬。

1991 年 4 月，恢复飞机人工增雨工作，刚恢复时与宁夏合作开展工作，省气象局科研所派出陈道才、杨瑞鸿两位同志参加此项工作。

1998 年，将兰州干旱气象研究所人工增雨室移交省人工影响天气办公室管理，6 名人员和资产移交省人工影响天气办公室管理。省人工影响天气办公室工作人员达到 16 名，分别是郭清台、祁世军、李荣庆、丁瑞津、李霞、李照荣、王为英、高元德、王海、陈光、陈道才、刘德荣、杨瑞鸿、庞朝云、杨增梓、杨珍贵。

截至 2019 年底，人工影响天气办公室在职职工 20 人，其中硕士 9 人，本科生 7 人；正研级高工 2 人，高级工程师 8 人，工程师 9 人。分别是：

主任：尹宪志

副主任：王卫东、程鹏

总工程师：尹东

综合管理科：张丰伟（科长）、李霞、王蓉、罗汉、刘莹、白国强

作业指挥室：丁瑞津（科长）、郑泳宜、李宝梓

技术开发室：庞朝云（科长）、陈祺、王研峰

飞机增雨室：张久林（科长）、黄山（副科长）、杨增梓、杨瑞鸿

历任领导名录

职务	姓名	任职时间
主任	胡继文	1990 年 9 月—1992 年 7 月
	谢金南	1992 年 7 月—2002 年 11 月
	宋连春	2002 年 11 月—2006 年 6 月
	张书余	2006 年 6 月—2013 年 12 月
	鲍文中	2013 年 12 月—2019 年 4 月
	尹宪志	2019 年 4 月—2019 年 12 月
常务副主任	李尚成	1990 年 11 月—1995 年 6 月
	郭清台	1995 年 6 月—2002 年 7 月
	陈添宇	2002 年 7 月—2013 年 4 月
	尹宪志	2013 年 4 月—2019 年 4 月
副主任	祁世军	1994 年 12 月—2004 年 12 月
	李荣庆	1998 年 12 月—2004 年 12 月
	刘积林	1999 年 2 月—2001 年 3 月
	李国昌	2004 年 12 月—2013 年 4 月
	李照荣	2005 年 8 月—2008 年 8 月
	王卫东	2008 年 8 月—2019 年 12 月
	程鹏	2018 年 4 月—2019 年 12 月

第四篇

甘肃省各市(州)人工影响天气工作

甘肃省土地总面积 45.37 万 km^2,占我国国土总面积的 4.72%,居全国第 7 位。全省地形狭长,东西长 1659 km,南北宽 530 km。现辖 12 个地级市(酒泉、嘉峪关、张掖、武威、金昌、兰州、白银、定西、庆阳、平凉、天水、陇南)、2 个自治州(甘南藏族自治州、临夏回族自治州),86 个县(市、区)。

在甘肃省气象部门和各地方政府的组织、管理与支持下,目前甘肃省 14 个市(州)均已开展人工增雨(雪)和人工消雹等工作,在防灾减灾、气象保障服务等方面发挥了重要作用。随着气象现代化建设步伐的加快,各市(州)的人工影响天气设备、作业条件和安全保障等都有明显改观,提升了人工影响天气作业水平和效益。

第十二章　兰州市

第一节　气候背景及人工影响天气必要性

兰州市简称兰，别称金城，是甘肃省省会，地处黄河上游，是中国陆域的几何中心，位于35°34′～37°07′N，102°35′～104°34′E，海拔高度1450～3670 m，总面积约13100 km^2。全市下辖5个区（城关、七里河、红古、安宁、西固）、3个县（榆中、皋兰、永登），2012年8月28日，国务院批复设立西北地区第1个、中国第5个国家级新区——兰州新区。

兰州属温带半干旱气候区，气候干燥，降雨量小，光照充足，蒸发量大。区内年平均气温5.5～9.8 ℃，年平均降水量253.8～381.6 mm，年蒸发量1406.8～1879.7 mm。兰州市主要干旱区位于永登县的七山、通源和榆中县的北山地区。兰州地区地形复杂，多冰雹，主要的6条冰雹路径发源于天祝县境内的毛毛山、雷公山、玛雅山，景泰县寿鹿山，青海省葱花岭，榆中县马啣山等山系，每年4—10月均可能出现冰雹灾害。以永登、榆中、皋兰3县冰雹灾害最多，年平均雹日为20 d，其余5区都有不同程度的冰雹灾害。

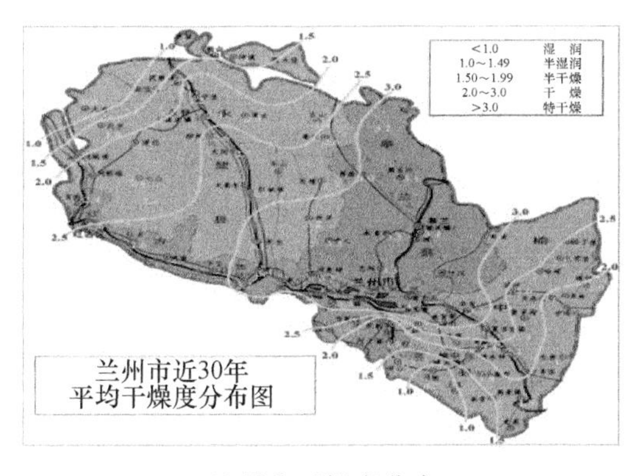

兰州市干燥度分布

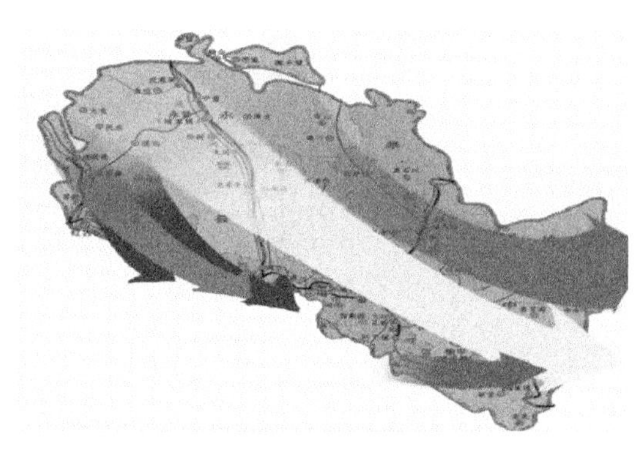

兰州市冰雹路径

第二节　兰州市人工影响天气工作概况

一、人工影响天气组织结构

兰州市人工影响天气工作的组织领导机构是兰州市人工影响天气协调领导小组。领导小组组长由兰州市政府分管农业的副市长担任，有关部门的领导任副组长和成员。下设办公室（兰州市人工影响天气办公室），兰州市人工影响天气办公室设在兰州市气象局，科级单位建制，有专门的机构和编制，是市政府领导全市人工影响天气工作的专门机构。各县(区)相应设立县(区)级人工影响天气办公室，股级单位建制。其中，永登县人工影响天气办公室有专门的机构和编制；榆中县、皋兰县人工影响天气办公室由当地气象部门兼职管理；安宁区、红古区、七里河区人工影响天气办公室由当地农业部门兼职管理。作业点受各县(区)人工影响天气办公室和作业点所在乡镇双重管理。

二、人工影响天气装备和作业队伍建设

兰州市现有标准化作业点 45 个，防雹高炮 45 门，其中自动化电控高炮 16 门；人工增雨火箭发射架 15 部，车载自动火箭发射系统 4 部，人工影响天气应急保障车 4 台；地面碘化银烟炉 5 台，燃气炮 1 门。现有地、县人工影响天气业务管理指挥人员 10 名，作业人员 121 名；形成了可针对不同天气条件、不同云系，四季都能开展人工影响天气作业的综合作业体系。兰州市人工影响天气办公室高度重视人工影响天气安全管理和作业人员培训工作，2001—2019 年共举办各类安全培训班 18 期，累计参训人数达 700 多人次。

兰州市安宁区仁寿山炮点(左)和人工影响天气安全培训班(右)

第三节　人工影响天气现代化建设

截至 2019 年，兰州市已建成 1 个市级人工影响天气指挥中心、3 个县级人工影响天气指挥中心、3 个区级防雹办公室。建成了兰州市人工影响天气监测预警综合业务平台、市县人工影响天气空域申报系统、人工影响天气信息直报系统、人工影响天气安全管理平台、人工影响天气弹药物联网管理系统和作业指挥调度系统。

兰州市级人工影响天气指挥中心

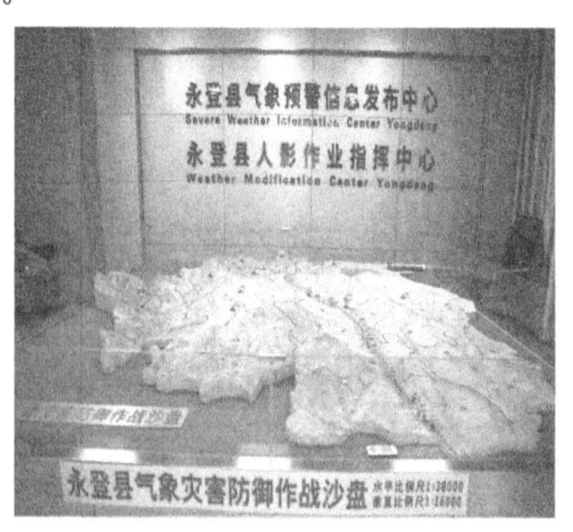

兰州市永登县人工影响天气指挥中心

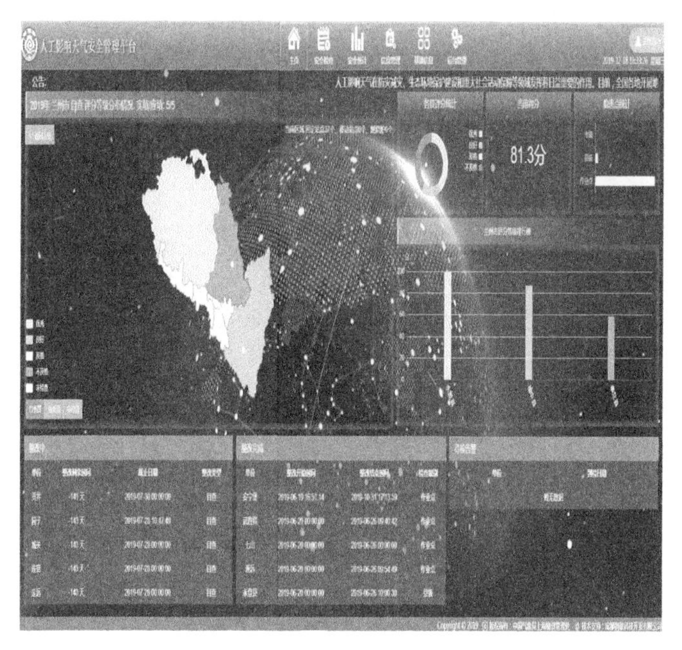

人工影响天气安全管理平台

第四节　兰州市人工影响天气工作历史沿革

兰州市开展高炮人工防雹作业始于1970年。1970—1975年，防雹作业工作由部队担任。1976年以后，防雹工作交由地方农业部门管理，防雹作业改由地方民兵担任。1980年以后，高炮防雹工作曾一度中断，但榆中县一直坚持高炮防雹作业。1991年，兰州市人工影响天气协调领导小组办公室成立，至此，兰州市人工影响天气工作有了统一的领导管理机构，业务得到恢复和发展。1991—1999年，兰州市所辖3县5区均成立防雹办公室，各县(区)防雹办公室设立在农业局，皋兰县、榆中县和永登县作业指挥系统设立在当地气象局，区属作业点指挥系统设立在兰州市人工影响天气办公室。1990年，兰州市仅榆中县有10个防雹炮点，1991—1996年新建炮点22个，1997—2004年新建防雹炮点17个，截至2004年底全市共建成涵盖主要冰雹路径和主要农作物生产区的防雹炮点49个，作业范围由原来榆中县扩大到永登、榆中、皋兰3个县和七里河、安宁、城关、西固和红古5个区，全市防雹保护面积近15万hm^2。2016年，兰州市西固区和城关区因辖区内作业点征地拆迁，这两个区的防雹炮点随即撤销。

第五节　兰州市人工影响天气工作大事记

1991年3月9日，兰州市人民政府恢复兰州市人工影响天气协调领导小组(兰政发〔1991〕23号)，兰州市人工影响天气办公室设在兰州市气象局。

1991年12月27日，兰州市机构编制委员会同意设立农业气象实验服务站(兰机编字

〔1991〕20 号)，与兰州市人工影响天气协调领导小组办公室合署办公，一套机构，两块牌子。

1999 年，兰州市购置第一辆人工防雹增雨火箭车架，开展流动增雨、防雹作业试验。

2000 年 1 月 1 日，永登县、皋兰县人工影响天气工作由农业部门移交至气象部门归口管理，2001 年 3 月 8 日榆中县人工影响天气工作由农业部门移交至气象部门归口管理(兰政发〔1999〕121 号)。

2001 年 5 月，甘肃省人工影响天气办公室调拨兰州市人工增雨皮卡车 4 辆，同年 7 月省人工影响天气办公室调拨兰州市火箭增雨发射架 4 部，兰州市正式开展火箭人工增雨工作。

2001 年 8 月，兰州市机构编制委员会批复对兰州市人工影响天气办公室人员编制予以调整(兰机编字〔2001〕50 号)。

2002 年 8 月，兰州市政府第 19 次常务会议批准甘肃省人工增雨、防雹作业体系工程子项目《兰州市人工增雨防雹作业试验示范区建设实施方案》，该项目于 2004 年完成验收并投入业务运行。

2003 年 4 月 17—22 日，兰州市人工影响天气办公室、榆中县人工影响天气办公室赴甘南州迭部县达拉林场进行跨区域森林灭火火箭增雨作业。

2010 年 12 月 7 日，中国气象局局长郑国光视察榆中县清水驿防雹炮点。

2011 年 6 月 7—8 日，兰州市人工影响天气办公室调度 4 辆火箭增雨车赴永登县连城天王沟林区开展森林火灾人工增雨灭火作业。

2011 年 7 月 3 日，兰州、天水、武威、定西、白银等 11 部火箭车首次实施“2011 兰州国际马拉松赛”跨区域人工消雨作业，取得明显效果。

2013 年 6 月 19 日，兰州市人工影响天气办公室联合天水、白银、定西、武威、甘南、临夏等地(市、州)气象局开展“兰洽会”开幕式人工消雨保障服务。

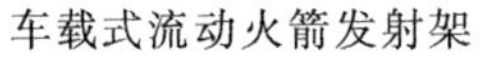

车载式流动火箭发射架

人工消雨保障服务出发动员仪式

2016 年 3 月，启动“兰州市人工影响天气三年行动计划”。

2016 年 9 月，兰州市安装 3 台地面碘化银烟炉，开始启动城市大气污染防治人工增雨(雪)作业。

2017 年 11—12 月，兰州市租用重庆通用航空公司直升机和部队运-5 飞机开展液氮飞播大气污染防治试验工作。

2018 年 1 月 1 日，兰州市正式启用人工影响天气空域申报系统和兰州市人工影响天气指挥调度系统。

2019 年 6 月，兰州市人工影响天气弹药物联网管理系统投入业务运行。

2019 年 12 月，完成永登县气象局祁连山生态保护人工增雨工程项目和西北人工影响天气工程项目建设任务。

通用航空公司液氮飞播试验

运-5 飞机液氮飞播试验

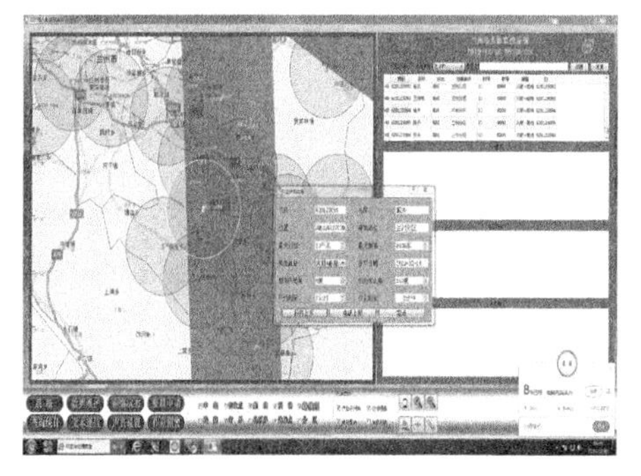

人工影响天气空域申报系统

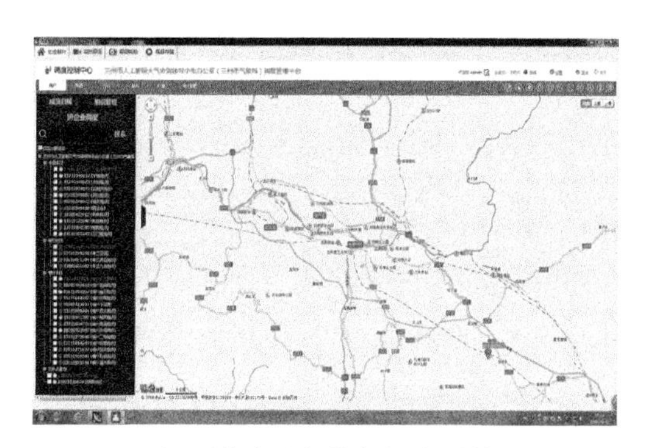

人工影响天气指挥调度系统

第六节　获奖情况

2006—2009 年以及 2012、2014 年，兰州市人工影响天气办公室 6 次获甘肃省人工影响天气办公室授予的“甘肃省人工影响天气工作先进集体”称号。

2006 年 11 月，皋兰县黑石炮点炮手李善明同志荣获中国气象局预测减灾司举办的“全国人工影响天气高炮安全作业知识竞赛”决赛二等奖。

2013 年 5 月，兰州市人工影响天气办公室获甘肃省人力资源和社会保障厅、甘肃省气象局授予的“全省人工影响天气工作先进集体”称号。

奖励证书

李善明同志：

参加全国人工影响天气高炮安全作业知识竞赛决赛荣获二等奖。

特颁发此证

二〇〇六年十一月十七日

皋兰黑石炮点炮手李善明同志获奖证书

2015 年 1 月 5 日，榆中县马坡炮点炮手刘永胜同志荣获榆中县委、县政府授予的

“榆中县第三届十大道德模范”称号。

2019 年 1 月，兰州市气象局参与完成的“脆弱生态修复人工增雨立体作业体系及应用研究”获 2019 年甘肃省人民政府颁发的甘肃省科技进步三等奖。

榆中马坡炮点炮手刘永胜同志领奖现场(左 1)

甘肃省科技进步奖

证　书

为表彰甘肃省科技进步奖获得者，特颁发此证书。

项目名称：脆弱生态修复人工增雨立体作业体系及应用研究

奖励等级：三等

获 奖 者：兰州市气象局

证书号： 2018-J3-089-D4

兰州市气象局荣获科技进步三等奖证书

2019 年 11 月，兰州市人工影响天气办公室撰写的《大山深处的坚守》获得中共兰州市委宣传部、兰州市文明办、中共兰州市委讲师团举办的“兰州人 · 百姓讲堂”示范宣传活动“双十佳”一等奖。

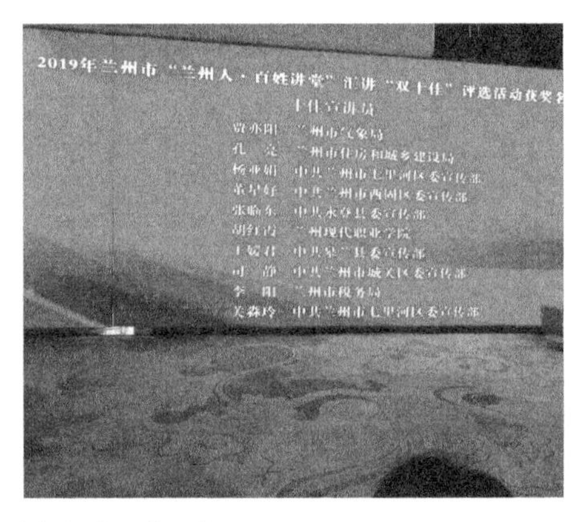

兰州市气象局贾益阳同志领奖现场(右 1)

第七节　兰州市县级人工影响天气工作情况

一、榆中县

榆中县于 1985 年起开展人工影响天气工作，由榆中县人民政府领导。人工影响天气办公室最初设在榆中县农业局，2001 年 1 月 1 日开始移交至县气象局。现已建成由 16 门 37 高炮、1 部车载火箭发射架、1 部固定火箭发射架，32 名炮手、3 名兼职管理人员组成的人工影响天气作业体系。2004 年开始，通过 5 年的人工影响天气示范区建设，榆中县建成了由 2 库 2 室构成的 16 个标准化防雹炮点，人工消雹作业每年 5—9 月进行，人工增雨作业全年开展。人工影响天气作业范围覆盖全县 23 个乡镇。

二、皋兰县

皋兰县于 1991 年建立起人工影响天气机构，由皋兰县人民政府领导，2000 年 4 月 1 日归口皋兰县气象局管理，下设炮点 8 个。2002 年 1 月 1 日成立皋兰县人工影响天气办公室，负责县域范围内人工防雹和增雨作业的管理和指挥。现有 8 门 37 高炮、1 部 WR-98 车载式火箭发射架，人工消雹作业每年 5—9 月进行，人工增雨作业全年开展。人工影响天气作业范围覆盖全县 7 个乡镇。

三、永登县

永登县于 1992 年起开展人工影响天气工作，由永登县人民政府领导，防雹办公室设在永登县农业局，2000 年 1 月 1 日移交至县气象局。现已建成由 15 门 37 高炮、1 部车载火箭发射架、1 部固定火箭发射架，60 名炮手、4 名兼职管理人员组成的人工影响天气作业体系。2004 年建成了由 2 库 2 室构成的 15 个标准化防雹高炮作业点，人工消雹作业每年 5—9 月进行，人工增雨作业全年开展。人工影响天气工作范围覆盖全县 18 个乡镇，受益人口约 50 万。

第十三章　嘉峪关市

第一节　气候背景及人工影响天气必要性

嘉峪关市地处河西走廊西段，属温带干旱气候区，辖1区、3镇、5个街道办事处，总面积2935 km^2。嘉峪关市位于青藏高原和内蒙古高原之间的走廊地带，各季节气候特征差异明显。春季升温迅速，冷暖变化大，多风沙天气；夏季炎热，雨量相对集中；秋季凉爽少雨，降温快，风沙很少；冬季严寒干燥。

嘉峪关市地处戈壁荒漠，气候极度干旱，年平均降水量88.5 mm，年蒸发量在2000 mm以上，干旱缺水严重影响嘉峪关经济发展，不利于生态环境保护。为减缓干旱对农业造成的不利影响，改善生态环境，人工影响天气工作的开展得到了地方政府的大力支持。

经嘉峪关市政府同意，2014年8月12日嘉峪关市人工影响天气办公室成立，挂靠市气象局管理(嘉机编发〔2014〕14号)。政府匹配专项资金，为人工影响天气作业配备专用车辆1台，同时购置人工影响天气作业火箭发射架2套，互为备份。为使降水效率达到最优，市气象局组织技术人员全面分析多年来降水云系移动路径，选定火箭流动作业点3个(玉门东站北、玉门东站东北、黑山湖农场)。市气象局从气象台、雷达站等科室抽调业务人员9名组建人工影响天气团队，参加人工影响天气作业培训并取得作业资质。经与嘉峪关机场公司和酒泉卫星基地空管中心联系，完成嘉峪关市人工增雨(雪)空域申请备案。

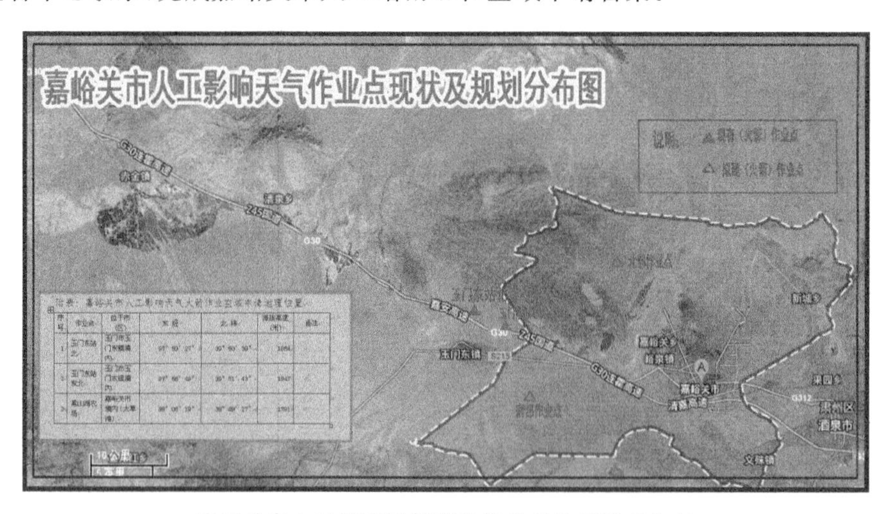

嘉峪关市人工影响天气现有作业点及规划点分布

嘉峪关市背靠祁连山，来自祁连山的讨赖河养育着嘉峪关人民。嘉峪关市人工影响天气办公室为改善祁连山脆弱生态状况，开展生态修复式人工影响天气作业。

第二节　人工影响天气作业

2015 年 6 月 18 日，嘉峪关市首次开展人工增(雨)雪作业。自那时起，嘉峪关共完成人工增雨(雪)28 次，其中增雪 12 次，增雨 16 次，耗弹 252 枚，人工增雨(雪)效果明显，多人获得“人工影响天气先进个人”称号。嘉峪关市人工影响天气办公室每年向市政府上报年度人工影响天气年度工作计划，经市政府同意后，依法依规开展人工影响天气工作。

为确保人工影响天气工作顺利进行，嘉峪关市人工影响天气办公室制定嘉峪关市人工影响天气管理各项规章制度，全面细化人工影响天气作业装备年检制度、人工影响天气作业公告制度、弹药购置运输管理制度、空域申报管理制度等，绘制并完善作业点安全射界图，配备弹药存储保险柜，标准化的管理确保人工影响天气工作顺利有序开展。

火箭发射架年检维护

嘉峪关市风沙多、雨雪少，每次降雨降雪天气过程都显得非常珍贵。及时抓住每一次人工增雨(雪)的有利时机，就显得尤为重要，“时刻准备着”是人工影响天气工作人员的工作常态。

2018 年，嘉峪关市领导莅临市气象局指导工作，参观了增雨火箭弹发射平台，并对近年来的人工影响天气工作提出宝贵建议。在肯定近年来人工影响天气工作所取得的成效的同时，希望市气象局继续加强人工影响天气能力建设，为嘉峪关市生态建设做出更大的贡献。

嘉峪关市领导参观人工增雨火箭发射平台

“3·23 世界气象日”人工影响天气科普宣传

2016 年 8 月下旬至 11 月下旬，嘉峪关市连续 3 个月未出现降水，全市干燥异常，医院里呼吸道感染病人明显增多，市政府要求人工影响天气办公室要密切关注天气，及时开展人工增雨作业。11 月 23 日，人工影响天气办公室抓住冷空气过境的有利天气形势，适时开展增雨作业，提高了空气湿度，加快了城市污染物沉降，有效提升空气质量。

2018 年初，在人工增雪助力下，2 个月累计 13.4 mm 的降雪，让干燥的戈壁、农田盖上了丰收的白被，持续湿润的空气也让全市市民不再为干燥不适而发愁。

根据统计和评估，近年来嘉峪关市降水较历史平均增多 20%。不仅有效地保障了农业及

火箭增雨雪作业

园林绿化用水，还有效降低了市区及周边污染沉降量，抑制了大气污染。人工影响天气作业服务领域实现了从传统的农业抗旱，向空中云水资源开发利用、生态文明建设、城市降温、城市降尘，减轻污染，水库增蓄和重大社会活动保障等多领域转变，在嘉峪关防灾减灾、国民经济发展中发挥了重要作用。

第十四章　金昌市

第一节　气候背景及人工影响天气必要性

金昌市总面积8896 km^2，辖永昌县和金川区。金昌地势西南高、东北低，南部海拔4442 m，北部海拔最低为1327 m，相对高差3115 m，加之长期以来受巴丹吉林沙漠的影响，自然生态呈多样性。金昌市属于大陆性温带干旱气候类型，光照充足，气候干燥，全年多西北风，昼夜、四季温差较大，霜期长，春季多大风。境内气温北高南低，降水北少南多。由东北到西南，大体划分为5个气候区，即温和极干旱区和温凉干旱区、温寒干旱区、寒冷半干旱区和寒冷半湿润区、寒冷湿润区、高寒湿润区和高寒极湿润区。金昌市降水量由东北向西南随地势升高而增多，川区降水少，山区降水多。年平均降水量市区139.8 mm，永昌185.1 mm，南部山区351.7 mm。每年5—9月为雨季。

由于气候干旱，水资源匮乏，使金昌成为全国110个重点缺水城市和13个资源型缺水城市之一。为增加水资源总量，缓解用水矛盾，人工增雨(雪)工作被地方政府提上议事日程。2010年设立金昌市人工影响天气办公室。金昌市气象局(金昌市人工影响天气办公室)为金昌市政府直属事业机构。

第二节　人工影响天气工作启动

干旱少雨、水资源严重短缺是金昌市的基本市情。金昌市人工影响天气工作的启动是从永昌县开始的，为解决工农业用水问题，1991年新任县委主要领导认真调查了解到水的制约问题后，会同县水电局、气象局在论证方案的基础上，提出了人工增雨试验工作，决定开发利用空中云水资源。1991年9月下旬，永昌县委、县政府在西大河水库附近组织了永昌县首次人工增雨试验。试验成功后，1992年把人工增雨工作作为抗旱的重要措施之一。依据《关于成立永昌县人工影响天气领导小组的通知》(县委办发〔1992〕5号)精神，1992年1月成立了永昌县人工影响天气领导小组及办公室，领导小组由县人武部军事科、水电局、气象局等有关单位组成，领导小组办公室设在水利局，气象局负责作业天气条件技术指导，人武部负责高炮炮弹管理和炮工培训。2月初抽调人员到位，组建了办公室，人工影响天气工作全面开展，并制定了1992年人工影响天气实施意见，得到了县政府的批准实施。4月底相继从金川调拨了6门37高炮，并请省军区军械修理所派人员检修高炮，为永昌县顺利实施人工增雨工作提供了保障。永昌是河西地区开展人工影响天气工作的第一县，人工增雨工作在永昌也是首次。为了搞好人工增雨工作，从武威驻军某部高炮营请来了高炮教员2名，举办了历时34 d的高炮集训班和6个月的报务员培训班。同时,全县共设置了4个炮点,其中3个固定炮点和1个临时炮点。3个固定炮点分别是:第一炮点设在西大河水库,高炮2门,位置38°23′N,101°23′E,海拔2860 m;第二炮点设在四坝灌区中坝站,高炮1门,位置38°15′N,101°51′E,海拔2060 m;第三炮点设在红山窑乡上坝水管站,高炮2门,位置38°18′N,101°33′E,海拔2320 m。临时炮点先后设在永昌县城、皇城水库、上二坝等地。每个炮点有3～4名炮工,共有炮工15名。随着时代的发展,人工影响天气工作逐步步入正轨。

第三节　人工影响天气工作发展

在经过作业实践和金昌市委、市政府的大力支持下,人工影响天气工作已基本步入正轨。1993年,在总结了一年来人工高炮增雨经验的基础上,讨论审定了人工增雨岗位责任制、安全管理制度、作业记录、效益分析,月有小结、年有总结制度等,对人工影响天气工作进行了规范化管理。

1995年甘肃省遭遇60年不遇的严重干旱,4—8月旱情严重威胁着永昌县农作物的生长,工业用水告急。在这关键时刻,金昌市委领导根据气象部门提供的长期天气趋势预报,要求人工影响天气工作人员提前1个月进入炮点进行人工增雨(雪)作业,并抽调1门高炮在皇城水库上游增设了1处流动炮点,增大山区降雪和水库来水量,收到了较好的效果。

1996年,在加强人工增雨不放松的前提下,首次肩负起防雹任务。在冰雹多发地和历年雹云多发的路径上层层设防,新增防雹点4个。第一道防线布置在雹云产生的大黄山周围,主要是水泉子炮点和上坝炮点;第二道防线布置在新城子镇兆田到南湾一线;第三道防线布置在焦家庄乡中坝站至东寨镇二坝一带,另外在南坝乡的祁庄也增设了防雹点,为消除冰雹对农作物的危害起到了积极作用。为此,防雹也成为人工影响天气的另一项重要工作内容,在抗灾减灾中发挥了举足轻重的作用。

1999年,随着永昌县气象局卫星云图地面接收站的建成,可以随时掌握天气及云系的演变情况,为准确预报天气过程和实施人工影响天气作业提供了可靠的科学依据。同时,鉴于旱情和增雨防雹的显著效益,县委、县政府在经费相当紧张的情况下,又购买了6门37单管高炮,加大人工增雨的力度。永昌县的人工影响天气工作的起步、建设及规模在河西地区一直处于前列。

2000年,根据《中华人民共和国气象法》《甘肃省气象条例》和省政府〔1997〕60号文件精神,经县政府研究,依据《关于人工影响天气工作归口管理的通知》(永政发〔2000〕22号)的精神,将人工影响天气工作归口县气象局管理。永昌县人工影响天气办公室在永昌县防汛抗旱指挥部领导下开展工作,办公室设在气象局,其主要职责不变,人员和经费供给渠道不变。

2001年,永昌县人工影响天气工作按照甘肃省政府气象工作会议提出的“搞好人工增雨防雹作业体系工程建设,积极开发利用空中云水资源”的奋斗目标,根据全县经济工作总体思路,立足抗旱减灾、增雨防雹相结合,依靠科技进步,在资金紧张的情况下,更新了作业装备,购买了1套增雨火箭发射装置和20枚增雨火箭,在增雨工作中发挥了较好的作用。

2002年3月19日,国务院正式发布了《人工影响天气管理条例》,标志着人工影响天气工作进入了一个新的发展时期。为了缓解旱情,保障工农业生产顺利进行,针对增雨装备老化落后这一情况,筹集资金,购买了1辆皮卡车和车载式火箭发射系统1套,更新了人工影响天气作业装备。除西大河(包括皇城)为固定火箭发射系统增雨点外,其他各增雨作业点均采用机动性能好、作业效果好的车载火箭增雨系统进行流动跟踪作业,人工防雹作业继续采用高炮消雹的作业方案。

2003年,随着人工影响天气工作的不断深入开展,得到了甘肃省人工影响天气办公室的大力支持,建成了人工影响天气科学试验基地。在实施农业抗旱减灾、增雨防雹的同时,进一步拓宽工作领域,开展了冬春季采用新型焰弹进行人工增雪作业,在加大冬春季降雪量、保持田间土壤墒情等方面取得了较好的效果。

2004年,实现了与甘肃省人工影响天气办公室联网,建立了县级人工影响天气作业指挥系统,为人工影响天气工作的科学、合理、高效开展奠定了基础。2005年通过不断努力,积极争取,与中国气象局兰州干旱气象研究所及省人工影响天气办公室合作,建立了永昌人工增雨科学试验基地,兰州干旱气象研究所711数字化雷达站在永昌县建成,进一步提高了人工影响天气工作现代化的建设力度,对今后增雨防雹、抗旱减灾工作将发挥更加重要的作用。针对不同的天气特点和条件,采用灵活有效的火箭流动作业方法,取得了较好的增雨和防雹效果。2006—2010年,以甘肃省防雹增雨体系工程建设为契机,不断努力完善人工增雨防雹体系,逐步对8个增雨防雹作业点进行简易标准化建设,为更好地开展增雨、防雹作业奠定了坚实的基础。

2009年6月,甘肃省气象局主要领导来金昌实地调研人工影响天气工作,与金昌市委主要领导进行了深入的交流,一致商定由金昌市人民政府和甘肃省气象局共同建设祁连山金昌人工增雨(雪)基地,开始在金昌皇城水库、西大河水库上游祁连山区开展增雨(雪)作业。2010年机构改革时,设立金昌市人工影响天气办公室,下设人工影响天气作业管理科。为保证基地的顺利建设和高效运行,组建具有管理、作业、保障于一体的专业化人工影响天气队伍。2011年3月23日,金昌市政府主要领导主持召开市政府第63次常务会议,正式决定建立祁连山金昌人工增雨(雪)基地,市政府向甘肃省气象局致函《金昌市人民政府关于请求建立祁连山金昌人工增雨(雪)基地的函》。按照市委、市政府主要领导的指示,5月6日,市政府领导带领市气象局负责人等相关人员专程前往省气象局,就金昌市人工影响天气工作进行汇报协商,省气象局领导在听取了金昌市政府关于人工影响天气机构设置、人员编制、资金投入等方面的详细汇报后,对市委、市政府大力支持人工影响天气工作的做法给予了充分肯定和高度评价,经过广泛深入交谈,就祁连山金昌人工增雨(雪)基地建设及运行事项达成一致意见。为切实落实好省气象局和金昌市委、市政府领导的指示精神,保证基地建设科学规划、顺利实施,制定了实施方案。召开市政府常务会议,市政府与省气象局协商祁连山金昌人工增雨(雪)基地建设的具体事项。市政府安排购置郑州日产四驱D22 2007款皮卡作业车2辆和越野指挥车1辆,修建设备专用库房等基础设施,建设人工影响天气信息平台;配备3套火箭发射装置(其中1套固定式,2套车载流动式),每年支持70万元火箭弹,与原有设施形成增雨系统4套。依托现有气象业务系统,建立集资料查询、人工影响天气监测预报、作业指挥、效果评估并与省人工影响天气办公室衔接的人工影响天气作业系统平台。省人工影响天气办公室对金昌市人工影响天气作业的监测预警、决策指挥、科学实施、效果评估、信息传送、运行保障和人员培训等方面给予大力支持,在条件成熟的情况下增加在金昌上空飞机增雨(雪)的架次,不断加强金昌人工影响天气工作力度,促进金昌市人工影响天气工作进入全新的阶段。

在基地建设初步完成的基础上,2012年筹集资金12万元完成皇城水库标准化炮点建设和永昌人工影响天气库房维修改造,在市区、永昌、祁连山皇城水库建成3座专用库房,进一步完善了祁连山金昌人工增雨(雪)基地建设。新增持证上岗人员23名。人工影响天气工作人员抓住有利时机,克服艰苦的自然条件,深入祁连山冷龙岭3000 m以上高海拔区域,守候在作业点,饿了吃干粮,渴了喝矿泉水,相关事迹在《金昌日报》等报刊进行了多次报道,有效扩大了人工影响天气工作的社会影响力和认知度。

金昌作为石羊河流域重要的组成部分,还承担对下游民勤县调水的重任,因此省气象局将金昌列为祁连山人工增雨(雪)体系建设重点推进区域。

2013年,人工影响天气作业点作业许可证管理制度开始实行,金昌市人工影响天气办公室13个作业点获得作业许可,进一步规范了人工影响天气作业管理。在市人工影响天气办公室的大力支持下,给永昌县人工影响天气办公室调拨了作业车1辆,更新了皇城水库、西大河水库、金川峡水库及黑土洼作业点增雨防雹火箭作业系统4部,永昌县人工影响天气办公室也积极争取,更新了作业皮卡车,进一步提升了永昌县人工影响天气作业的硬实力。

2014年,永昌县人工影响天气办公室积极协调争取资金,更新了2套车载人工增雨防雹作业装备,并对皇城水库作业点进行升级改造。

2015年,永昌县人工影响天气办公室配备4个弹药保险柜,争取资金对西大河水库作业点进行升级改造。

2016年,永昌县人工影响天气办公室更新2门65式双管37高炮。

2017年,永昌县人工影响天气办公室新建黑土洼炮点。

2018年,永昌县人工影响天气办公室更新6门65式双管37高炮,先后投入应用"人工影响天气作业点安全射界图制作系统""人工影响天气弹药装备物联网管理系统""人工影响天气安全管理平台"等系统,配发甘肃增雨防雹火箭弹药安全转运箱和弹药装备物联网信息手持识别终端。

2019年,根据甘肃省祁连山及旱作农业区人工增雨(雪)体系建设工程总体安排,永昌县人工影响天气办公室配合省、市人工影响天气办公室完成了中坝、南湾、黑土洼农场3个非标准化作业点的改造,完成永昌县8个防雹作业点8门高炮的自动化升级改造,完成西大河水库、皇城水库、金川峡水库和南湾4个烟炉建设,更新4部高性能自动火箭作业装置和2部车载高性能自动火箭作业装置,对全市14个作业点配备了物联网无线激光扫描系统,进一步提高金昌市人工影响天气工作防灾、减灾能力,对完善气象灾害防御体系具有重要意义。

第四节　人工影响天气业务现代化工作

甘肃省气象局"十三五"重大项目"西北区域人工影响天气能力建设甘肃分工程—祁连山及旱作农业区人工增雨(雪)体系建设项目"可行性研究报告获省发改委正式批复,并下达了2018年项目建设资金投资计划1500万元。同时,省气象局也下发了《祁连山及旱作农业区人工增雨(雪)体系建设项目2018年度实施方案》。为了加强对森林、草原、湿地、荒漠等生态系统和野生动植物资源的保护,逐步恢复和增强水源涵养能力,保护祁连山冰川和生态系统,在永昌县配套建设了3个标准化作业点、地面烟炉4部、高性能自动火箭作业装置6部、高炮自动化改造8套、物联网无线激光扫描系统14套、弹药安全储运箱2套。截至2019年,金昌市形成人工增雨防雹高炮8门、WR-98自动火箭发射架13部(移动4+固定9)、持证上岗40多人的作业规模,积极实施人工增雨(雪)作业,取得了明显的效果,初步形成以祁连山区为重点,覆盖全市范围的人工影响天气综合作业体系。

一、业务系统建设进展和部署

目前，金昌市人工影响天气办公室已部署甘肃省人工影响天气综合业务平台、报文生成系统、人工影响天气对空射击空域申请系统。

二、安全监管体系建设

近几年来，先后制定完善金昌市人工影响天气应急处置预案、作业空域申请管理制度、人工影响天气作业装备管理规定等10余项地方性人工影响天气安全监管规章、规定，每年和作业单位责任人签订安全责任书，落实作业单位主体责任。所需人工影响天气作业弹药存储于自建库房中，弹药运输由民爆公司从定西弹药库直接拉运，符合相关规定。

三、监控平台系统建设

在甘肃省人工影响天气办公室的统一部署下，金昌市人工影响天气办公室配备了手持式运输、库房扫描仪，利用RFID和二维码技术方便出入库、跟踪运输、监管发射等环节。使用过程中将弹药、弹箱信息通过GPRS或wifi上传至服务器，便于搜索、查询、管理相关信息，实现作业弹药全程监控和地面作业实时监控。

第五节　人工影响天气效益

为了用科学数据证明增雨效果，利用永昌县气象资料对比分析了5—7月的平均降水量。1992年之前未开展人工增雨工作，5—7月的平均降水量为86.0 mm，1992—2005年在全县实施人工增雨作业以后5—7月平均降水量已达110.0 mm，增加了24 mm，年平均降水量增加20%，间接证明了人工增雨的效果。1992—2008年，永昌县人工增雨防雹的投入产出比平均为1∶36，为抗旱减灾发挥了重要作用。就防雹而言，1970—2000年，共出现15次较强冰雹天气，受灾面积6579 hm^2，平均每年受灾219 hm^2，造成经济损失最多年达1200多万元，最少年140万元，平均每年经济损失681.72万元，2000年以后每年均有冰雹天气，但防雹作业后，减轻了灾害损失。

随着人工影响天气工作的不断深入，其效益辐射到社会和经济的各个方面，如水利、发电、森林、牧草、保护生态环境、改善局部环境气候、减少人畜疾病及病虫害的防治等取得的效益无法估算。人工增雨、防雹工作是科学开发空中云水资源的一种有效手段，它投资少、收效大，是抗旱减灾抵御自然灾害的有效措施，在抗旱保生产中发挥着其他手段无法替代的作用。在实施农业抗旱减灾增雨防雹作业的同时，人工增雨工作也逐步由被动抗旱向主动抗旱转变，由单纯农业抗旱向包括农业的生态抗旱转变，由单纯抗旱向增加水资源转变，产生了较好的社会、经济效益。

第十五章　白银市

第一节　气候背景及人工影响天气必要性

白银市位于甘肃省中部，地处黄土高原和腾格里沙漠过渡地带，海拔 1275～3321 m，辖白银、平川 2 区和靖远、景泰、会宁 3 县。白银市气候在中国气候区划上为中温带半干旱区向干旱区的过渡地带，年平均气温 6～9 ℃，年降雨量 180～450 mm 之间，多集中在 7—9 月，占全年降水量的 60%以上，属东南季风气候西北部边缘区，年蒸发量达 1500～1600 mm，是平均降水量的 4.5 倍。北部景泰县年蒸发量最高达 3390 mm。白银市由南向北分 3 个气候区，华家岭至会宁县城间干燥度在 1.0～1.5 之间，属半干旱区；靖远县城向北至白银、景泰间，干燥度由 2.0 逐渐增大为 4.0，属干旱区；在会宁县东南部有很小一部分属于半湿润区。

由于气候干旱，水资源匮乏，很多农业生产属于“靠天吃饭”，旱灾成为当地农业生产的主要气象灾害；冰雹是威胁当地农业生产的另一种气象灾害，对种植业生产，特别是经济附加值高的经济作物危害较为严重。在当地开展人工增雨和人工防雹是减轻旱灾和雹灾损失的重要手段，当地政府和气象部门都很重视这项工作。

第二节　人工影响天气机构及作业管理

白银市人工影响天气办公室 1998 年成立，其职能包括：开展全市人工影响天气业务，承担全市人工影响天气业务管理工作；发布作业预警指导信息，组织、指导联合作业，协调申请地面作业空域，组织本区域联合作业；收集上报作业信息；进行作业效果评估；制定全市人工防雹增雨(雪)工作发展计划，全市作业网点的规划布局和建设；负责防雹增雨(雪)作业人员的技术培训和业务指导，以及防雹增雨(雪)情报收集、情况反映、工作总结和报告等。

在系统建设方面，完成白银市人工影响天气作业技术规范汇编；建立白银市人工影响天气安全作业手册，白银市人工影响天气培训制度；制作白银市人工影响天气作业网点信息表及冰雹路线示意图。

第三节　县级人工影响天气工作情况

一、会宁县

会宁县人民政府于 1993 年批准成立县人工影响天气办公室，挂靠县气象局。1998 年在会宁汉岔乡、草滩乡、桃花山乡建成高炮防雹作业点，由会宁县气象局负责技术指导并管理。

二、景泰县

景泰县气象局自 1998 年开始开展人工影响天气工作，2008 年建成 3 个标准化炮点，共有 4 门高炮为当地农业生产服务。

三、靖远县

靖远县政府于 1998 年批准成立县人工影响天气办公室，并在北湾乡建立了人工防雹示范点，配备 37 高炮 1 门。2007 年在高湾、箬笠、五合、永新 4 个乡建成区域气象站并投入业务运行。2008 年在刘川乡建成了 1 个区域气象站并投入业务运行。2007 年 5 月 10 日，在哈思山省级自然保护区进行白银市有史以来第一次人工增雨作业。

第十六章　天水市

第一节　气候背景及人工影响天气必要性

天水市位于甘肃省东南部，地处陇中黄土高原与陇南山地之间，地跨长江、黄河两流域。天水市下辖秦州、麦积两区，甘谷县、武山县、秦安县、清水县和张家川回族自治县5个县，面积14392 km^2。天水市居暖温带半湿润半干旱气候的过渡地带，属温带季风气候，城区附近属温带半湿润气候，苏城—立远一线以南属于北亚热带。境内梁峁沟壑纵横，干旱、冰雹等自然灾害频繁发生，农业生产自然条件较差。呼风唤雨、改变天气成为人类自古以来的梦想。早在伏羲时代，人文始祖伏羲就在这里创造了八卦，并赋予其天、地、雷、风、水、火、山、泽等自然属性，几千年以来，人们试图以占卜、祈禳之法预测、规避、减轻自然灾害，至今许多地方还有民间祈年、禳灾的遗迹。天水市真正有组织、有规模地采用科学方法开展人工影响天气始于20世纪70年代。经过近50年的发展，天水市人工影响天气成为气象工作服务精准扶贫、防灾减灾、生态文明建设等工作的独特典范。

第二节　人工影响天气发展阶段

按照发展历程，可分为四个阶段。

一、土炮人工影响天气探索阶段(1960—1979年)

20世纪60年代至70年代初，天水市曾开展过群众性的土炮防雹工作。1971年开始，由各县农业生产指挥部门组织人民公社、生产大队在境内较高的山头布设无缝钢管自制的土炮，利用自制的空炸炮弹、土火箭开展防雹、人工降雨作业。据《天水大事记》记载，1975年天水地区气象局和秦安县气象局在秦安县人工降雨成功。由于土炮防雹、土火箭人工降雨科学依据不足，效果不理想，且存在较大安全隐患，依据1980年中央气象局对人工影响天气工作提出的“加强科学研究，调整、整顿面上工作”的意见，于1980年停止作业。

二、高炮人工影响天气试验阶段(1975—1989年)

20世纪70年代是天水市冰雹发生次数最多的时段，平均每年17.4次，也是区域性冰雹最多的时段，平均每年2～3次。如1970年7月20日、1973年7月27日、1977年5月27日出现过3次涉及5～6县(区)的区域性冰雹，损失惨重。根据防灾、减灾的迫切需要，借鉴国内人工影响天气试验研究成果，1975—1977 年在麦积区街子、石佛和秦州区秦岭设立 3 个 37 高炮作业点，使用携带碘化银的专用炮弹开展人工防雹、增雨试验，并取得了较好的效果。据有关资料记载和群众反映，3 个高炮作业点保护范围内冰雹次数明显减少，灾害损失明显减轻。

秦安王铺镇张咀村陈列的 20 世纪 60 年代（左）和 70 年代（右）民间防雹土炮

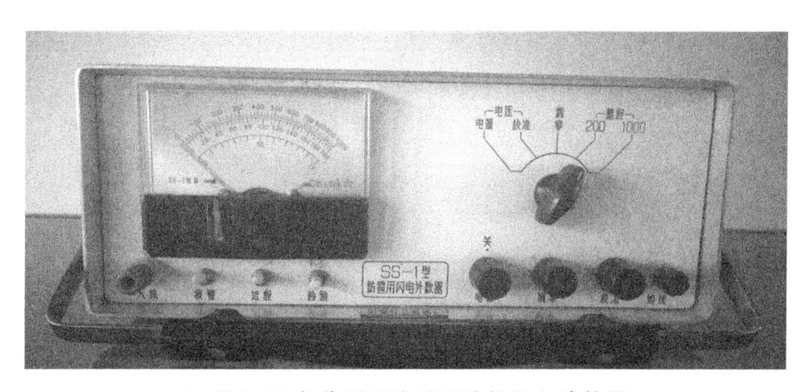

20 世纪 70 年代用于防雹试验的闪电计数器

三、现代人工影响天气发展阶段（1990—2007 年）

（一）建设 37 高炮防雹作业网点

1990 年 12 月，甘肃省人工影响天气协调领导小组办公室按照甘肃省人民政府批转办理的天水市人民政府《关于请示调拨防雹 37 高炮的报告》（市政发〔1990〕108 号），给天水市调拨 37 高炮 10 门。1991 年 2 月，天水市人民政府下发《关于转发开展人工防雹抗灾实施意见的通知》（市政发〔1991〕17 号），明确了炮点设置、装备和经费、组织领导等事宜，开启了高炮人工影响天气作业工作。按照天水市政府提出的“突出重点、兼顾一般”的原则，同年 5 月在各县（区）建设 37 高炮作业点 12 个，开始业务化的高炮人工防雹、增雨工作。1993 年，先后又在武山县、张家川县、麦积区、清水县、秦州区、秦安县增建高炮作业点 14 个。经过建设与调整，截至 2006 年年底，天水市高炮作业点总计达 25 个，初步形成了扼守全市西、西北、北、东北 4 条冰雹主要活动路径中心地带的 37 高炮防雹作业站网。

武山县榆盘高炮作业点

（二）开展焰弹增雨作业

1998 年 4 月 28 日，首次使用 BR-3 型焰弹开展增雨作业。

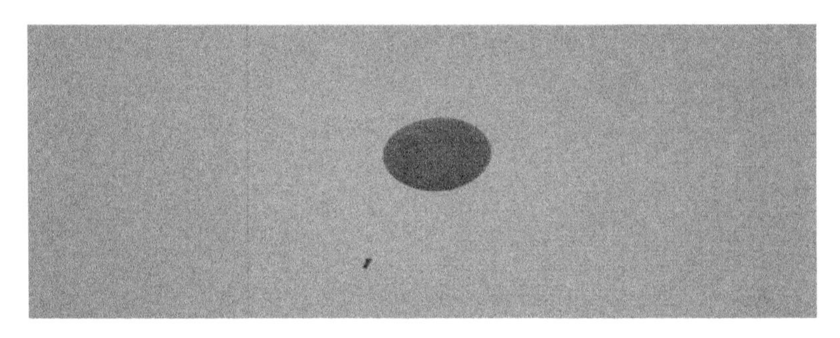

焰弹增雨作业

（三）引进火箭增雨作业设备

1999 年 4 月，天水市人工影响天气办公室购置 WR-1B 型车载式火箭发射装置 2 部，分配给武山县和天水市人工影响天气办公室各 1 部。4 月 11 日，天水市人工影响天气办公室在秦州区城北红旗山首次开展流动火箭增雨作业，开本市火箭、高炮联合增雨作业之先河。4 月 15 日，在武山县气象局建成固定火箭作业点 1 处，并于次日成功实施火箭、高炮联合增雨作业，成为本市首个开展火箭增雨作业的县。2000—2007 年，先后建成甘谷县、秦安县、张家川县、麦积区、清水县火箭作业点。至此，天水市 7 个县（区）全部具备火箭人工影响天气作业能力，具有高炮、火箭、焰弹联合作业能力的多种作业网初步形成。

秦州区红旗山流动火箭增雨作业

（四）建立较为完善的组织领导和保障体系

1991 年 2 月，天水市人民政府下发《关于转发开展人工防雹抗灾实施意见的通知》（市政发〔1991〕17 号），成立了天水市人工影响天气协调领导小组，并明确了各县（区）人工影响天气领导机构设置、相关经费等事宜。3 月，天水市人工影响天气协调领导小组办公室成立，挂靠在天水市气象局。各县（区）相继成立了人工影响天气组织领导和工作机构。1997 年 1 月，天水市机构编制委员会办公室下发《关于人工影响天气协调领导小组办公室机构编制的批复》（天市编办〔1997〕7 号），同意设立市、县（区）人工影响天气协调领导小组办公室，分别挂靠市、县（区）气象部门，在市、县（区）政府的领导下，负责市、县（区）人工影响天气的综合管理和协调工作，同时明确了市、县（区）人工影响天气协调领导小组办公室事业编制数额、经费预算事宜。此后，市、县（区）全部建立了人工影响天气协调机制，工作机构全部挂靠到市、县（区）气象部门，并相继落实了事业编制、经费预算。1998 年开始实行人工影响天气工作人员上岗证管理制度。2001 年年初，天水市政府将人工影响天气工作确定为当年政府实施的大事之一；2001—2007 年，先后下发《天水市人民政府办公室关于进一步加强人工影响天气工作的通知》（天政办发〔2001〕43 号）、《天水市人民政府关于加快气象事业发展的通知》（天政发〔2007〕3 号）、《天水市人民政府办公室关于进一步加强气象灾害防御工作的通知》（天政办发〔2007〕154 号），对人工影响天气工作提出了更高、更具体的要求，进一步促进了人工影响天气工作的发展，形成了较为完善的人工影响天气组织领导和保障体系。

秦州区秦岭炮点所在地赠送的锦旗

十余年来，以高炮防雹，火箭、焰弹增雨（雪）为主的人工影响天气工作在保障粮食生产安全中取得了明显的成效，受到了广大干部群众的欢迎。

四、人工影响天气高质量发展阶段（2008—2019 年）

（一）根据防灾、减灾需求完善作业点布局

2008—2009 年先后对原有高炮作业点进行了标准化改造、调整，至 2009 年年底，天水市标准化高炮作业点达 25 个。2012 年 5 月在麦积区南山万亩苹果基地安装 ZY-2 远程遥控焰条播撒系统 1 套。面对天水特色果业迅速发展，突发性强对流冰雹天气增多、果业灾害损失严重的形势，2012 年 8 月，天水市人民政府办公室下发《关于加强人工影响天气高炮作业点建设的通知》，决定从 2012 年开始，由市、县（区）政府共同投资，用 3 年时间，分 3 期在天水市冰雹主要路径、干旱和雹灾多发区、农业重点产业经济带增建人工防雹增雨高炮作业点 70 个；2015—2017 年市政府又决定新建（改造）部分加密高炮防雹增雨作业点。截至 2019 年，先后新建高炮作业点 85 个，迁建高炮作业点 4 个，使全市 37 高炮防雹增雨（雪）作业点总数达到 110 个，形成了覆盖粮食、特色果品生产区域的人工影响天气作业点网，进一步提升了人工影响天气作业能力。

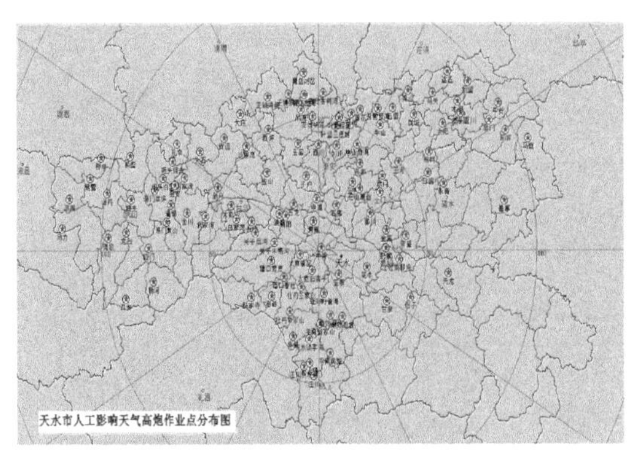

天水市人工影响天气高炮作业点分布

麦积区南山万亩花牛苹果基增雨烟炉

（二）加强人工影响天气作业队伍建设

2012 年 7 月，天水市人力资源和社会保障局与市气象局联合印发《关于开发人工影响天气工程岗位为公益性就业岗位安置城市下岗失业居住农村人员有关问题的通知》（天人社发〔2012〕199 号），将全市人工影响天气高炮、火箭作业人员纳入公益性岗位管理，实行公益性岗位工资待遇。市、县级气象部门进一步加强对人工影响天气业务管理、作业人员的技术培训，及时协调解决作业指挥人员编制、作业人员待遇等方面存在的困难和问题，促进了作业人员业务技能的提高，稳定了作业队伍。截至 2019 年，全市共有地方编制的作业指挥人员 27 人，以公益性岗位、参照公益性岗位、劳务外包、季节性用工等方式解决的作业人员 461 名，形成了一支稳定、精干、高效的作业队伍。

高炮作业人员培训

（三）加强作业装备保障与安全管理

2008 年 7 月，由市、县（区）政府筹措资金，为各县（区）人工影响天气办公室统一购置了人工影响天气作业车辆；8 月，更新了秦州区、秦安县、武山县、甘谷县、张家川县 5 部火箭发射装置，使各县（区）全部具备了火箭流动作业能力。2013 年开始实行人工影响天气作业点作业许可证管理制度，先后给各作业点配备了弹药存储保险柜，对部分作业点的 37 高炮进行自动化改造。2018 年以后，“人工影响天气作业点安全射界图制作系统”“人工影响天气弹药装备物联网管理系统”“人工影响天气安全管理平台”等系统先后投入使用，并给各县（区）配发了增雨防雹火箭弹药安全转运箱，给各作业点配发了弹药装备物联网信息手持识别终端，建成1个市级人工影响天气器材存储库，对部分作业点的弹药临时存储库、防雷装置、基础设施进行了改造。2019年，由市、县（区）财政共同支持，更新全市人工影响天气作业专用皮卡车7辆。

统一配备的人工影响天气作业车辆（2008年7月）

（四）积极推进人工影响天气业务现代化建设

1. 提高综合监测分析能力

综合应用气象卫星、天气雷达、国家级自动气象站、区域自动气象站、气象信息员、作业人员提供的实时监测信息，不断完善各类业务系统，为开展人工影响天气作业过程预报、作业潜力分析、作业条件预警、作业指挥、作业效果评估提供依据。

2. 开展作业条件预报预警

充分利用综合监测信息、本地天气预报预警信息、上级业务指导产品及各类业务平台，加强作业条件分析研判，从2017年开始，向各县（区）人工影响天气指挥部门发布72～24小时“人工影响天气过程预报和作业计划”，24～3小时“人工影响天气潜力分析和作业预案”，3～0小时“人工影响天气监测预警和作业指令”，提高了作业指挥的前瞻性和作业实施的科学性。

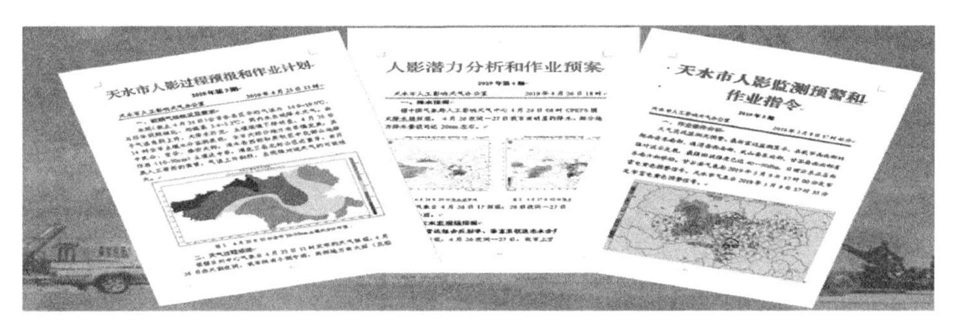

人工影响天气业务指导产品

3. 完善作业指挥系统

2018年以后，建成天水市人工影响天气指挥中心，引进“地面作业空域申请系统”，开发“天水人工影响天气作业指挥”APP，实现作业空域申请联络的信息化。同时，加强预报业务人员、作业指挥人员、作业人员之间的互动，实现对作业实施的全程跟踪指导。

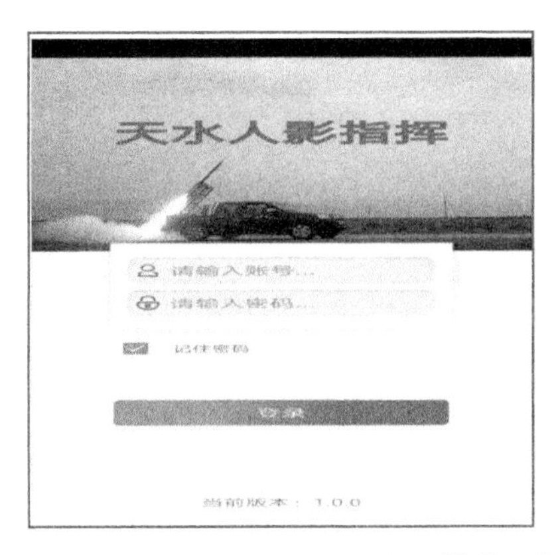

人工影响天气作业指挥系统

4. 积极探索作业效果评估

采用历史分析、典型个例对比、现场调查评估等方式，积极探索作业效果评估方法，及时组织开展市、县级人工影响天气作业效果评估，为政府决策和提高作业水平提供参考。

5. 加强科研与科普宣传

2013 年开始，与甘肃省人工影响天气办公室、当地工信委和机械制造企业密切合作，参与了北方果园防霜风机的研发、试验与推广，至 2016 年底全市果园防霜机布点达到 600 多台，向外地推广 214 台。2017 年 1 月，天水市气象局与甘肃省人工影响天气办公室、青海省人工影响天气办公室、新疆维吾尔自治区人工影响天气办公室共同完成的《干旱地区人工影响天气关键技术研究》获甘肃省科技进步奖三等奖；2018 年，天水市人工影响天气办公室与甘肃省人工影响天气办公室共同完成甘肃省地方标准《高架防霜机作业效果评估规范》。同时，将人工影响天气科普宣传工作列入了常态化的年度科普宣传工作计划，充分利用社会媒体和部门资源，加大人工影响天气工作的宣传力度，提高全社会对人工影响天气工作的认知。

学生参观天水市人工影响天气指挥中心

经过近 30 年的努力，已在天水市西、西北、北、东北 4 条冰雹天气系统活动路径和农业重点产业经济带上布设标准化 37 高炮防雹增雨(雪)作业点 110 个，WR-98 型火箭发射装置 9 部，地面碘化银发生器 1 个，在气象工作服务精准扶贫、防灾减灾、生态文明建设中发挥了独特的作用，赢得了广大干部群众的好评。随着中国气象局《人工影响天气“耕云”行动计划(2020—2022 年)》和人工影响天气保障国家重大任务行动、现代化提升行动、安全提升行动等“三项行动”的实施，天水市人工影响天气业务现代化建设将不断前进，在服务乡村振兴、防灾减灾救灾、生态文明建设中将发挥更大作用。

第三节　县级人工影响天气工作

一、麦积区

麦积区1975年建立高炮防雹作业点2个，配备37高炮2门。1992年7月成立北道区人工影响天气协调领导小组，领导小组下设办公室，挂靠在北道区气象局，核定地方编制4个；2005年1月更名为麦积区人工影响天气办公室，负责全区人工影响天气工作。1995年增设防雹作业点2个，均配有双管37高炮。2004年购置人工增雨火箭发射架1部，专用作业车1辆。2008年7月又配置人工影响天气作业指挥车1辆。

二、甘谷县

甘谷县政府于1991年12月13日决定将甘谷县防雹办公室由县农技中心改设挂靠在甘谷县气象局。1998年，经县政府常务会议研究决定成立甘谷县人工影响天气协调领导小组，领导小组下设办公室，挂靠在县气象局，核定编制3个。到2008年12月，建有礼辛、大庄2个37高炮防雹点，拥有增雨火箭发射架1部，火箭增雨专用车1辆。每年适时组织开展人工防雹和增雨作业，提高了全县防御气象灾害的能力。2008年对大庄防雹点进行标准化改造。

三、武山县

武山县原建有榆盘、桦林、鸳鸯、邓堡4个高炮防雹点，1997年邓堡防雹点撤销。1996年后县政府将人工影响天气经费列入财政预算。1998年经县政府常务会议研究决定成立武山县人工影响天气协调领导小组，领导小组下设办公室，挂靠在武山县气象局，核定编制2个。截至2008年12月，建有榆盘、桦林、鸳鸯、四门4个防雹点，配备37高炮4门，增雨火箭发射架1部，火箭增雨专用车1辆，防雹增雨作业人员12名。武山县人工影响天气办公室现有管理人员2名。2008年武山县人民政府投入16.9万元对四门、榆盘防雹点进行标准化改造。

四、清水县

清水县人工影响天气办公室成立于1997年，挂靠在县气象局，指挥协调本县的人工影响天气工作。截至2008年年底，建成37高炮作业点3个，布设在王河乡全寨村、白驼镇玉屏村、秦亭镇赵尧村3条主要冰雹路径上。火箭增雨作业点1处，焰弹增雪作业试验点1处。利用有利天气时机组织开展人工增雨、防雹作业，年平均作业30点次，在农业抗灾、减灾中发挥了重要作用。

五、张家川回族自治县

张家川回族自治县于1971年在县防汛指挥部的基础上，成立了县、公社、大队三级三防（防雹、防汛、防冻）办公室，由县农业局、水电局、气象局各抽调1人统一办公，开展日常管理工作。1972年开始，全县防雹工作统一由张家川回族自治县气象局全面负责，先后使用土炮、空炸炮、土迫击炮、双级火箭、双土火箭等进行防雹作业。1980 年，防雹机构解散，1981—1989 年，张家川回族自治县人工防雹工作停止。1991 年 1 月成立张家川县人工影响天气协调领导小组办公室，挂靠在县气象局，办公室主任由县气象局主要领导兼任，在刘堡乡关门豁岘建成 37 高炮作业点，配备 1 门双管 37 高炮，临时作业人员 3 人。1995 年 5 月和 1999 年 7 月，先后建成恭门水池炮点和桥沟渠子炮点，各配 1 门单管 37 高炮及 3 名临时作业人员。2006 年 7 月，购置长城皮卡车 1 辆，作为人工影响天气指挥车。2008 年底，县人工影响天气协调领导小组办公室有正式编制人员 3 人，每个炮点有临时炮工 3 人，共 9 人，人工影响天气人员工资及人工影响天气经费由地方政府拨付。

六、秦安县

秦安县于 1991 年 3 月 21 日成立秦安县防雹抗灾指挥部，下设办公室，挂靠在秦安县气象局，属地方编制。1991 年由县政府拨款在刘坪、吊湾设立炮点，1996 年在五营乡、2003 年在莲花镇好地乡、2005 年在王窑乡、2008 年在兴丰乡设立炮点。2002 年购进 1 套火箭人工影响天气作业系统。利用有利天气时机开展人工防雹、人工增雨作业，在抗旱减灾中发挥了重要作用。

第十七章　武威市

第一节　气候背景及人工影响天气必要性

武威市位于河西走廊东端，南依祁连山，北靠腾格里沙漠，属于温带大陆性干旱气候类型，受季风气候与大陆性气候、高原气候与沙漠气候的共同影响。现辖凉州区、民勤县、古浪县和天祝藏族自治县。全市土地总面积3.3万km^2，武威所处石羊河流域是我国内陆河流域人口最密集、水资源严重匮乏、用水矛盾十分突出、生态环境极度脆弱的流域之一，南部为祁连山水源涵养区，北部毗邻腾格里和巴丹吉林两大沙漠，在全国生态格局中地位突出。全市人均水资源不足全省的1/2、全国的1/4，耕地亩均占有水资源仅为全省的1/2、全国的1/8，平均降水量260 mm，北部民勤县多年平均降水量只有113 mm，蒸发量超过2600 mm，是典型的资源型缺水地区。近年来，武威市气象局深入贯彻市委、市政府“生态优先、绿色发展”的思路，紧紧围绕石羊河流域生态环境重点治理和祁连山生态环境保护与恢复，着力健全保障机制，完善作业体系，扩大作业规模，提升增雨效益，在抗旱减灾、缓解水资源供需矛盾和生态文明建设中发挥了积极作用。

第二节　人工影响天气机构及监测作业设备

1974年，甘肃省气象局气象科学研究所在天祝县打柴沟公社开展人工影响天气实验作业工作，到20世纪80年代初逐步停止。武威市人工影响天气工作最早于1992年在永昌县开展，随后于1995年在原武威县开展(当时由水利局管理)。1997年6月26日成立武威县人工影响天气指挥部，正式移交气象部门管理，并选定青林、康宁、南营3地设立固定高炮作业点。2000—2005年先后拓展到天祝县、古浪县、民勤县。各县(区)均成立了人工影响天气指挥部，由政府分管领导任总指挥，指挥部下设办公室，由市、县(区)气象局局长兼任办公室主任。2002年开始购置火箭专用车，进行火箭增雨作业。到2008年，武威市已有37高炮10门，增雨防雹点10个，其中天祝4个，古浪4个，凉州2个；车载火箭发射架4部，其中天祝1部，民勤2部，市人工影响天气办公室1部；焰弹增雪点2个；火箭专用车3辆；手持通信工具10部。2008年，建成“两库一室一平台”标准化炮点5个。

2010年，武威市市委、市政府围绕石羊河流域生态环境重点治理，确立了“天上水、地表水、地下水”“三水”齐抓的方针，将人工增雨(雪)作为实施生态立市战略、增加水资源总量的重要手段之一，成立市、县两级人工影响天气办公室，落实地方事业编制21人。7月26日，在武威市市委、市政府和甘肃省气象局的高度重视与关心下，启动武威市人工影响天气作业基地建设项目，市、县两级人工影响天气办公室正式挂牌，运行经费和作业经费纳入同级财政预算，建立了稳定的财政保障机制。同年新建火箭作业点10个。

冬季火箭人工增雪作业

武威市人工影响天气作业基地建设项目启动仪式(2010年7月26日)

2011年至今，武威市市委、市政府对人工影响天气工作高度重视，市主要领导多次冒雨前往人工增雨作业点视察指导工作，对人工影响天气工作寄予厚望并提出更高要求。

武威市委、市政府领导指导人工影响天气工作

为扩大作业规模和覆盖区域，有效开发空中云水资源，市委、市政府继续推进省气象局和市政府共建武威市人工影响天气作业基地项目。同年 4 月，《石羊河流域新建人工影响天气作业点实施方案》经省气象局批准实施，在石羊河流域增设火箭作业点 20 个、高炮作业点 5 个。2013 年继续扩大作业规模，在凉州区主要气流层状云系途径的上游增设 5 个火箭作业点。2014 年西营河上游九条岭、肃南县皇城镇水关村新建火箭作业点 2 个。

新增人工影响天气作业设备

2019 年，武威市气象局积极申请中央财政“十三五”重大项目“西北区域人工影响天气能力建设甘肃分工程——祁连山及旱作农业区人工增雨(雪)体系建设项目”，获中央财政项目经费 598.3 万元。年内标准化改造作业点 11 个，自动化改造高炮 13 门，安装高性能自动火箭发射架 25 套、地面烟炉 8 部、区域自动气象站 2 个，配备车载式弹药安全储运箱 4 个、物联网无线激光扫描系统 54 套，实景监控系统 11 套，极大改善了武威市人工增雨(雪)工程装备，有力提升了全市人工增雨(雪)作业能力。生态修复型人工影响天气作业体系已初具规模，集成化、规模化、协同化效应已初步显现。

作业点及作业烟炉

截至 2019 年年底，武威市人工增雨(雪)、防雹作业点达到 71 个，其中火箭作业点 45 个、高炮作业点 14 个、焰弹作业点 4 个、冬季烟炉增雪点 8 个，作业覆盖面积超 6000 km^2，占全市总面积的 18％。

第三节　人工影响天气作业及效益

在人工影响天气系统监测、效益评估方面，武威市已建成区域自动气象站 95 个，多普勒雷达 1 部，气象卫星云图接收站 4 个，初步建成了较为完善的人工影响天气作业体系。

面对异常严峻的水资源短缺现状和抗旱、生态需水形势，不断拓展人工影响天气作业的增雨、蓄水和生态修复功能，人工影响天气作业由孤立、分散、阶段性作业拓展为规模化、集约化、一年四季不间断作业。坚持“一年四季不放松，每次过程不放过”的要求，抢抓一切有利天气过程实施作业，切实提升人工影响天气工作的经济、社会和生态效益。2010—2019 年，武威市共开展人工影响天气作业 4853 点次，发射火箭 20920 枚、炮弹 14927 发、施放焰弹 15250 枚。年平均发射火箭 2100 枚，炮弹 1500 发，为 2010 年人工影响天气办公室成立前年平均发弹量的 40 余倍。

科学、密集和规模化的人工增雨(雪)作业，有效增加了降水量和祁连山区冰雪储备，河流来水量逐年增加。天然河道向民勤下泄水量从 2010 年的 6287 万 m^3 增加到 2017 年的 1.52 亿 m^3，除受厄尔尼诺事件影响的重旱年份——2013 和 2015 年外，近年来天然河道来水量呈逐年增多趋势。民勤蔡旗断面过水量于 2012 年提前 8 年实现石羊河流域远期治理目标中确定的 2.9 亿 m^3 的控制性目标，2017 年达到 3.931 亿 m^3，为 1972 年以来 35 年中最多的年份。

由于下泄水量的增加，干涸 51 年之久的民勤青土湖于 2010 年首次形成人工季节性水面，2017 年青土湖人工季节性水面已达 26.6 km^2，形成旱区湿地 106 km^2。地下水位由 2007 年的 4.02 m 上升至 2.94 m，上升了 1.08 m。

人工增雨(雪)使民勤青土湖重现青波

人工影响天气作业有效增加了降水和河道来水量，减轻了干旱、冰雹等灾害性天气造成的损失，为石羊河流域重点治理、祁连山生态环境保护与恢复和农业抗旱减灾及全市经济、社会发展做出了积极贡献。

第四节　武威市县级人工影响天气工作情况

一、民勤县

民勤县人工影响天气工作始于 2003 年 8 月。人工影响天气主要任务是基于农业抗旱和生态恢复而实施的人工增雨。到 2008 年，已有人工增雨、防雹专、兼职工作人员 5 人，火箭发射系统 4 套，人工增雨车 1 辆，形成了一支比较正规的人工增雨作业队伍。

二、古浪县

古浪县自 2000 年 8 月开始在古丰乡、干城乡、民权乡、泗水镇等 4 个乡镇开展人工增雨、人工消雹作业。2004 年又在曹家湖水库增设人工增雨作业点。到 2008 年年底，共有兼职作业人员 17 人，37 高炮 4 门，火箭发射系统 1 套，形成了一支初具规模的人工增雨防雹作业队伍。

三、天祝县

天祝县人工影响天气工作始于 2002 年，设人工防雹、增雨作业点 4 个，拥有作业用 37 高炮 4 门，火箭发射架 1 个，作业用皮卡车 1 辆。

第十八章　张掖市

第一节　气候背景及人工影响天气必要性

张掖市地处河西走廊中段，辖1区5县，即甘州区、山丹县、民乐县、临泽县、高台县和肃南裕固族自治县，总面积4.21万km^2。张掖市位于甘肃西部温带干旱区，属大陆性季风气候，境内有高山、中低山和走廊平原3种地貌类型，植被稀疏，自然环境较差，生态环境脆弱；光热丰富，温差大，夏季短而热，冬季长而严寒，春季升温快，秋季降温快，干燥少雨，光照充足，太阳辐射强，昼夜温差大，年降水量112.3～354 mm，降水的年际及时空分布差异较大；年均蒸发量1671.4～2246 mm。

张掖市气候干旱，自然降水非常匮乏，以内陆河为水源形成灌溉绿洲农业，河流来水的丰枯直接影响农业的丰歉。在气候变化大背景下，祁连山冰川退缩，雪线上升，极端高温和局地暴雨洪灾时有发生，土地荒漠化日趋严重，直接威胁绿洲农业生产。在祁连山区开展地形云人工增雨(雪)作业，开发利用丰富的空中水资源，是减轻干旱影响、保障经济发展的有效措施。

第二节　人工影响天气机构及监测作业设备

张掖市人工影响天气领导小组办公室成立于1992年，现有地方编制5人，经费供给由市财政负担，办公室设置在张掖市气象局，负责日常办公及空域申请、作业管理。县级人工影响天气业务挂靠各县气象局，所需经费由县级财政负担，作业均由气象局职工兼职完成。

1992年开展人工影响天气工作时，作业设备为小火箭和37高炮，2000年淘汰所有小火箭和37高炮，逐步配备了新型的WR-98大型火箭发射架，主要进行增雨(雪)作业。经过20多年的逐步发展，作业点由少到多，人员队伍逐步壮大。截至2019年，依托气象部门的业务现代化建设，地面气象观测站、地面卫星资料接收处理系统和新一代多普勒天气雷达组成了多尺度、多要素的人工影响天气立体监测网络。同时，不断扩大火箭作业面积，在沿祁连山山脉的乡镇组建科学的增雨网，张掖市共建设流动火箭作业点13个，全市6县(区)都坚持开展人工影响天气作业，共有WR-98型车载移动火箭发射架10部，自动火箭发射架10部，地面烟炉6部。在沙井镇设立新一代多普勒雷达1部，全市建设区域自动气象站104个。

近年来，在甘肃省气象局和张掖市委、市政府的正确领导下，张掖市人工影响天气工作得到了较快发展，在抗旱减灾、缓解水资源短缺、改善生态环境中发挥了积极作用。2008年11月，中国气象局、国家发展和改革委员会联合印发《人工影响天气发展规划(2008—2012年)》，祁连山人工增雨(雪)示范区已被确定为全国人工影响天气作业4个示范区之一，计划在祁连山示范区建设4个地面基地，给张掖市祁连山人工影响天气工作带来重大的发展机遇。

火箭人工增雨作业

2019年，建成祁连山地形云人工增雨(雪)外场试验基地，建成火箭标准化作业点3个。新建6要素自动气象站6个，增设天气现象观测仪8部，称重式降水测量仪8部，微波辐射计2部。新增GPS火箭探空系统2套，车载式毫米波雷达1部，车载式C波段双偏振雷达1部，Ka波段移动云雷达1部，GNSSMT 2套。开展祁连山生态保护和有效开发空中云水资源，扩大冰川覆盖面积，减缓冰川雪线上升速度。

火箭人工增雪作业

第三节　人工影响天气管理工作

近年来，张掖市人工影响天气工作以服务地方经济发展为主线，深入学习贯彻落实中央、省各级人工影响天气工作有关精神，在甘肃省气象局和地方政府的大力支持下，积极实施人工增雨作业，每年大约可以增加有效降水5000万～7000万m^3。充分发挥人工影响天气工作在全市农业抗旱减灾、森林草原防火灭火、祁连山生态环境保护修复、增加祁连山冰雪储量、缓解水资源供需矛盾和推进黑河流域生态环境治理等方面的作用，为地方农业生产、居民生活、经济各项事业发展提供强有力的基础条件保障。市、县人工影响天气办公室多次荣获“甘肃省人工影响天气工作先进集体”表彰，多次被地方政府评为“支持地方经济发展先进单位”，多人次荣获“甘肃省人工影响天气工作先进个人”称号。

安装在山坡上的人工增雨(雪)烟炉

地方政府颁发“支持地方经济发展先进单位”奖牌

2016 年 8 月,丹霞机场通航大会期间,张掖市各县人工影响天气办公室集结丹霞通用机场进行人工影响天气作业演练,受到市、县领导的肯定。2017 年,国家发改委和中国气象局人工影响天气办公室领导两次视察调研张掖市人工影响天气工作,给予了充分肯定。2019 年 5 月 22 日,国家发改委、中国气象局工作组一行到肃南县气象局检查祁连山人工增雨(雪)项目建设情况。2019 年 6 月,西北人工影响天气工程祁连山地形云外场试验项目论证会在张掖市民乐县召开,中国气象局领导,部分省、自治区气象局人工影响天气办公室及兰州大学资源环境学院领导和专家莅临会议。2019 年 9 月,国家发改委和中国气象局人工影响天气办公室领导到张掖市视察调研,并对临泽县无人机增雨试验工作进行指导。

国家发改委、中国气象局工作组在肃南县气象局检查指导祁连山
人工增雨(雪)项目建设情况(2019 年 5 月 22 日)

西北人工影响天气工程祁连山地形云外场试验项目论证会
在民乐县召开(2019 年 6 月)

国家发改委和中国气象局人工影响天气办公室领导视察调研临泽县
无人机增雨试验工作(2019 年 9 月 23 日)

第四节　张掖市县级人工影响天气工作情况

一、高台县

高台县在 20 世纪 90 年代初成立人工影响天气办公室，开始人工影响天气作业，主要进行抗旱增雨(雪)作业。最初使用小火箭作业，2003 年更换配备了新型的 WR-98 大型火箭发射架。

二、临泽县

临泽县 1993 年起开展人工影响天气工作，作业设备为小火箭。2003 年淘汰小火箭，换用 WR-98 大型火箭发射架，主要进行人工增雨(雪)作业。

三、肃南县

肃南县 2008 年 7 月开始开展人工影响天气工作，配备有 WR-98 大型火箭发射架，主要进行人工增雨(雪)工作。

四、民乐县

民乐县 1992 年开始开展人工影响天气工作，成立民乐县人工影响天气协调领导小组，下设办公室，办公室设在民乐县气象局，由气象局负责提供天气信息，水务局根据天气信息负责作业。在双树寺水库管理所和大堵麻西干渠水管所设 2 个固定作业点，作业设备主要是 2 门 37 高炮和小火箭。2004 年配备人工影响天气作业指挥车。从 2005 年开始，人工影响天气管理和指挥作业全部由县气象局负责，配备了新型 WR-98 大型火箭发射架进行流动作业，主要进行人工增雨(雪)作业。

五、山丹县

山丹县 1989 年 6 月开始在李桥水管处、霍城水管处建立人工影响天气作业基地，使用 37 高炮和小火箭实施人工影响天气作业。1990 年成立人工影响天气办公室，挂靠县农业委员会。

第十九章　酒泉市

第一节　气候背景及人工影响天气必要性

酒泉市位于河西走廊西端，境内多山脉、戈壁、沙漠，植被稀疏，属温带干旱气候区。下辖肃州区、玉门市、敦煌市、金塔县、瓜州县、肃北蒙古族自治县、阿克塞哈萨克族自治县，总面积19.2万km^2，占甘肃省总面积的42%。由于地处河西走廊西部天气关键区，气候变化特别敏感，干旱气候异常显著，生态环境极度脆弱。酒泉市素有“十年九旱”“无旱不成年”之说，其气候分布可分为3大片，肃州片（玉门、金塔）、安敦片（瓜州、敦煌、阿克塞北部）和山区片（肃北、阿克塞南部），酒泉市年平均降水量为42～150 mm，不及甘肃省（300 mm）的一半，是甘肃省降水最少的地级市。降水各地差异很大，自东南向西北减少，各季分配不均，主要集中在6—9月。酒泉市自然降水非常匮乏，农业灌溉主要靠祁连山雪水融化、河流来水和水库蓄水。河流来水主要取决于祁连山山区降水和冰雪融化，丰水年还能基本满足农田灌溉和人畜饮水的需要，枯水年就很难保证，甚至造成干旱或严重干旱。随着全球变暖，20世纪90年代以来，酒泉市干旱频聚发生，极端高温和局地暴雨洪灾时有发生，祁连山冰川呈大幅缩减趋势，雪线高度也以每年2～3 m的速度抬升，河流来水量减少，地下水位下降，土地荒漠化日趋严重，干旱气候加剧，这些现象都充分说明气候变化已给水资源和生态构成了严重威胁，已成为影响和制约酒泉市经济发展的“瓶颈”。如果不及时采取有效措施减缓气候变化趋势，任其发展和蔓延，不超过50年，酒泉市干旱程度和范围将进一步扩大，荒漠化程度加剧，祁连山雪线高度继续抬升，其后果十分严重。

据测算，如果增加1 mm降水，酒泉市19万km^2的总面积即可增加水资源19000万m^3。按人工增雨平均效果15%～20%计算，酒泉市每年增雨量可达14～38 mm，相当于每年增加水资源260万～480万m^3。酒泉市肃州区、敦煌市、阿克塞县自实施人工增雨作业以来，4—9月降水量比历年同期逐年增加，投入与产出比达到1∶40。阿克塞县通过人工增雨有效缓解了草原连续干旱带来的人畜饮水困难。因此，加快发展人工影响天气事业，积极实施增雨抗旱、防灾减灾，其现实性、必要性、紧迫性不言而喻，应引起全市上下的高度重视和大力支持。同时，政府和气象部门要通过多渠道大力宣传人工影响天气工作所带来的生态效益、经济效益和社会效益，增强广大干部群众的思想认识，营造全社会关注、支持人工影响天气的浓厚氛围。

第二节　人工增雨(雪)作业

2006年,在酒泉市市委、市政府和甘肃省气象局的大力关怀与支持下,酒泉市购置了第一部人工影响天气作业移动火箭发射架和火箭弹;2007年又购置火箭发射架1部和火箭弹。2006年6月14—15日,在肃州区、敦煌市进行第一次尝试性的人工增雨作业,作业期间肃州区发射火箭弹12枚,敦煌市两批次发射火箭弹24枚,降水量肃州区测站9.8 mm,敦煌为13.7 mm,而周边县(市)肃北为0.9 mm,瓜州3.0 mm,玉门1.7 mm,金塔0.6 mm,增雨效果极为显著。此次肃州区作业邀请酒泉市副市长杨小莉一行人员及市电视台等新闻媒体现场观摩,得到了在场领导、记者的好评。2007年肃州区作业2次、敦煌市作业3次。2008年1月19日敦煌市增雪作业1次,释放焰弹100个、发射火箭弹12枚,当日降雪4.1 mm,突破历史记录,增雪效果极为显著。2008年5月下旬,肃州区沿山乡镇遭遇大旱,酒泉市副市长王喜成组织相关单位在沿山乡镇召开抗旱现场会,要求市气象局抓住有利时机实施人工影响天气作业,6—7月共作业4次,发射火箭弹36枚,降水量0.7～4.6 mm;7月21日作业后降雨量10.2 mm(中雨),旱情解除。2009年酒泉市遭遇大旱,1—8月肃州区累计降雨量为34.9 mm,7—9月肃州区共作业2次,7月31日作业发射火箭弹8枚,降小雨,9月4日作业发射火箭弹16枚,降大雨,降雨量35.4 mm;阿克赛县作业2次,阿克旗乡连续2年无明显降雨,造成牧草枯死、人畜饮水困难,7月1日实施人工增雨作业后,降雨7～9 mm,大大缓解了旱情。

至此,经过近5年的增雨(雪)作业试验,酒泉市人工影响天气工作逐渐步入正轨。

2014年,酒泉市遭遇特重干旱,市人工影响天气办公室根据天气变化,通过酒泉市政府等门户网站及时向公众发布人工影响天气增雨公告,组织全市联合增雨作业43次,发射增雨火箭弹394枚,创酒泉市增雨作业之最。特别是4月15—16日、5月8—10日的联合增雨作业,发射火箭弹150枚,增雨区普降小到中雨,局地出现大雨,对缓解当时的旱情和净化空气起到了很好的作用。

抓住时机进行夜间火箭发射作业(2014年5月9日)

多年来,人工影响天气工作围绕祁连山生态建设保护修复的需要,全年常态化开展生态保护修复性人工增雨(雪)作业,各县(市、区)根据人工影响天气工作计划,结合本地天气状况及服务需求，在全市采用固定作业和机动作业相结合的方式开展火箭增雨(雪)作业。仅 2019 年，酒泉市共进行人工增雨(雪)作业 37 次，发射火箭弹 293 枚，增雨覆盖面积约 9 万 km^2，增雨量约 3.5 亿 m^3，投入产出比为 1∶23，顺利完成全年人工增雨(雪)任务，无安全事故发生。

一丝不苟规范操作确保发射成功(2018 年 1 月 29 日)

火箭人工增雨，播撒沙漠甘露(2018 年 7 月 6 日)

第三节　人工影响天气业务管理

至 2019 年，酒泉市人工影响天气工作开展较顺利，各县(市)均成立了人工影响天气专门机构，基本做到了人员、经费落实，人工影响天气作业点增至 43 个。每年举办全市人工影响天气安全管理暨作业人员上岗技术培训学习班，聘请有关专家进行辅导和讲授，参加培训的各县(市)人工影响天气指挥、管理和作业人员多达 60 人次。培训内容涵盖了人工影响天气工作的相关法律、法规、制度及装备保养、作业公告、小故障处理等技能，并进行了 WR-98 系列增雨防雹火箭和烟炉作业系统组成、原理、操作及安全事项等知识考试，提高了人工影响天气指挥、管理和作业人员的综合素质，为汛期人工影响天气工作安全、高效、有序实施夯实了基础。

酒泉市防汛抗旱暨人工影响天气工作会议(2019 年 5 月 9 日)

2019 年甘肃省人工影响天气业务暨安全管理工作会议上，酒泉市肃北蒙古族自治县人工影响天气办公室荣获“2018 年度甘肃省人工影响天气工作先进集体”，朱刚等 4 名同志荣获“2018 年度甘肃省人工影响天气优秀工作者”。

第四节　科研开发及建设项目取得的成就

一、河西走廊西部旱区火箭增雨实验效果评估

运用直观图示分析法、区域对比实验法和降水量区域历史回归实验法，使用国家基本气象站和季节性自动雨量监测点资料，对 2015 年、2016 年 3—9 月在河西走廊西部旱区进行的火箭人工增雨作业进行非随机实验效果评估。增雨试验期间对数值预报模式、卫星云图和多普勒雷达等输出产品资料在效果评估方面的应用进行初步探讨，使用效果较好。

二、完成酒泉市人工影响天气作业指挥系统建设

遵循科学规范、全面系统、统筹兼顾、合理可行的建设原则，建设包括人工影响天气业务平台、指挥系统及配套指挥室 3 部分。通过大屏幕显示系统建设，实现地、县互联互动，实时进行汇报、会商与指挥。同时，为实现区域内气象信息的实时监控、信息加工处理与信息存储，配备相应的图形工作站、视频会议终端、显示器等，满足基本人工影响天气业务展示、会话、通信等功能；通过构建人工影响天气指挥系统，重点展示五段业务流程及人工影响天气作业科学指挥。配套机房建设项目主要包括工作台、指挥室室内简易装修等，满足基本的硬件条件。

三、完成肃州、肃北、瓜州、玉门 4 个县(市、区)地面作业指挥平台建设

按照《县级综合气象业务平台建设指南》的总体要求，建设内容包括综合业务平台建设及配套机房建设两部分。通过大屏幕会商显示系统建设，实现省、地、县三级互联互动，实时进行汇报、会商与指挥。同时，为实现区域内气象信息的实时监控、信息加工处理与信息存储，系统需配备相应的音响、图形工作站、计算机、显示器等，满足基本气象信息的远程显示、展示、会话、通信等功能。配套机房建设项目主要包括工作台、UPS 电源、柴油发电机组、相应的室内简易装修等，满足基本的硬件安装条件。

四、祁连山生态环境保护和综合治理规划——肃北县人工增雨建设项目

祁连山生态环境保护和综合治理规划——肃北县人工增雨建设项目内容包括预警监测系统、人工增雨作业系统、弹药、信息网络系统等 4 大系统。

五、酒泉市人工影响天气装备存储库房建设

完成 218 m^2 人工影响天气装备专用存储库房建设并投入使用。库房墙体为符合要求的砖混结构，房顶为钢屋架结构。

六、酒泉市火箭增雨相关研究项目

针对近年来增雨作业降水云层的分布特点，初步完成“火箭增雨中多普勒天气雷达特征的释用”研究探索工作。

七、祁连山及旱作农业区人工增雨(雪)体系工程非标准化作业点改造项目

按照祁连山及旱作农业区人工增雨(雪)体系建设项目安排部署，积极推进酒泉市人工影响天气业务现代化步伐，遵循科学规范、全面系统、统筹兼顾、合理可行、适度超前的建设原则，在酒泉市升级改造非标准化作业点3个、新布设地面烟炉2部。项目建设完成后，可有力提升酒泉市人工影响天气作业水平，更大限度地开发祁连山空中云水资源，为祁连山区生态环境修复建设奠定良好的基础。在草原草场和戈壁区新增作业点23个。

第二十章　平凉市

第一节　气候背景及人工影响天气必要性

平凉市地处 34°54′～35°43′N，107°45′～108°30′E 之间，辖 1 个市辖区（崆峒区）、6 个县（市）（泾川县、灵台县、崇信县、华亭市、庄浪县、静宁县）。平凉属于泾渭河冷温带亚湿润区，在农业气候区划中，属于陇东温和半湿润农业气候区。平凉位于六盘山东麓，泾河上游，为陕甘宁交汇几何中心"金三角"，素有"陇上旱码头"之称，是中国西北地区重要的畜牧业基地和皮毛集散地，也是甘肃省主要农林产品生产基地和畜牧业、经济作物主产区，盛产苹果、小麦、玉米、谷类、荞麦、油菜、胡麻、林果、烤烟等，具有开发"两高一优"农业的广阔前景，曾与庆阳地区以"陇东粮仓"闻名遐迩，先后获农业部、国务院"粮食生产先进地区（县）"荣誉奖，也是农业部划定的全国苹果生产最佳适宜区，生产优质苹果的"黄金地域"，所产的"平凉金果"红富士系列苹果已成为中国驰名商标，作为国家地理标志产品，已销往北京、上海、深圳、成都等全国 50 多个大中城市，打入了俄罗斯、东南亚以及欧盟、智利等国际市场，年出口创汇 3000 多万美元。目前，全市苹果种植面积已超过 13 万 hm^2，已成为当地农民经济收入的主要来源。

平凉市受自然地理条件的影响，干旱、冰雹、霜冻等灾害性天气频发、易发、多发、重发，农民"多年致富，一灾致贫"的事件多有发生。因此，人工增雨、防雹工作显得尤为重要，直接关系到农民的切身利益和当地农业经济的发展。多年来，平凉市人工影响天气部门紧紧围绕全市经济、社会发展和果业生产对人工影响天气服务的迫切需求，积极开展人工影响天气工作，现已成为主动防御气象灾害的有效手段，在防灾、减灾中取得了显著的经济、社会效益，为全市经济、社会发展做出了重大贡献。

第二节　人工影响天气管理及作业

平凉市人工影响天气工作始于 20 世纪 60 年代，之后一度停止，90 年代初恢复并逐步发展壮大。2003 年，平凉市政府调整成立了平凉市人工影响天气指挥部，下设办公室，副科级全额拨款事业单位，挂靠市气象局，核定事业编制 2 名，落实人员 2 人，从机构、人员和经费上保障了市级人工影响天气职能的顺利承接和人工影响天气工作的归口管理。2008 年，静宁县机构编制委员会办公室发文成立静宁县人工影响天气办公室，股级全额拨款事业单位，挂靠县农牧局，人工影响天气业务由县气象局负责指导和管理，从乡镇借用 3 名人员到人工影响天气办公室承担具体工作。2012 年，崇信县机构编制委员会办公室发文成立崇信县人工影响天气办公室，股级全额拨款事业单位，挂靠县气象局，核定事业编制 1 名。2014 年，华亭县（2018 年升级成县级市)机构编制委员会办公室发文成立华亭县人工影响天气办公室,股级全额拨款事业单位,挂靠县气象局,核定事业编制2名。庄浪、泾川、灵台3县均由政府发文成立人工影响天气办公室,挂靠县气象局,由各县气象局局长兼职人工影响天气管理工作。目前,平凉市6县(市)1区和市本级全部成立了以政府分管领导为组长的人工影响天气领导小组,领导小组成员主要由发改委、财政、水务、农业、林业、国土、建设、规划、民政、果业办公室、武装等部门组成,领导小组下设办公室,与本级气象部门合署办公,为本级政府常设机构,纳入本级机构编制管理。平凉市气象局在人员紧缺的情况下,抽调2名业务人员充实人工影响天气管理岗位,保障了人工影响天气工作有序高效开展。

平凉市静宁县高炮作业点现存的20世纪60年代"炮将军"

第三节　人工影响天气基础建设不断加强

多年来,平凉市委、市政府始终坚持"政府投资、百姓受益"的原则,不断强化政府和相关部门职责,把气象灾害防御和人工影响天气工作作为政府及其相关部门履行社会管理和公共气象服务职能的重要任务,纳入各级政府考核,制定年度人工影响天气工作计划,签订人工影响天气安全责任书。甘肃省减灾委、省人工影响天气办公室等上级部门多次对平凉市防灾、减灾及人工影响天气业务工作进行检查和指导,市、县主管领导多次对辖区人工影响天气工作进行视察,并不断强化人工影响天气经费保障机制,将人工影响天气事业发展纳入经济社会发展规划,所需经费纳入各级地方财政预算,每年定额拨付支持,保障人工影响天气业务的正常开展。

平凉市政府领导调研气象防灾减灾工作

甘肃省减灾委领导检查华亭县气象防灾减灾工作

在地方政府的支持和上级部门的关心下，平凉人工影响天气工作自开展以来，人工影响天气作业基础条件不断得到改善，固定作业点和作业队伍不断壮大，人工影响天气作业点布局建设逐年优化。截至2019年年底，平凉市累计建成标准化作业点70个，移动火箭3部，配备高炮70门、移动火箭3部，组建了294人的作业队伍和18人的兼职管理队伍，人工影响天气区域覆盖了平凉市主要的林果区和粮食主产区。其中，静宁县高炮作业点32个，火箭作业点1个；庄浪县高炮作业点8个；华亭市高炮作业点5个；泾川县高炮作业点8个；崇信县高炮作业点7个；灵台县高炮作业点8个，火箭作业点1个；崆峒区高炮作业点2个，火箭作业点1个。

平凉市气象部门高度重视人工影响天气安全工作，定期组织开展人工影响天气作业基础理论知识培训和技能实践演练，保证所有作业人员全部持证上岗，保障了人工影响天气工作的规范化和标准化。积极探索人工影响天气作业人员待遇保障激励机制，逐步建立以“作业补贴为主、基本薪金为辅”的作业人员劳务待遇模式，保证了大部分作业人员的基本稳定。建立人工影响天气作业指挥平台和空域申请系统，依托平台实现了各县(区)与空军西安指挥中心(灵台、泾川、崇信3县)、兰空航管中心(崆峒、华亭、庄浪、静宁4县区)的业务合作和空域自动申请批复。密切监测和分析研判冰雹等灾害性天气的发展变化，抓住有利时机，积极组织开展人工增雨(雪)和防雹作业，最大限度地减轻各类气象灾害造成的损失，为地方经济、社会发展保驾护航。

平凉市静宁县新建成的标准化高炮作业点

甘肃省气象局领导调研静宁县防灾减灾工作

作业人员高炮操作培训

陕西军械所技术专家检验女炮手现场操作

第四节　人工影响天气监测预警体系

多年来，气象部门不断加强人工影响天气防灾、减灾工作监测体系的建设。目前，平凉市102个乡镇成立了乡镇气象工作站，7县(市、区)共建成178个乡(镇)区域自动气象站，建成了崆峒白庙、静宁两部X波段多普勒天气雷达，实现了短时暴雨、冰雹天气预警的全覆盖，形成了比较完备的自动化大气探测网络，全市安装气象广播大喇叭682个、数控调频音柱7321个，在乡村、社区等重点公共场所安装气象信息预警电子显示屏125个，市、县两级电视天气预报、手机气象短信受众用户20多万，基本形成了电视、广播、电话、网络、手机短信、电子显示屏、农村气象信息员等多渠道、广覆盖、全覆盖的灾害预警气象信息发布体系。依托“三农”项目建设，联合规划布网，在全市新建特色林果业小气候观测站7个、设施农业气象监测站3个、全景监测系统7套、防霜机1套，初步形成针对平凉市常规农业和特色林果业的气象要素监测站网。积极争取和协调多渠道经费投入，不断对全市区域自动气象站设备进行更新升级建设，精准发力增强区域气象站在应对强对流天气中的支撑作用。

崆峒区北岭高炮作业点的人工影响天气多要素区域站

平凉市泾川县布设的林果气象监测站

第五节　人工影响天气经济、社会效益显著

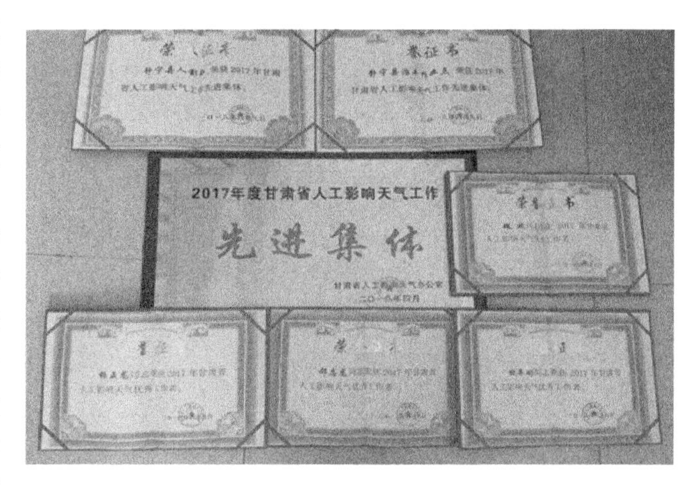

人工影响天气先进集体和个人荣誉证书

近3年来，平凉6县(市)1区作业1600多点次，发射炮弹27000多发，火箭弹300多枚，有效保护了域内13万多hm^2的苹果种植区，取得了显著的社会经济效益，在气象灾害防御中发挥了不可替代的作用。2017年，仅平凉市静宁县就开展人工影响天气作业558点次，发射炮弹11877枚，占全省炮弹发射量的1/3，有效遏制了雹灾的发生，在减轻灾害损失、保护平凉金果不受冰雹灾害影响方面做出了显著贡献，受到各级政府和社会公众的一致好评与称赞。静宁县气象局更是连续10 a被静宁县县委、县政府授予“支持地方经济社会发展先进单位”，县人工影响天气办公室、作业点多次被省人工影响天气办公室授予“甘肃省人工影响天气先进集体”，多名同志被授予“甘肃省人工影响天气先进个人”。

第六节　县级人工影响天气工作

一、庄浪县

庄浪县政府在1999年12月8日召开常务会议，决定由县气象局归口管理人工增雨工作，下设1个高炮点和1个火箭发射点，防雹工作由农牧局负责。2000—2008年实施作业81点次。

二、崇信县

崇信县政府在1995年批准成立人工影响天气领导小组，办公室设在县农牧局。1998年县政府对其进行调整，将人工影响天气办公室设在县气象局，直至今日。人工影响天气工作主要目的是实施人工增雨和人工消雹作业，在黄花乡和柏树乡各建有标准化炮点1处，有37高炮2门。

三、灵台县

灵台县从1996年起开展人工影响天气工作，县政府成立了人工影响天气指挥部，办公室设在县气象局。现有高炮2门，分别设在什字、上良2个乡镇。2008年9月建成什字标准化炮点。

四、华亭市

华亭县政府1995年批准成立华亭县人工影响天气指挥部，总指挥由县长担任，指挥部办公室设在县农牧局。1997年重新调整人工影响天气机构时将人工影响天气办公室设在气象局。1995年在山寨乡、东华镇、上关乡和神峪乡建成人工影响天气37高炮作业点，有车载火箭发射架1部。2008年9月在山寨乡建成标准化高炮作业点。

五、静宁县

静宁县在1960年春季成立了人工消雹指挥部，办公室设在县气象局。1980年5月，防雹业务和人员移交县农业局。1996年，县政府投资购置37高炮2门，用于人工增雨和人工防雹作业。1997年5月成立静宁县人工影响天气指挥部，办公室设在气象局。2008年政府又投资购置4门37高炮，并建成威戎、仁大、李店、治平4个标准化人工影响天气作业炮点。2008年8月静宁县编委会给人工影响天气办公室增加3个编制，使静宁县气象防灾、减灾体系的硬件设施和管理体系初步建成。

六、泾川县

泾川县政府在1997年批准成立由政府分管县长任总指挥，包括计划、财政、农业、气象、公安、电信等部门及有关乡镇为成员单位的泾川县人工影响天气指挥部，办公室设在泾川县气象局，归口管理泾川县人工影响天气工作，初步形成了以党原、丰台、荔堡、飞云、黄家铺、张老寺等37高炮固定作业点为基础，以泾川县人工影响天气办公室移动火箭发射架为补充，可基本覆盖泾川县冰雹频发区的应急防灾减灾作业体系。2019年，全县从事人工影响天气工作的专(兼)职人员共45人。

第二十一章　庆阳市

第一节　气候背景及人工影响天气必要性

庆阳市位于甘肃省最东部，与陕西、宁夏接壤，系黄河中下游黄土高原沟壑区。习称“陇东”，素有“陇东粮仓”之称。全市总面积 27119 km^2，辖 1 区 7 县（西峰、环县、华池、庆城、镇原、合水、宁县、正宁）。

庆阳市属大陆性气候，冬季常吹西北风，夏季多行东南风，冬冷常晴，夏热丰雨。降雨量南多北少，2007 年全市降水量 382.9～602.0 mm，降雨多集中在 7—9 月。气温南部高于北部，年平均气温 9.5～10.7 ℃，无霜期 140～180 d。年日照 2213.4～2540.4 h，太阳总辐射量 523～607 MJ/m^2，地面平均蒸发量 520 mm，总体呈干旱、温和、光富的特点。庆阳市为甘肃省主要旱作农业区之一，降水时空不均和年际变化较大的特点，使干旱成为当地的主要气象灾害；冰雹也是威胁当地农业生产的气象灾害，在农作物生长季严重危害农作物生长发育。人工增雨和人工防雹是农业增收和保持农业生产稳定的重要手段。

第二节　人工影响天气机构

1992 年 4 月，庆阳地区行署成立庆阳地区人工影响天气领导小组办公室，挂靠庆阳地区气象局。各县也陆续挂靠农业局成立人工影响天气办公室。1997 年起，除西峰外，各县人工影响天气办公室归口县气象局管理。

第三节　人工影响天气作业情况

1992 年 5 月起，庆阳地区陆续建立若干人工影响天气作业点，2007 年庆阳市财政为市、县人工影响天气办公室配置 9 辆作业专用车。至 2019 年，庆阳市建成人工影响天气作业点 42 处，其中高炮点 30 处，流动火箭发射点 12 处，配备 37 高炮 32 门、自动化火箭发射架 9 部。人工影响天气管理人员 19 人，作业人员 107 人。人工影响天气作业点防雹覆盖面积 17 万 hm^2，农田保护面积 15 万 hm^2，增雨覆盖面积 16 万 hm^2。

一、人工增雨（雪）

1992 年伏期干旱，环县、庆阳、镇原 3 县 5 炮点共实施增雨 84 点次，农田受益面积 7.5 万

hm^2，平均增雨 74 mm，约合 5500 万 m^3。1993 年春夏季连旱，3 县 5 炮点共进行增雨作业 39 点次，增雨成功率 79%，平均增加雨量 25%～30%，10 万 hm^2 农田受益。1994 年春夏秋连旱，6 月 3—6 日和 10 月 14—16 日，飞机增雨作业 11 架次，高炮增雨作业 48 点次，各地雨量先后达到 25～65 mm。1995 年大旱，环县、庆阳、镇原、西峰 4 县（市）9 炮点共同增雨作业 84 点次，平均成功率 73%，增雨量约占年降雨量的 15%。1996 年春季大旱，人工影响天气办公室 4—6 月共组织增雨 31 点次，平均成功率 58%，增雨量约 1200 万 m^3，获经济效益 280 多万元。1997 年伏旱严重，8—9 月人工影响天气办公室共组织 13 个增雨作业日，成功率 62%，平均增雨 32 mm，约合 2700 万 m^3。1998 年秋旱冬干，高炮增雨成功率 71%，火箭、焰弹增雪成功率 30%，年增降水 70～90 mm，7 万 hm^2 农田受益。1999 年春夏秋连旱，共组织 14 个增雨作业日，11 万 hm^2 农田受益，增值效益约 3600 万元。2005 年盛夏北部旱象严重，环县 4 炮点 7 月 1—2 日连续增雨作业，2 d 雨量均达中雨以上。2007 年 5—6 月全市干旱，市人工影响天气办公室共组织增雨作业 29 点次，发射炮弹 304 发、火箭弹 44 枚，作业覆盖面 6000 km^2，平均成功率 92%。2008 年，全年增雨 8 次，发射火箭弹 36 枚、37 高炮炮弹 94 发，环县县城雨量 29.8 mm，各乡镇出现 20 mm 左右降雨。2009 年初春干旱，市人工影响天气办公室从 2 月 7 日到 3 月 11 日，组织全市大规模人工增雨作业 3 次，发射火箭弹 53 枚、高炮弹 20 发，累计增雨 12.5～27 mm。2010 年，全市降水基本适中，无长期严重旱段，3 月 14 日、6 月 7 日 2 次共发射火箭弹 22 枚、高炮弹 60 发，起到增雨效果。

1992—2010 年，庆阳市实施增雨作业千余点次，60 万 hm^2 农田受益，增加有效降水约 4 亿 m^3，局部解决或缓解水资源短缺矛盾，平均投入效益比约 1∶25。

2011 年共进行增雨（雪）作业 20 点次，发射火箭弹 66 枚，37 炮弹 143 发。2012 年冬季到春季，降水总体偏多且分布均匀，未发生旱象。特别是 4—5 月，由于雨水丰沛，小麦、油菜生长旺盛、植株较高，塬区大部分地段出现倒伏现象，故未进行人工增雨作业。2013 年共进行火箭、高炮增雨作业 39 点次，消耗火箭弹 157 枚，37 炮弹 261 发。其中，4 月 19 日、22 日作业取得了很好的效果，作业后出现小到中雨，有效地缓解了前期旱象，对夏粮生长及春耕生产十分有利。2014 年开展人工增雨（雪）作业 13 点次，发射 37 炮弹 50 发，WR 型火箭弹 34 枚。2015 年开展人工增雨作业 13 点次，发射火箭弹 96 枚，作业取得了明显的效果，为夏粮丰收及大秋作物生长发育奠定了基础。进入 6 月，北部降水偏少，7—8 月降水继续偏少，出现伏旱。市、县人工影响天气办公室抓住有利时机，于 6 月 23 日、8 月 3 日开展人工增雨作业 8 点次，发射 37 炮弹 30 发，火箭 22 枚，作业效果良好。庆阳市委书记栾克军在《庆阳人工影响天气简讯》上批示："人工影响天气工作紧紧围绕农业生产中心，适时作业，为农业生产增收发挥了很重要的作用。市委、市政府高度评价人工影响天气工作，希望再接再厉，为庆阳市农业经济的发展和繁荣发挥重大作用。"2016 年实施人工增雨作业 9 点次，发射火箭弹 44 枚，作业后降水明显，作业效果显著。2017 年共开展人工增雨（雪）作业 27 点次，发射火箭 217 枚，炮弹 30 发。2018 年全年共开展人工增雨（雪）作业 15 点次，发射火箭 111 枚。2019 年共开展人工增雨（雪）作业 9 点次，发射火箭 44 枚。

二、人工消雹

1993 年，环县、庆阳、镇原 5 炮点共实施消雹作业 7 点次，炮点周围 40 km 范围内均未出现冰雹灾害。1994 年，5 炮点共实施消雹 36 点次，成功率达到 100%，消雹效益约 500 万元。1996 年，人工影响天气办公室组织 19 个作业日共 50 点次消雹，成功率 95%，经济效益 420 万元。1997 年庆阳炮点发展到 20 个，农田保护面积 8.5 万 hm^2，当年各炮点所在乡镇均未出现雹灾。1999 年，庆阳 22 个炮点冰雹期平均每天有 3～4 个炮点进行消雹作业，平均消雹成功率 98%，保护农田面积 8 万 hm^2，经济效益约 400 万元。2000 年，共组织消雹作业 11 次，保护农田面积 4 万 hm^2，经济效益约 100 万元。2007 年，消雹成功率 94%，减少经济损失约 400 万元。2008 年，防雹作业 25 点次，发射 37 炮弹 398 发、火箭 4 枚，6 月 5 日和 7 月 20 日两次防雹作业，有效消除北三县雹灾。2009 年实施防雹作业 1 次，发射炮弹 16 发。2010 年，实施防雹作业 26 点次，发射炮弹 315 发、火箭 4 枚。正宁、镇原、环县等减轻灾害损失。1993—2010 年，庆阳市实施人工消雹作业 400 多点次，平均成功率 98%，防御面积近 20 万 hm^2，保护农田 13 万 hm^2，平均投入效益比为 1∶29。

2017 年 2 月 27 日庆阳市西峰区新兴园增雪作业

2017 年 3 月 17 日技术人员正在做高炮检修

2018 年 3 月 23 日培训高炮作业人员

2019 年 5 月 9 日庆阳市人工影响天气办公室技术人员在镇原县中原炮点排除卡弹故障

2011 年共开展防雹作业 32 点次，发射 37 炮弹 379 发。2012 年组织开展防雹作业 3 点·次，发射 37 炮弹 60 发。2013 年共组织开展防雹作业 22 点次，发射 37 炮弹 301 发，其中 6 月 2 日、8 日、10 日、24 日及 9 月 9 日、12 日 6 次作业效果较好，取得了良好的经济效益及社会效益。2014 年开展防雹作业 20 点次，发射 37 炮弹 239 发。2015 年入汛后，人工影响天气办公室按照“一年四季不放松，每一次天气过程不放过”的要求，严密监视天气变化，及时发布预警服务，组织相关炮点开展人工消雹作业。7 月 14—25 日，庆阳市出现连续 12 d 的区域性强对流、局地冰雹天气过程，其强度和持续时间历史罕见。庆阳市人工影响天气办公室工作人员坚守工作岗位，主动开展消雹作业，作业点次多、覆盖面大，取得了良好的经济效益和社会效益。在消雹关键时刻，正宁、镇原、庆城 3 县作业高炮先后出现卡壳、卡弹等故障，为了不耽误作业，也为了保障作业人员人身安全，人工影响天气办公室负责同志驱车前往故障炮点，冒着危险排除故障，保证了消雹作业顺利进行，为基层节省费用 1 万多元。2015 年共进行消雹作业 56 点次，发射 37 炮弹 589 发，极大地减轻了辖区灾害损失，取得了明显的社会、经济效益。2016 年共开展防雹作业 59 点次，发射 37 炮弹 568 发。2017 年开展人工防雹作业 23 点次，发射炮弹 294 发。2018 年开展人工防雹作业 8 点次，消耗炮弹 211 发。2019 年开展人工防雹作业 21 点次，发射炮弹 333 发。

第四节　县级人工影响天气工作

一、环县

环县政府 1999 年在环县气象局挂靠成立人工影响天气办公室，并投资建成马坊原、城东原、丁家原 3 个人工影响天气炮点和县城西滩火箭发射点，人工增雨、消雹工作正式起步。2006 年 7 月，庆阳市政府为县人工影响天气办公室配备了增雨消雹作业车辆和火箭发射架，增强了人工影响天气作业的机动性和灵活性。2008 年各人工影响天气炮点进行标准化升级改造。环县气象局每年配合庆阳市人工影响天气办公室实施人工增雨、人工消雹作业 30 多点次，有效防御和减轻了自然灾害。

二、华池县

华池县于 1976 年开始开展人工影响天气工作，由华池县农业局负责，作业工具为土炮、土火箭，各作业点由民兵进行作业，20 世纪 80 年代中期因安全原因停止作业。1999 年 7 月县政府在华池县气象局挂靠成立华池县人工影响天气办公室，当年县政府投资 6 万元在温台乡建立人工影响天气炮点，配备 37 高炮 1 门，培训炮手 4 名。2006 年，庆阳市政府为华池县配发人工影响天气专用车辆，提高了人工影响天气作业的机动性，在东山建立火箭增雨点，配置 WR-98 型火箭发射架。2008 年县政府投资 10 万元对温台乡人工影响天气炮点进行标准化改造，提高了人工影响天气作业的安全性。

三、庆城县

庆城县在 1992 年 7 月开始建立人工影响天气作业炮点。到 2008 年，已建成白马、桐川、南庄、马岭等 4 处人工影响天气炮点和县气象局火箭增雨点，配置 37 高炮 4 门，移动火箭发射架 1 套，人工影响天气专用车 1 辆，人工影响天气兼职作业人员 15 名。县人工影响天气办公室常年配合庆阳市人工影响天气办公室开展人工增雨和人工防雹作业，每年作业近 30 点次。2003—2008 年庆城县连续 6 a 旱灾，人工影响天气办公室适时开展人工增雨作业，有效缓解了旱情。2005 年庆城县政府决定，每年拨 5 万元专项资金用于人工影响天气设备维修和人员培训。

四、镇原县

镇原县在 1992—2007 年，先后建立了小岘子、孟坝、庙渠、武沟、临泾、湫池、郭原等 7 个人工影响天气作业炮点和莲池火箭增雨点，配备 37 高炮 7 门，WR-98 型火箭增雨设备 2 架，人工影响天气专用车 1 辆，兼职人工影响天气队伍 22 人。多年来，县气象局积极配合庆阳市人工影响天气办公室开展人工增雨、人工消雹作业，每年平均作业达 20 点次，有效防御了干旱、冰雹等自然灾害，减轻或避免了灾害性天气对农林牧业生产造成的危害。

五、合水县

合水县盛夏冰雹灾害频繁，20 世纪 70 年代县财政每年投入 5 万元资金用于人工防雹。截至 1976 年，全县建立了以县气象局为技术指导的防雹队伍 500 余人，防雹土炮 310 余门，土火箭 10 余架，在当时起到了一定的防灾减灾作用。20 世纪 90 年代，科学消雹和增雨技术普及，先后建立了西庄、吉岘、西华池、曹家塬 4 个人工影响天气炮点，配置 37 高炮 5 门，增雨火箭发射架 2 部，火箭增雨车辆 1 部，作业人员达 30 人。多年来，县气象局适时开展人工增雨和人工消雹作业，在防灾、减灾中发挥了重要作用。近年来，县财政每年投入 20 万元用于人工影响天气工程建设和人工影响天气作业，为人工影响天气事业发展提供了基本条件和经费保障。

六、宁县

宁县气象局于 1986 年 7 月配合庆阳地区气象局在宁县早胜乡进行人工增雨试验。1997 年县政府在县气象局挂靠成立宁县人工影响天气办公室，人工影响天气工作步入正轨，当年建成早胜、盘克 2 处人工影响天气炮点，购置 37 高炮 2 门。2006、2008 年增设 WR-98 增雨火箭发射架 2 个。2005 年县政府决定每年拨款 3 万元用于人工影响天气作业、设备维修和人员培训，同年，庆阳市政府投资配置了人工影响天气作业专用车。2003—2008 年宁县连续 6 年干旱，县气象局适时开展人工增雨作业，年均增雨作业达 10 点次，有效缓解了旱情。2008 年对 2 个炮点进行标准化建设改造，增强了人工影响天气作业能力。

七、正宁县

正宁县政府于 1997 年 5 月在县气象局挂靠成立人工影响天气办公室，人工影响天气工作走上正轨，当年建成永正、周家 2 个人工影响天气炮点，之后建成湫头火箭增雨作业点，分别配置了 37 高炮和火箭发射架。2006 年，庆阳市人工影响天气办公室为正宁县配置了人工影响天气专用车，增强了人工影响天气作业的机动性；是年起，县财政每年拨付 10 万元专项资金用于人工影响天气作业、炮手培训和设备维护。2008 年，在庆阳市人工影响天气办公室的指导下，对人工影响天气炮点进行标准化建设，保证作业安全。每年适时开展人工影响天气作业，年均人工增雨、人工防雹作业 10 余点次。

第二十二章 定西市

第一节 气候背景及人工影响天气必要性

定西市位于甘肃中部，通称“陇中”，总面积 1.96 万 km^2，耕地 80.7 万 hm^2，辖 1 个市辖区(安定)6 个县(通渭、陇西、渭源、临洮、漳县、岷县)。定西气候属于南温带半湿润—中温带半干旱区，年平均气温 5.7～7.7 ℃，无霜期 122～160 d，年平均降雨量 350～600 mm，主要集中在 7—9 月，且多以暴雨的形式出现，蒸发量超过 1400 mm。以渭河为界大致分为北部黄土丘陵沟壑区和南部高寒阴湿区两种自然类型。前者包括安定区和通渭、陇西、临洮 3 县和渭源北部，占全市总面积的 60%，为中温带半干旱区，降水较少，日照充足，温差较大；后者包括漳、岷两县和渭源南部，占全市总面积的 40%，为暖温带半湿润区，海拔高，气温低。定西市地处青藏高原、内蒙古高原和黄土高原的交汇地带，复杂的地形和特殊的大气环流构成了本地干旱与冰雹频繁发生的天气、气候特征。为尽可能减小干旱、冰雹对农业生产的危害，很有必要开展人工防雹和人工增雨工作。人工增雨对当地生态修复、农业生产条件改善均起到一定作用，是气象部门在生态文明建设中发挥作用的重要体现。

第二节 人工影响天气工作概况

20 世纪 60 年代至 70 年代初，在全国人工影响天气工作形势的影响下，群众性的人工防雹工作在定西市如火如荼地迅速展开。当时使用的作业工具和作业手段主要是群众手工制作的土炮弹(炮弹内装火药和碘化银，雷管外系导火索)，用土炮朝雷雨云点火发射。这种落后的炮弹制作工艺与作业手段安全性差，事故率高。当时由于人们对天气现象的自然规律认识不足，在指导思想上急于求成，开展群众性的试验面过大，科研工作没有跟上，群众性的大规模试验带有很大的盲目性，造成了人力、物力的很大浪费，经济效益不高。

1972 年，甘肃省气象局气象科学研究所开始对雹云进行探测和研究，其后在定西市岷县设立防雹试验点，配备 711 和 701 专用雷达各 1 部，37 高炮 2 门，科研人员 10 人。

1973 年 8 月，成立定西县人工影响局部天气办公室，有管理人员 5 名，隶属于定西县农业局。开始使用 4 门 55 式 37 单管高射炮在内官和城关两个高炮点进行流动防雹增雨作业，每门高射炮配备 7 名民兵。同年，兰州军区空军支农部队在定西、通渭、陇西 3 县使用 8 门车载 37 高炮进行流动防雹作业试验，高炮防雹以其明显的效果受到群众的热烈欢迎。从此，37 高炮彻底取代了土炮防雹。

1973 年以后，甘肃省配发给定西市部分县大批用于人工防雹的 37 高炮，起先由部队带动起来的高炮防雹工作逐步由地方基层民兵替代，流动作业发展到设立固定炮点作业。

1976 年 7 月，中共定西地委、行署发布文件，组建临洮人工影响天气办公室，办公地点设在临洮县气象站(今临洮县气象局)，建立上营乡、塔湾乡、潘家集乡和西坪乡 4 个炮点，后因人员和经费等问题一度中断。

1979 年，由于学术界有人对人工影响天气效益提出了质疑和政策上的原因，定西市除安定区一直坚持人工防雹工作外，其他各县的防雹工作一度全部下马，原甘肃省配发定西市的高炮全部上缴。定西市人工影响天气工作一度陷入低潮。

1985 年，成立岷县、定西县、渭源县、陇西县防雹办公室。

1986 年，定西市的人工影响天气工作和全国其他地方一样，经过"调整、改革、整顿、提高"后，又逐步走上了发展的道路。当年，岷县设立 16 个高炮作业点，定西县设立 19 个高炮作业点，陇西县设立 7 个高炮作业点，渭源县设立 5 个高炮作业点。

1987 年，甘肃省气象局气象科学研究所在岷县设立防雹试验点，配备 711 和 701 专用雷达各 1 部，37 高炮 2 门，科研人员 10 人。同年，出于农业生产抗灾、减灾的实际需要，定西市人工影响天气工作开始恢复，建立了地、县人工影响天气管理机构。

1988 年 3 月，定西行署办发〔1988〕4 号文决定成立定西地区防雹办公室，地区气象局局长乔根成任主任，行署农业处处长王天玉和地区邮电局局长梁俊林兼副主任，从地区气象局、行署农业处、地区邮电局各抽调 1 名工作人员办理日常工作，办公地点设在地区气象局。文件规定办公室的具体任务是:统一安排炮点位置，负责防雹人员的培训和设备维修，联系高炮和炮弹供应，加强各县(点)的组织与协调工作。

定西县城关高炮库

定西地区防雹办公室与
驻军开展军地领导协调工作

1989 年临洮县各炮点陆续开展人工防雹工作。

1990 年 6 月，定西行署常务会议研究解决理顺防雹机构问题，成立定西地区防雹领导小组，由 1 名行署副专员任组长，包括气象局局长在内的有关 7 个单位领导任成员，明确了办事机构(办公室设在地区气象局)及其职能与任务，进一步加强了对人工防雹工作的领导。全市 7 个县(区)都在县(区)农业局下设立防雹办公室。

随着人工影响天气理论的发展与成熟，有了以 37 高炮为主，火箭、飞机相互配合的人工影响天气作业工具，现代化的通信设施，天气图、卫星云图、雷达回波等气象资料，定西市的人工影响天气从单纯人工消雹发展到人工增雨和增雪与防雹并重，真正意义上的人工影响天气体系逐步建立，人工影响天气工作走上了科学化、正规化的发展道路。

1993 年 6 月，为进一步适应防雹工作的需要，加强对防雹工作的管理，定西地区气象局党组研究决定设立定西地区气象局防雹办公室(科级单位)。

华家岭气象站为防雹作业进行雷暴雷达监测

1994 年 5 月，定西地委以定委秘发〔1994〕22 号文通知，定西地区防雹领导小组作为临时机构撤销，其工作由地区气象局承担。

1995 年 4 月 6 日，根据《中华人民共和国气象法》《甘肃省气象条例》及省政府办公厅〔1997〕60 号文和行署办公室〔1998〕8 号文的精神，陇西县人工影响天气办公室由县农业局移交给县气象局，办公地点设在陇西县气象局。

1995 年 6 月，为适应定西市人工影响天气业务内容由单纯的人工防雹向人工增雨、人工增雪的拓展，更确切地表达机构职能，与各级同类机构保持称谓的一致，经定西行署批准，定西地区防雹办公室正式更名为定西地区人工影响天气办公室。与此同时，各县的防雹办公室也一律更名为人工影响天气办公室。

1996 年 7 月，成立通渭县人工影响天气指挥部，办公室设在县农业局，设华岭、黑燕、榜罗、三铺、陇山 5 个高炮作业点。

1996 年，按照甘肃省人工影响天气办公室工作要求，定西地区和漳县人工影响天气办公室购置 WR-1B 型移动火箭发射架 2 部，在定西县青岚、李家堡、御风作业点部署 3 部 JFJ 型火箭发射架，开展火箭增雨作业试验研究。

定西市人工影响天气办公室
WR-1B 型移动火箭增雨车

甘肃省人工影响天气办公室技术人员
指导 JFJ 型火箭增雨作业

1989 年，临洮县陆续恢复开展人工防雹工作。人工影响天气高炮作业点增加至 13 个，分别位于西坪、沿川子、塔儿湾、潘家集、上梁、中铺、五户、上营、窑店、达京堡、站滩、连儿湾、何家山。

2000 年 11 月，渭源人工影响天气办公室归口气象部门管理。

2000 年 12 月，漳县人工影响天气办公室归口气象部门管理。

2001 年 6 月，定西地、县两级人工影响天气工作统一归口气象部门管理，地、县人工影响天气办公室是行署和各县人民政府人工影响天气工作的常设办事机构，办公地点设在地、县气象局，办公室主任由地、县两级气象局局长兼任，并相应配置若干名业务技术人员。地、县人工影响天气办公室在行署和各县人民政府的领导下，统一负责全区人工影响天气工作的组织管理、工作协调、科学试验、作业指挥、人员培训、炮械炮弹调运、炮械维护维修和与之相关的一切具体工作。

定西市人工影响天气管理机构有定西地区人工影响天气办公室、定西县人工影响天气办公室、岷县人工影响天气办公室、漳县人工影响天气办公室、渭源县人工影响天气办公室、陇西县人工影响天气办公室、通渭县人工影响天气办公室、临洮县人工影响天气办公室。

2001 年 9 月 10 日，定气办发〔2001〕13 号文决定成立定西地区人工影响天气办公室综合管理科，负责办理全区人工影响天气工作的具体业务，启用定西地区人工影响天气办公室综合管理科印章。

2003 年 11 月 10 日，定气发〔2003〕2 号文通知定西地区人工影响天气办公室综合管理科更名为定西市人工影响天气办公室综合管理科。同日，定气发〔2003〕4 号文通知废止定西地区人工影响天气办公室综合管理科印章。

至此，定西市形成了纵向贯通、横向相联的人工影响天气管理机制，为人工影响天气工作走向制度化、正规化、科学化、现代化打下了坚实的基础。当时，定西市有 37 高炮 76 门，WR-98 型人雨火箭发射架 2 部，BR-3 型增雪烟弹设施 6 处，其规模属甘肃省第一。每年用于增雨和消雹的人雨弹消耗量 15000～20000 发，火箭 30～50 枚，烟弹 500～600 枚。在通信设施上有“9210 工程”的气象卫星通信系统，专用程控电话，甚高频无线电话等。在探测方面有卫星云图，雷达回波，气象信息人工交互处理系统工作平台所提供的各类天气图、工具、资料也同时用于人工影响天气工作，大大提高了人工影响天气工作的科技水平。

2001 年定西市人工影响天气办公室新购置的 WR-98 型移动火箭装置

2006 年，定西市建立人工影响天气地面作业业务流程，提高了防雹作业安全水平和作业效益。

2006 年，临洮县辛店乡(今辛店镇)村民自建小营作业点，由县人工影响天气办公室出资购买高炮。

2008 年，临洮县辛店乡(今辛店镇)村民自建苟家山(属苟家山村麻家窑社)、上滩(属上滩村上庄社)作业点，均由县人工影响天气办公室出资购买高炮。

2008 年，根据相关规定，经定西市安定区人民政府常务会议决定，安定区作业点由原来的19 个减少为 12 个，保留的作业点分别为西巩、青岚、宁远，葛家岔、李家堡、城关、内官先锋、内官永丰、石峡湾、符川、秤钩、贾家湾。

2008—2012 年，定西市在甘肃省气象局和地方政府的大力支持下，投资 300 余万元完成58 个作业点的标准化改造。

定西市人工影响天气办公室开展增雨作业(2010 年 4 月 19 日)

定西市人工影响天气办公室支援会宁县联合开展增雨作业(2011 年 6 月 16 日)

2013 年，岷县雹洪灾害频繁发生。同年 5 月，县委、人大主要领导及县政府分管领导对人工影响天气工作进行调研，指出要在人员配备、作业点人员待遇、经费等方面多支持人工影响天气工作。

2013 年 4 月起，作业点人员工资从 500 元提高到 1000 元(全年发汛期 5 个月)，为顺利开展高炮作业提供了基本保障。

2013 年 5 月，恢复重建寺沟高炮作业点。

2013 年 6 月，从全县范围内给县人工影响天气办公室公开选调专业对口、相近的工作人员 2 名。

2013 年 7 月，岷县政府选派农村工作经验丰富、责任心强的专职县人工影响天气办公室主任，加强指挥队伍建设。

2013 年 7 月 22 日 07 时 45 分，定西市岷县、漳县交界处发生 6.6 级地震，给岷县人民带来重大生命、财产损失，也给各高炮作业点带来严重损失，地震发生后，岷县人工影响天气办公室积极向甘肃省和定西市气象局、人工影响天气办公室以及岷县县委、县政府汇报、衔接，争取到重建、维修资金，对高炮作业点进行重建和维修，达到标准化炮点水平。

2013 年 10 月岷县财政拨款 10 万元，购置火箭发射皮卡车 1 辆，当年定西市人工影响天气办公室配备火箭发射架 1 台，为人工增雨提供了新的装备，使岷县人工影响天气手段更加多样化。

2016 年 7 月，定西市人工影响天气办公室及各县（区）人工影响天气办公室推广使用甘肃省人工影响天气综合业务平台系统，科学作业指挥能力进一步提高。

2016 年 9 月，定西市发生春夏秋连旱，市政府及时拨付 250 万元抗旱专项经费，购置自动化火箭增雨作业系统 7 套，火箭 200 枚。全市抓住有利降水天气过程，积极开展火箭增雨作业，缓解了旱情。

定西市政府统一购置的火箭增雨系统

2017 年 6 月起，定西市按《甘肃省人工影响天气业务现代化建设三年行动计划实施方案》要求，落实人工影响天气业务现代化建设三年行动计划各项任务，根据当地天气形势，制作发布当地业务指导产品。

2018 年 4 月，定西市推广应用甘肃省人工影响天气弹药装备物联网管理系统。

2019 年 4 月，定西市推广应用人工影响天气安全管理平台。

第三节　甘肃省人工影响天气弹药库概况

1975 年，定西县人工影响局部天气办公室建设了弹药库，位于定西县城关乡友谊村史家阳峃沟邦张风嘴，规模为 3 孔砖窑和一个值班室，用于存储土炮弹、土火箭和人雨弹；1991 年开始存储甘肃省人工影响天气办公室人雨弹。

2001 年归口气象局管理后进行改建，增加 3 间平顶库房，重建值班室，通照明电，修建一眼水窖，硬化地面。

2010 年由甘肃省人工影响天气办公室出资修建 3 间库房。

2014 年由定西市安定区人民政府投资在原址的西北方扩建 4 间库房和值班室，并硬化院中地面。

甘肃省人工影响天气弹药库

第四节　县级人工影响天气工作情况

一、岷县

岷县地处甘南高原、陇中黄土高原、陇南山地相交地带，境内山峦起伏、山大沟深、河流纵横，平均海拔 2500 m，气候高寒阴湿，冰雹灾害易发多发。冰雹灾害是制约本地农业生产、基础设施安全和农民脱贫致富的主要灾害。当地称冰雹为“疙珍子”，每年都有十几次大的冰雹灾害发生。新中国成立前，面对冰雹这一灾害性天气，广大群众束手无策，往往把希望寄托于神灵保佑，每年都举行祭祀、扎山等迷信活动，祈求上苍护佑农业丰收。

岷县人工防雹工作始于何时，地方志没有明确的记载。清代乾嘉时期的学者赵翼等人的笔记作品中有岷县一带农民用火器驱妖防雹的记载，这是岷县人工防雹的最早记录。长期以来，农民发明了三眼炮、马腿炮、狗娃炮及将军炮等多种防雹火器。

新中国成立后，党和政府十分重视防雹工作，开始探索运用科技手段防雹。20 世纪 60 年代岷县曾组织防雹调查队，深入全县调查防雹经验及活动规律，设立防雹作业点，培训防雹队伍，改进防雹火炮；成立防雹办公室，具体领导防雹工作的科研及实施，研制并推广多种火炮。这一时期全县土炮作业点达到 420 个，土炮 839 门，以三眼炮、马腿炮、狗娃炮及将军炮为主。土炮防雹作用十分有限，但起到了安定人心的作用，反映了人民群众对冰雹预防的强烈愿望和敢和天斗的创造精神。同时，广大人民群众发明了钢管炮、空炸炮、劈山炮、长龙炮、十响炮、土火箭等防雹装备。

1973 年，甘肃省气象局在岷县二郎山、闾井黄金山开展了 37 单管高炮防雹试点工作，标志着岷县人工影响天气工作发生了质的变化，进入到科学防雹的新阶段。

1985 年，甘肃省委、省政府在岷县召开全省经济发展座谈会，决定增设高炮防雹作业点。这一时期，岷县 37 高炮作业点增加至 17 个，全县基本实现了高炮防雹全覆盖，形成了较为完善的防雹体系。全县 17 个高炮作业点配备了有线和无线电话及电台，办公室配备了气象预报机。特别是省气象科学研究所驻岷县防雹科研点在二郎山安装了一部数字化气象预警雷达，在当时十分先进，做到了提前预警、提前进入防雹准备，为防雹工作提供了科学手段。

1986 年，甘肃省人工防雹试验研究基地迁移至岷县，省气象局兰州干旱气象研究所专业技术人员常驻岷县，研究灾害性天气的活动规律及应对方法，研究成果奠定了全省科学防雹的基础。试验基地将研究成果编成易于掌握、操作的《人工防雹》册子。

闾井黄金山高炮作业

廖远程编著的《人工防雹》

经过多年的发展，到 20 世纪 90 年代，岷县防雹作业点已全部更换为 37 高炮，土炮基本退出了防雹历史。随着气象卫星和气象雷达数据的运用，防雹更加科学、更加主动，效果更加明显。

岷县防雹办公室成立以来一直设在岷县农业局，指挥、指导高炮作业点防雹作业及各乡镇防雹工作。2001 年根据业务特点和单位职能，防雹工作由农业局划归气象局，防雹办公室更名为岷县人工影响天气办公室，业务由气象局指导，经费、人员由地方政府管理。

归口气象系统后，由于重安全（过度重视作业安全）、轻发展（对作业点建设、发展重视远远不够），经费短缺等原因，截至 2009 年底，全县 17 个高炮作业点减少至 12 个，减少了 5 个。每年耗弹量也有所减少，严重影响了所在区域的农业安全和基础设施安全。

2008 年，岷县财政拨付资金 20 万元，对部分炮点进行标准化改造，通过改造，各高炮作业点初步实现了办公室和休息室分离，炮库和弹库的分离，部分炮点实现了通电、通路。但炮点数量仍在减少。

2012 年，岷县财政拨款 18 万元，购置 37 双管高炮 6 门，弹药存贮大保险柜一个（钢制）。

2013 年，由于岷县雹洪灾害频繁发生，如“5 · 10”冰雹山洪泥石流灾害，对人民群众生命财产造成了重大损失，引起县委、人大、政府对防雹工作的高度重视，岷县人工影响天气工作迎来了新的发展阶段。同年 5 月县委、县人大主要领导及县政府分管领导对人工影响天气工作进行调研，指出要在人员配备、作业点人员待遇、经费等方面多支持人工影响天气工作，加强全县人工影响天气工作的建设，有效助力经济发展。

2013 年 4 月起，作业点人员工资从 500 元提高到 1000 元（全年发汛期 5 个月），极大地稳定了作业人员队伍，安慰作业人员的情绪，对顺利开展高炮作业提供了基本保障。

2013 年 5 月，恢复重建了寺沟高炮作业点。

岷县县委、县人大及县政府领导调研人工影响天气工作

岷县寺沟炮点

2013 年 6 月，从全县范围内给县人工影响天气办公室公开选调专业对口、相近的工作人员 2 名。有效的优化、充实了干部队伍。

2013 年 7 月县政府选派了农村工作经验丰富、责任心强的专职县人工影响天气办公室主任（定西市唯一由县人民政府政府任命的地方人工影响天气办公室主任）。加强了指挥队伍建设，对岷县人工影响天气工作发展有了很大的提升作用。

2013 年 7 月 22 日 07 时 45 分，定西市岷县、漳县交界处发生 6.6 级地震，给全县人民带来了重大生命、财产损失，也给岷县各高炮作业点带来严重损失，文斗、蒲麻点房屋、院墙全部倒塌，闾井两个点、禾驮、西寨、中寨、小寨、梅川等点房屋、院墙裂缝无法使用。地震发生后岷县人工影响天气办公室积极向省市气象局、人工影响天气办公室和岷县县委、县政府汇报、衔接，争取到重建、维修资金 101.55 万元（省气象局人工影响天气办公室 70.1 万元，县政府 31.45 万元。）对上述 9 个高炮作业点进行了重建和维修，达到标准化炮点水平。

“7 · 22”地震灾后 70.1 万元重建 4 个炮点。

"7·22"地震后的岷县文斗炮点

"7·22"灾后重建的岷县文斗炮点

"7·22"灾后的岷县中寨炮点围墙

"7·22"灾后的岷县中寨炮点房屋

"7·22"灾后重建的岷县中寨炮点

"7·22"灾后的岷县蒲麻炮点

"7·22"灾后重建的岷县蒲麻炮点

“7·22”灾后的岷县西寨炮点

“7·22”灾后重建的岷县西寨炮点

“7·22”灾后的岷县闾井阳关炮点

“7·22”灾后的岷县闾井哈古炮点

“7·22”灾后维修瓦屋面改造为平顶

“7·22”灾后的岷县梅川炮点屋面，
修建了围墙后的闾井哈古炮点

“7·22”灾后维修瓦屋面改造为平顶屋面，修建了围墙后的梅川炮点

“7·22”灾后的岷县小寨炮点

“7·22”灾后维修房屋和围墙的岷县小寨炮点

“7·22”灾后的岷县禾驮炮点

“7·22”灾后维修的岷县禾驮炮点

2013 年 10 月县财政拨款 10 万元，购置了火箭弹发射皮卡车一辆，当年市人工影响天气办公室配备火箭发射架一台，使岷县人工影响天气手段更加多样化，为人工增雨提供了新的装备。

正在人工增雪的岷县火箭弹发射设备

2014 年 6 月，岷县财政拨款 3.5 万元，恢复堡子高炮作业点。

2015 年，根据岷县雹灾特点，汛期高炮作业时间延长了一个月，由 4 月 15 日至 10 月 15 日，为期 6 个月。为保障农业生产、防灾减灾、保护群众生命财产安全提供更为全面周到的服务。

2015 年 4 月，岷县政府拨款 12 万元，恢复重建茶埠高炮作业点。

2017 年，岷县政府为作业点人员拨款 1.5 万元购置劳保用品（工作服、安全帽、雨靴、手电筒等）。同时，拨款 1.5 万元用于安全作业培训，通过培训，作业人员全面掌握了防雹知识，彻底改变了炮点刚建立时，凭经验开展工作的情况，进一步优化了队伍知识结构，使作业开展得更加科学、有效。进一步完善制定规章制度，包括人工影响天气办公室值班制度、人工影响天气办公室工作人员职责、人工影响天气办公室主任岗位职责、高炮作业点炮长及炮手职责、炮点值守班制度、弹药安全管理制度等，通过各项制度的不断健全，使整个人工影响天气体系分工明确、责任到人。

原岷县堡子炮点

2014 年维修房屋修建围墙的岷县堡子炮点

原岷县茶埠炮点(左)和标准化建设后的岷县茶埠炮点(右)

2017 年 11 月，岷县政府通过全县公开考试，选拔 1 名工作人员充实人工影响天气干部队伍。

2018 年 7 月，岷县财政拨款 0.6 万元，为 15 个高炮作业点的 60 名作业人员购买人身意外伤害保险，使广大作业人员深刻体会到党和政府对他们的深切关怀，极大地提高了工作积极性。

2018 年，岷县十六届人大二次会议上申都乡、秦许乡代表提出恢复重建申都、二郎山高炮作业点，县政府以岷政发〔2018〕25 号文件交办。7 月 18 日，县委书记带领财政等部门负责同志调研人工影响天气工作，同意拨款 29 万元，恢复、重建二郎山、申都高炮作业点，计划当年 9 月建成并投入使用。作业点将再度达到 17 个(6 年内恢复重建了 5 个)，恢复到 20 世纪 80 年代的数量，使作业点布局更加科学合理，初步达到防雹组网效果。

原岷县申都炮点(左)和 2017—2018 年新建的岷县申都炮点(右)

新建的岷县二郎山炮点(左)和岷县二郎山作业点炮台(右)

近年来,岷县人工影响天气事业进入到良好的发展时期。县人工影响天气办公室学习引进了人工影响天气指挥系统、安全射界图制作系统、弹药装备物联网管理系统、人工影响天气安全管理平台,实现了作业管理网络数据化,向智慧人工影响天气迈出了重要步伐。全县各个炮点结合全域无垃圾创建工作,彻底改变了炮点破、乱、脏、差的面貌,为作业人员正常开展工作提供了有力的硬件保障和舒心的工作环境,确保了防雹、增雨作业的高效、安全。

二、临洮县

临洮县人工影响天气工作始于20世纪70年代初期。1976年7月组建了临洮县人工影响天气办公室,归临洮县农业局管理。1996—1998年建成4个炮点。1998年以后人工影响天气工作的建设力度逐步加大,临洮县境内高炮作业点逐渐增加至13个,尤其是2005—2008年对已建炮点进行了调整,撤销2个,又新建3个,使高炮作业点增加至14个,人工影响天气工作步入正轨。

三、通渭县

通渭县人工影响天气办公室于2001年由县农业局归口县气象局管理,核定编制5人,实有7人,负责全县人工影响天气工作的协调管理,作业时间、空域申请和审批,作业人员技术培训等工作。主要开展人工增雨、增雪和防雹作业。到2008年全县有陇山、华家岭、黑燕、三铺、什川、榜罗6个作业点,每个作业点有作业人员4人。2008—2009年,由甘肃省气象局和通渭县政府共同投资,对6个高炮作业点进行标准化改造。

四、渭源县

渭源县防雹办公室成立于1985年4月,1998年9月渭源县防雹办公室更名为渭源县人工影响天气办公室,2000年人工影响天气工作归口气象局管理。下设5个炮点,分布在渭源县的大安、秦祁、新寨、庆坪、上湾5个乡镇,在作业区内有效保护作物面积2.3万 hm^2。2004—2008年建成5个标准化炮点。

五、漳县

漳县人工影响天气工作于1996年4月归口县气象局管理,成立了漳县人工影响天气办公室,编制2人,当时共有3个作业点,但由于选址不合理、火箭作业车辆报废等原因,基本没有作业。2005年重新选址迁建了马泉作业点,2006年新建武当作业点,2个作业点均符合标准化建设要求。人工影响天气工作的主要任务是为农业抗旱减灾实施人工增雨和高炮防雹。

第二十三章　陇南市

第一节　气候背景及人工影响天气必要性

陇南市位于甘肃省东南部，辖武都区和宕昌、文县、康县、成县、徽县、礼县、西和、两当等8县，总面积2.79万km^2，陇南是甘肃省唯一属于长江水系并拥有亚热带气候的地区。境内高山、河谷、丘陵、盆地交错，气候垂直分布、地域差异明显，属典型的大陆性季风气候。辖区内沟壑纵横，高山河谷交错，大部分耕地为坡地，土层较薄，石块较多，保水、保肥能力差，是干旱、冰雹、暴雨、低温冻害、雪灾、高温热害、大风、连阴雨、雷电等灾害性天气多发区，由气象条件引发的山洪、地质灾害及农业气象灾害等也十分严重。解决这些复杂难题，迫切需要增强人工影响天气业务能力、科技水平和服务效益，提高人工增雨抗旱和防雹减灾能力，保障全市粮食安全；提高云水资源开发利用能力，缓解水资源短缺，保障水资源安全；加强生态保护能力和改善城乡大气环境等方面的人工影响天气工作，保障生态安全；加强降低森林草原火险等级的人工增雨、保障交通安全的人工消雾等工作，保障社会的公共安全；提高重大社会活动的人工消云减雨能力，保障重大活动的顺利开展。

第二节　陇南市人工影响天气历史沿革

陇南市人工影响天气工作始于20世纪60年代的土火箭防雹作业试验，在陇南市历届领导和甘肃省气象局、甘肃省人工影响天气办公室的关心和大力支持下，1997年成立陇南市人工影响天气指挥部办公室，同时，各县（区）也相继成立相应的机构。自《人工影响天气管理条例》（以下简称《条例》）颁布实施以后，陇南市各级政府和有关部门认真贯彻《条例》精神，人工影响天气工作在陇南市防灾抗灾、保障农业丰收和农民增收工作中发挥了重要作用。近年来，陇南市人工影响天气事业得到快速发展，在有关部门的大力支持下，经过几十年尤其是改革开放40多年的发展，陇南市人工影响天气业务能力和科研水平有了明显提高，全面深入推进五段业务流程，建立人工影响天气新型业务体系，不断完善作业计划、作业条件预报、监测预警、实时指挥、作业实施、效果评估等业务，开展国家级、省级人工影响天气指导产品订正和应用，作业规模发展较快，服务领域日益扩大，在增雨抗旱、防雹减灾、生态环境保护、促进人与自然和谐发展等方面发挥了积极作用。人工影响天气已成为各级政府防灾减灾、缓解水资源短缺和改善生态环境的重要措施之一，成为各级政府、社会各界称赞，人民群众欢迎的民心工程。

第三节　人工影响天气作业

目前，陇南市已建成完善的人工影响天气业务管理机构，开展了市、县人工影响天气业务系统建设，建立了一支高素质的业务技术队伍，从事人工影响天气工作人员超 70 人。各级政府也不断加强对人工影响天气工作的组织协调和领导，陇南市 8 县 1 区均开展了人工影响天气地面作业。全市共有标准化高炮防雹作业点 11 个、火箭流动作业点 36 个，65 式 37 双管防雹高炮 11 门、WR-98 型车载火箭发射架 9 部、WR-9820A4 型全自动车载火箭发射架 1 部。

第四节　人工影响天气现代化建设进一步加强

近年来，市、县人工影响天气办公室充分应用甘肃省人工影响天气作业指挥业务管理平台、陇南市自然灾害监测预警指挥系统、陇南市人工影响天气管理系统、人工影响天气对空射击空域申请终端、人工影响天气作业报文生成系统等业务平台和系统，科学有效地开展人工影响天气作业，作业指令发布率和接收率为 100%。同时开展了中国气象局人工影响天气中心产品共享发布系统中 CPEFS 模式、GRAPES_CAMS 模式和 MM5_CAM 模式云模式产品的释用工作，为全市人工影响天气作业指挥提供了重要的参考。全市开展人工增雨作业与防雹消雹作业和重大活动人工影响天气保障服务工作，取得了良好的防灾、减灾效益和社会效益，赢得了全市人民的肯定。

第五节　抗旱防雹减灾效益日益明显

2010—2019 年，陇南市共开展高炮防雹作业 450 点次，发射防雹炮弹 5000 余枚，开展火箭增雨作业 160 点次，发射增雨火箭 500 余枚。2010—2019 年全市各级政府共投入人工影响天气专项资金 300 余万元。在 2018 年年初人工增雨，2018 年“6・6”“6・10”和 2019 年“5・23”“6・1”局地冰雹天气防雹过程中，市人工影响天气办公室制作发布的人工影响天气指挥服务材料，给宕昌县各防雹作业点提供了重要的参考依据，各防雹作业点提前准备，及时科学地开展防雹作业，在作业区内未出现灾情，取得了良好的作业效果，赢得了当地农民的赞许。

第六节　重大活动人工影响天气保障服务工作得到好评

2014 年 10 月 11 日，“相约陇南两当・共圆幸福中国梦”西部民歌邀请赛在两当县云屏三峡风景区高山草甸举行。为全力做好西部民歌邀请赛期间的气象保障服务，减小降水天气对邀请赛的影响，陇南市人工影响天气办公室在市气象局的统一安排部署下，调配两当县、徽县、成县、礼县、康县气象局的火箭增雨作业装备及人员开展人工消减雨作业。此次西部民歌邀请赛气象保障服务的消减雨作业取得了经济和社会效益双丰收的显著成效，得到了大会组委会及市、县领导的高度赞扬和社会各界人士的一致好评。2015 年 3 月 5—6 日在甘肃省文县举办第一届中国(陇南文县)白马人民俗文化旅游节和 2016 年 5 月 20—22 日康县举办甘肃省乡村旅游精准扶贫现场会期间,陇南市人工影响天气办公室提前安排部署,制定人工消减雨作业实施方案,为活动和会议的顺利举办提供了重要的气象服务保障。

第七节　人工影响天气安全管理不断完善

认真履行安全责任制制度,每年与各县人工影响天气办公室和全市所有高炮作业人员签订安全作业责任书。每个作业点制作了安全射界图,并张贴上墙。每年汛期前,与陇南市公安局联合发布《人工影响天气作业安全公告》,各县(区)人工影响天气办公室对 WR-98 车载火箭发射架各项参数进行自检,委托陕西中天火箭有限公司技术人员对火箭架复检,在甘肃省人工影响天气办公室统一安排下,委托陕西省西安云天能源科技有限责任公司专业人员对全市 65 式 37 防雹高炮进行维护保养和检测,确保火箭发射架和防雹高炮性能合格。每年对弹药库房储存的火箭弹的外观、性能和使用期限以及库房防盗设施,防雹高炮作业点的防盗、防火进行检查,认真做好 37 高炮安全操作业务培训,人工影响天气作业安全的管理得到不断完善。

第八节　人工影响天气科普宣传形式不断丰富

在“3.23”世界气象日、“5.12”防灾减灾日等科普宣传活动中,积极开展人工影响天气科普宣传工作。开展人工影响天气科普进校园、进乡村等科普宣传活动,举行学生近距离参观人工影响天气作业设备等活动。通过张贴人工影响天气作业安全公告和利用电视、报纸、12121 平台、网络、微信等平台丰富人工影响天气宣传载体和方式。

第九节　县级人工影响天气工作

一、康县

康县人工影响天气办公室于 1999 年 4 月成立。2001 年,地方政府不断加大对人工影响天气工作的投入力度,相继购置了 WR 型火箭发射架、火箭弹和增雨作业指挥车,使康县人工影响天气工作得到长足发展。建立人工影响天气业务系统和工作平台,适时有效开展人工增雨作业,为农业增收起到了积极作用。

二、成县

成县于 1998 年 4 月开始进行人工增雨作业,县人工影响天气指挥部于 1998 年 7 月成立,2000 年 5 月购置人工增雨火箭发射系统。

三、徽县

徽县人工影响天气工作始于20世纪70年代，由气象部门负责，采用群众自发方式，自制火药土火箭、铁管土炮等，开展人工增雨防雹作业，声势大但效果有限，安全保障性差，80年代初停止。1999年4月，成立由分管副县长任总指挥的徽县人工影响天气指挥部。2000年3月，县政府筹款11万元购置WR-1B型火箭发射增雨系统。当年4月正当春播时干旱加重，第一次人工影响天气作业十分成功，分管副县长查证作业区（伏镇、城关）降雨实况后，完全信服，大为赞赏；县委、县政府主要领导亲率农口及相关单位负责人莅临检查和慰问。9年来，徽县人工影响天气办公室共实施人工增雨作业40余·次，发射火箭200余枚。显著的人工增雨抗旱减灾效益，受到县委、县政府赞誉和人民群众的欢迎。

四、两当县

两当县政府于1998年发文成立人工影响天气指挥部，办公室设在两当县气象局。2000年春季，严重春旱使春播生产无法正常开展，县领导亲自协调，借用徽县设备及工作人员，发射火箭3枚，增雨效果十分明显。2004年县政府投资购买WR-98型火箭发射架1台。近年来，两当县及时有效的人工影响天气作业，为农业生产做出了积极贡献。

五、西和县

西和县于1972年4月成立县防汛防雹指挥部，1973年成立“三防”（防洪、防雹、防霜）指挥部。1977年西和防雹工作全面展开，共有炮点138个，炮手329人，空炸炮398门。1998年成立西和县人工影响天气办公室。1999年投入人工影响天气经费8万元，购买WR-1B型增雨火箭发射架1部。2000年又从扶贫资金中调拨人工影响天气经费14万元，用于购买人工影响天气作业车1辆。2000年5月8日，首次在长道增雨点发射3枚增雨火箭，作业区域中心点降水12.9 mm。人工影响天气工作为西和县国民经济建设做出了积极贡献。

六、文县

文县政府于2003年成立文县人工影响天气办公室，购买人工增雨火箭发射架和人工影响天气作业车辆。自此以后，文县人工增雨作业在抗旱减灾中取得了显著成效，为农业增产、农民增收做出了积极贡献。

第二十四章　临夏回族自治州

第一节　气候背景及人工影响天气必要性

临夏回族自治州位于黄河上游、甘肃省西南部，东濒临洮河与定西市相望，西倚积石山与青海省毗连，南屏太子山、莲花山与甘南藏族自治州为邻，北临黄河、湟水与兰州市、青海省民和县接壤。位于102°41′～103°40′E，34°57′～36°12′N，境内海拔以永靖县盐锅峡附近及黄河沿岸最低(1580 m)，以积石山县达里加山为最高(4636 m)，高差在3000 m以上。全州南北长约136 km，总面积为8169 km^2，占甘肃省总面积的1.78%。共辖临夏市、永靖县、广河县、临夏县、和政县、康乐县、东乡族自治县、积石山保安族东乡族撒拉族自治县8个县(市)。

临夏州深居内陆，地势西南高，东北低于西南而高于中部，呈倾斜盆地状态，属高原浅山丘陵区。河谷川源地区、黄土干旱山区和高寒阴湿区大致各占1/3。西部至南部一线，峰峦叠嶂，山势峻拔，连绵起伏，首尾相接；中部较为平坦；东北部八楞山崛起，形成群山环抱之势。四季分明，气候适宜，冬无严寒，夏无酷暑，空气新鲜，清爽宜人。

年平均气温5.2～9.4 ℃，年平均降水量210.0～1030.0 mm，夏季降雨量176.5～362.1 mm，占全年降雨量的55.6%。主要气象灾害有干旱、冰雹、大(暴)雨、霜冻、寒潮、大风、连阴雨(雪)。由气象灾害引发的山洪、地质灾害及农业气象灾害等也较为严重，据统计，气象灾害造成的损失占临夏州自然灾害造成损失的80%以上，每年因气象灾害造成的经济损失约占当年GDP的4%，对临夏州经济社会发展、工农业生产、人民群众生命财产安全和生态环境等造成较大影响。

第二节　人工影响天气管理及机构

临夏回族自治州是开展人工影响天气比较早的地区之一。1973年就设立了防雹机构，在各县常年进行土炮防雹作业。但当时设备简陋，技术力量薄弱，监测预测水平低，其防灾、减灾能力十分有限。1978年后防雹工作一度中断。1996年，临夏州委、州政府根据农业生产的需要，决定恢复人工影响天气工作。同年6月8日，甘肃省人工影响天气办公室批复，同意临夏开展人工影响天气工作，并将人工影响天气管理机构设在州(县)气象部门，由气象部门承担具体作业指导工作。1996年7月7日，州政府以临州府秘〔1996〕57号文批准成立临夏州人工影响天气办公室。1998年2月，州政府以临州府秘〔1998〕16号文批准成立州人工影响天气工作领导小组。随着州人工影响天气办公室的成立，和政、康乐、积石山、临夏、东乡、广河、永靖7个县相继开展人工防雹工作，并根据常年冰雹路径及影响范围，在和政县卜家庄、康乐县苏集、临夏县掌子沟和积石山大河家、居集率先建成防雹作业点并投入运行，经逐步发展和完善，目前临夏州共有 27 个人工影响天气作业点。其中，25 个高炮人工影响天气作业点：永靖县陈井、川城、三马台、孔山，东乡县龙泉、大树、考勒，广河县阿力麻土、三甲集、祁家集、水泉，和政县梁家寺、买家集、新庄、卜家庄、吊滩，康乐县苏集、八松、普巴，临夏市红台、掌子沟、南塬，积石山县吹麻滩、肖红坪、安集；另外，2 个移动式火箭作业点为临夏市枹罕和永靖县太极。

临夏市所有高炮作业点全部利用 37 高炮进行防雹增雨。已建作业点基础设施均经过标准化改造，达到了“两库两室一平台”（两库即弹药库、炮库，两室即值班室、休息室，一平台即作业台）标准，平均占地约 667 m^2，初具规模。服务能力进一步增强，技术水平不断提高，为农业生产保驾护航，取得显著的经济和生态效益。

第三节　县级人工影响天气工作情况

一、永靖县

永靖县人工影响天气工作于 2007 年 8 月由永靖县气象局上报建设方案，同年 9 月经县政府常务工作会议研究同意成立永靖县人工影响天气办公室，办公地点设在永靖县气象局，负责人工影响天气工作的开展和具体管理，同时批准在川城镇川城村建设防雹作业点，川城防雹作业点于 2008 年 10 月完成建设和人员培训，2009 年 5 月开始正式作业。2010 年 5 月，永靖县气象局上报陈井镇大岭村防雹作业点建设方案，同年 6 月得到县政府同意建设批复，11 月完成建设，并通过甘肃省气象局专家组标准化建设验收，于 2011 年 5 月开始正式作业。2017 年由临夏州气象局配备 98/22 h 4 型移动式火箭发射架 1 套，同年 7 月在太极镇设立增雨（雪）作业点。2018 年 9 月，陈井作业点在省、州气象局大力支持下按“六有”完成标准化建设改造。2019 年 4 月下旬，由永靖县气象局上报太极镇三马台、孔山防雹点建设方案，6 月底前完成建设和人员培训，7 月 1 日起开始正式作业。

2019 年新建的三马台作业点

2019 年新建的孔山作业点

二、东乡县

东乡县于 2008 年 4 月 21 日成立以县委常委、常务副县长祁文明为组长，县委常委刘永芳、武装部长马树雄为副组长，财政、扶贫、农业、林业、公安、民政、气象为成员单位的东乡县人工影响天气领导小组，下设办公室，与气象局合署办公，调剂配备了 3 名管理人员，形成了完备的组织管理体系。在炮点所在乡镇和村庄招聘了 12 名高炮操作人员，建设 3 个人工影响天气作业炮点，分别位于考勒乡维新林场、龙泉乡北庄湾村和大树乡下米家社。可对经此路径的冰雹云进行消雹作业，保护半径为 4 km，也可在干旱时进行增雨作业。县气象局建有人工影响天气指挥作业平台，用于指挥人工影响天气作业。2015 年 11 月 16 日，东乡族自治县机构编制委员会发文成立东乡族自治县人工影响天气办公室，正股级事业单位，核定事业编制 3 名（由县机构编制委员会办公室调剂），挂靠县水务水电局，业务人员由县气象局统一管理。2017 年对龙泉作业点进行标准化改造，并安装了火箭发射架，具备火箭增雨（雪）能力。2018 年对大树作业点进行标准化改造。

首次进入龙泉北庄湾作业点

2008年高炮首次进点经过龙泉镇

新高炮首次进入龙泉镇和北庄湾作业点

经过改造后的龙泉作业点

三、广河县

2009 年 5 月 26 日，广河县县长办公会议同意建设阿力麻土、三甲集两个标准化炮点，开展以防雹为主的人工影响天气工作，从 6 月 20 日开始至 7 月 20 日完成炮点选址、高炮引进、炮点建设等工作，7 月 19 日广河县分配 4 名复转军人到防雹点从事防雹工作，8 月 1 日所有作业人员参加了临夏州人工影响天气办公室组织的上岗培训，并取得了作业资格证，同时取得了人工影响天气作业许可证。8 月 11 日三甲集炮点进行首次作业，取得明显效果，得到县领导的肯定和表扬。为进一步扩大防雹面积，于 2010 年、2012 年先后建成祁

广河县三甲集作业点

家集、水泉标准化炮点。目前，全县有 4 个防雹作业点，其中水泉作业点同时具备火箭增雨能力。

四、和政县

1996 年 11 月，和政县委、县政府在财政十分困难的情况下，成立和政县人工影响天气办公室，办公室挂靠县气象局，具体负责全县防雹增雨等人工影响天气业务。全县已经建成梁家寺、买家集、新庄、卜家庄、吊滩 5 个标准化人工影响天气防雹点，配备 37 高炮 5 门，炮点作业人员 20 人。2016 年开始对新庄、卜家庄、吊滩 3 个炮点按照“六位一体”模式进行示范性改造，炮点各项功能齐全，基础设施明显改善。2016 年在吊滩炮点安装 1 个固定火箭发射架，开展火箭增雨(雪)作业。2017、2019 年对 5 门高炮进行升级改造，配备数字化远程控制系统。随着东乡雷达投入业务使用，实现了早期预警和提前指挥作业。通过一系列现代化建设，有力地推动了人工影响天气作业效率和水平提升。

吊滩作业点标准化前后对比

五、康乐县

康乐县目前建有 3 个人工影响天气作业点，作业装备均为 37 高炮，高炮作业点布设在主要冰雹路径和冰雹多发区范围内，分别在八松乡、苏集镇和草滩乡。苏集炮点建成于 1996 年，1997 年八松炮点建成，1998 年草滩普巴炮点建成并开展人工防雹作业，3 个作业点的主要负责人员均为地方政府分配的退伍军人。1998 年 6 月 16 日康乐县人民政府发文成立康乐县人工影响天气领导小组，办公室设在县气象局。2016 年对八松作业点进行标准化改造，2017 年完成对苏集和普巴炮点的标准化改造，并在八松作业点安装固定火箭发射架开展人工增雨(雪)作业，2018 年完成苏集作业点“六位一体”标准化升级改造，2019 年完成 3 个人工影响天气作业点人工影响天气高炮电控化改造，提高了作业准确性和效率，为科学、高效开展防雹增雨作业提供了有力保障。

六、积石山县

积石山县于 1997 年正式开展高炮人工影响天气增雨防雹工作，培训炮手 8 人，人员为县农业局抽调的复员军人，全县设立 2 个炮台，炮点分别设在刘集乡、吹麻滩镇，2000 年新增炮点 1 个，设立在安集乡，没有正式机构，挂靠在县农业局，炮手全部为县农业局工作人员。为稳定人工影响天气专业技术人才队伍，为人工影响天气办公室管理及作业人员办理保险，县气象局每年为炮手办理人身安全保险。严格弹药的规范管理，最初没有炮弹库，随着人工影响天气事业的发展壮大，已修建简易的弹药库，并有专人保管。落实作业公告制度，在每年的作业期均向空军指挥所，甘肃省、临夏州人工影响天气办公室申报作业地点、联系方式，由于交通、通信信息影响，均由办公室统一申请，在作业期均进行广泛的宣传公告，几十年来无重大安全事故发生。开展作业人员培训，严格作业上岗制度，按照省、州人工影响天气办公室要求，每年在作业前采取自办培训、州组训、交流培训等方式分别进行严格的岗前培训。坚持作业装备年审检修制度，每年结束后的高炮经过严格的检修保养后，接受高炮检修所的技术审验，二十多年未出现不合格现象，保证了作业期间装备的正常使用。

七、临夏县

临夏县(临夏市前身)防雹队始建于 1996 年 5 月，最初只有掌子沟乡白土窑 1 个炮点，之后又组建了南塬乡定坪村、红台乡新城集两个炮点，截至目前全县共有 3 个炮点，同时设立临夏县防雹队，为股级事业单位，核定编制 8 名，隶属县农业农村局，主要从事人工高炮防雹工作。

随着经济社会的发展，县委、县政府了解和掌握掌子沟乡白土窑炮点防雹取得的显著成效后，相继于 2000、2004 年在途经临夏县境内的冰雹路径上增设了南塬乡定坪村、红台乡新城集村两个防雹作业点。至此，在途经临夏县境内的 3 条冰雹路径上均有了高炮防雹作业点。每年的雹雨季节，3 个炮点发挥着为临夏县 2 万 hm^2 农田农业生产保驾护航的效能。2009 年临夏州推动标准化炮点建设，县委、县政府批准立项，由县农业农村局逐年实施标准化炮点建设，2009 年完成掌子沟白土窑标准化炮点建设，随后分别于 2010、2011 年先后完成南塬定坪、红台新城集标准化炮点建设。临夏县人工影响天气工作也迈上一个新台阶，炮点工作、生活环境有了极大改善。

掌子沟白土窑标准化炮点建设(2009 年)

红台新城集标准化炮点建设(2011 年)

临夏县防雹队成立至今，防御了无数次冰雹灾害的袭击，尤其是近几年异常天气频发，且雹雨强度也较大。2016 年 6 月 27 日的较强冰雹天气过程中，掌子沟和红台作业点及时高效的防雹作业，使得作业点周围 5 km 范围内的农作物未受灾害或轻度受害，而作业范围外的部分区域受灾较重，通过这次有效防雹作业，更加显现了高炮人工防雹的显著效果。更为突出的是，在 2019 年 5 月 9 日发生的较强对流天气过程中，3 个炮点加快空域申请，安全高效开展防雹作业 10 次、耗弹 253 发，创下了日作业次数、耗弹量最多的历史记录，全县范围内未受雹灾，极大发挥了人工高炮防雹的良好作用，防雹效果极为显著。

第二十五章　甘南藏族自治州

第一节　气候背景及人工影响天气必要性

甘南藏族自治州是中国10个藏族自治州之一，位于甘肃省西南部，地处青藏高原东北边缘与黄土高原西部过渡地段，境内草原广阔。海拔2960 m，平均气温1.7 ℃，无霜期短，日照时间长，为典型的大陆性气候。甘南藏族自治州位于100°46′～104°44′E，33°06′～36°10′N。辖合作市和临潭、卓尼、迭部、舟曲、夏河、玛曲、碌曲7个县，面积40201 km^2。

甘南藏族自治州的临潭、卓尼等地属于甘肃省4大雹区之一的甘岷山区多雹区，位于甘南高原东缘，正西方向、正北方向、西北方向均有高山矗立，加之下垫面水汽充沛，当西北冷空气移来遇到高山受阻抬升时，这种越山气流激发出的背风波在波峰处促进对流活动，形成准定常的多雹带。为减轻冰雹灾害对当地农业生产的影响，甘南藏族自治州的大部分县(市)建立了人工防雹工作机构，开展人工防雹作业，成为防灾、减灾的重要手段。

第二节　人工防雹机构建立及作业管理

目前，甘南藏族自治州的碌曲县、玛曲县、迭部县、舟曲县、卓尼县、合作市均成立了人工影响天气办公室，夏河县尚未成立人工影响天气办公室，临潭县人工影响天气办公室2019年5月经甘南藏族自治州委机构编制委员会发文撤销。其余各县(市)都已配备移动火箭作业设备，临潭县有高炮作业点10个、卓尼县有高炮作业点5个，用于人工防雹作业。甘南藏族自治州人工影响天气办公室成立于1998年，由主管农业的副州长任人工影响天气办公室主任，州气象局局长任常务副主任，办公室设在州气象局，2019年抽调1人管理人工影响天气工作。

临潭县于1988年5月6日成立临潭县防雹领导小组(潭政发〔88〕038号)，2001年12月19日，县政府常务会议决定临潭县防雹办由临潭县气象局归口管理。2012年12月核增临潭县人工影响天气办公室事业编制2名。2019年5月县人工影响天气办公室被当地政府撤销，无人员编制。

卓尼县人工影响天气工作始于1999年元月，县政府以《卓尼县人民政府关于成立卓尼县人工影响天气工作领导小组的通知》(卓政发字〔1999〕第03号)启动了卓尼县人工影响天气工作。

每年4月，临潭、卓尼邀请西安云天能源科技有限责任公司专业人员对人工影响天气高炮进行年检，对出现故障的高炮及时维护维修。作业点作业人员全部培训持证上岗，并定时召开人工影响天气会进行再培训。每年按时购买人工影响天气作业弹，并及时将炮弹送到每个作业点。近年来结合雷达图像及作业点人员与业务人员的密切配合，人工防雹工作有了明显的提高，每次作业效果明显，为农业增产增收提供了强有力保障。

第三节　县级人工防雹工作

一、临潭县

临潭县冰雹灾害严重，是主要的气象灾害。出现最多的年份为 21 次，最少的年份为 8 次，有 3 条移动路径影响到全县各地。临潭县冰雹灾害具有出现范围小、时间短、来势猛、强度大的特点，常常给农业生产带来严重损失，有时甚至造成颗粒无收、人畜伤亡。临潭县人工影响天气工作始于 1985 年，当时在县农业局成立防雹办公室，临潭县气象局协助提供气象情报服务。2001 年 12 月，根据临潭县政府常务会议决定，临潭县防雹办划归县气象局管理，编制 3 人，主要业务是指挥 37 高炮进行人工消雹作业。2008 年地方编制被收回，人员管理和防雹工作仍由县气象局接替。截至 2008 年年底，全县设有高炮防雹点 10 个，分布在大部分乡镇，建成标准化炮点 4 个，形成了比较合理的防雹网络。

二、卓尼县

卓尼县人工影响天气办公室成立于 1999 年 1 月 12 日，挂靠卓尼县气象局。2002 年 5 月，购置双管 37 高炮 2 门，在卓尼县柏林、申藏建立防雹点，并正式开展高炮防雹作业。2008 年，增置双管 37 高炮 3 门，分别在扎古录镇迭当什村、喀尔钦乡磊族村、柳林镇奋盖村设防雹点。目前，在全县主要冰雹路径上设有 5 个防雹作业点，防雹人员 10 人，承担全县防雹工作的组织、实施和管理。

第四节　人工防雹作业人员典型事例

2017 年 2 月，央视四套《记住乡愁》栏目组采访了临潭县新城作业点的刘双福。刘双福向记者李七月讲述了他从事人工影响天气高炮作业工作 23 年来的一些危险经历，在生与死的关头(曾被雷击中过 4 次)他没有选择退步，而是继续坚守岗位，记者深受感动。20 多年过去了，刘双福双耳听力严重受损，视力也开始变得模糊。然而，在个人的得失与工作的职责面前，他从来没有计较过。其实不只是刘双福，其他各个作业点的作业人员都和刘双福一样，拿着微薄的工资，在艰苦的工作环境中坚守岗位，为广大农民群众的增产增收当好守护神。

临潭古战作业点

陕西军械所工作人员维护高炮

参考文献

陈立祥,1981. 甘肃人工防雹效果浅析[J]. 大气科学,5(2):225-229.

陈添宇,李照荣,李荣庆,2003. 甘肃省人工增雨(雪)工作发展的思考[J]. 干旱气象,21(4):89-92.

陈添宇,郑国光,陈跃,2010. 祁连山夏季西南气流背景下地形云形成和演化的观测研究[J]. 高原气象,29(1):152-163.

陈勇航,黄建平,陈长和,等,2005. 西北地区空中云水资源的时空分布特征[J]. 高原气象,24(6):905-912.

程纯枢,1959. 我国的人工降水试验[J]. 气象学报,30(3):286-290.

第二(云和降水物理)研究室,第五(大气电学)研究室,1992. 发展大气物理观测,为减轻甘肃气象灾害而努力[J]. 高原气象,11(2):113-114.

甘肃人工降水工作小组,1959. 甘肃人工降水试验工作(1958 年 8—10 月)简报[J]. 气象学报,30(1):11-21.

高由禧,董文杰,1999. 庆祝兰州高原大气物理研究所建所四十周年[J]. 高原气象,18(3):259-265.

国家人工影响天气协调会议办公室,等,2018. 砥砺前行惠民生——人工影响天气 60 周年回忆录[M]. 北京:气象出版社.

何丽霞,董万胜,冯达,等,1998. 人工触发闪电与植物基因突变的研究[J]. 高原气象,17(1):95-100.

李大山,章澄昌,许焕斌,2002. 人工影响天气现状与展望[M]. 北京:气象出版社.

李宗义,庞朝云,2004. 甘肃省飞机人工增雨天气系统分型和天气特点[J]. 干旱气象,22(1):26-29.

廖远程,李生柏,1982. 冰雹云气流和温度结构[J]. 大气科学,6(1):103-108.

刘德荣,1991. 岷县"三七"高炮防雹效果检验[J]. 甘肃气象(2):25-27.

刘新中,陈明理,房广森,等,1993. 人工诱发闪电及玉米的变异性[J]. 高原气象,12(1):90-94.

庞朝云,张丰伟,张建辉,等,2016. 甘肃夏季不同天气系统层状云的微物理结构特征[J]. 兰州大学学报(自科版),52(2):227-234.

秦化行,1935. 近四年来甘肃之雹[J]. 气象杂志,5(5):229-238.

渠永兴,2003. 岷县高炮防雹效果分析[J]. 甘肃气象,21(2):37-38.

渠永兴,2004. 甘肃省冰雹云研究综述[J]. 干旱气象,22(1):80-85.

王劲松,王进,李宝梓,2003. 甘肃春末夏初飞机人工增雨天气系统分型[J]. 干旱气象,21(4):41-44.

王致君,刘黎平,龚乃虎,1999. 人工影响天气研究工作的回顾与展望[J]. 高原气象,18(3):361-367.

杨颂禧,徐宝祥,1989. 人工影响天气研究工作的三十年[J]. 高原气象,8(2):139-145.

杨颂禧,徐宝祥,1990. 用科技新成果促进人工影响天气工作[J]. 高原气象,9(4):447-448.

杨珍贵,1998. 甘肃人工影响天气的历史、现状和前景[J]. 甘肃气象,16(2):49-50.

尹宪志,等,2014. 人工防霜冻技术研究[M]. 北京:气象出版社.

尹宪志,徐启运,张丰伟,等,2015. 近 10 年甘肃春季飞机人工增雨经济效益评估[J]. 江西农业学报,27(11):64-72.

张江华,1992. 清代我国的"人工驱雹"与"人工降雨"[J]. 气象,18(12):36-37.

张强,等,2007. 中国西北云水资源开发利用研究[M]. 北京:气象出版社.

张强,康凤琴,2005. 中国西北冰雹研究[M]. 北京:气象出版社.

甄长忠,1981. 78810 冰雹过程的分析[J]. 大气科学,5(4):456-460.

中国气象局科技教育司,2002. 中国人工影响天气大事记(1950—2000)[M]. 北京:气象出版社.

朱允明,1935. 民国二十四年五月二十九日甘肃华亭降雹(五日未消)之积雹[J]. 气象杂志,5(4):1.